心理学之书　The Psychology Book

Psychology

心理学 之 书

〔美〕韦德·E·皮克伦 著

杨文登 殷 融 苏得权 译 叶浩生 审订

重庆大学出版社

心理学之书

The Psychology Book

From Shamanism
to Cutting-Edge Neuroscience,
250 Milestones
in the History of Psychology

从萨满教到神经科学前沿
心理学史上的
250个里程碑

心理学之书　The Psychology Book
心理学之书　The Psychology Book
心理学之书　The Psychology Book
心理学之书　The Psychology Book
心理学之书　The Psychology Book

构成我们的材料也就是构成梦幻的材料，我们短暂的一生，前后都环绕在沉睡之中。

——威廉·莎士比亚（William Shakespeare），《暴风雨》，约 1611 年

目　录

序言

心灵有它自己的地盘，在那里可以把地狱变成天堂，也可以把天堂变成地狱。

——约翰·弥尔顿（John Milton），《失乐园》，1667 年

大约 40 年前，我做了一个令我至今仍感困惑的实验。我在探索"什么样的环境催生了罪恶"这一问题时，我发现，在斯坦福大学地下室的模拟监狱中，那些原本仅仅是进行角色扮演的大学生志愿者，竟毫无顾忌地做出了残酷行为。事实上，这些行为与心理发生了巨变的学生，都是典型的中产阶级的年轻白人，他们被随机分配担任"罪犯"或"警察"的角色。该实验原计划进行 2 个星期，但仅仅在 6 天后，我就不得不终止了实验。正如斯坦利·米尔格拉姆（Stanley Milgram）早年证明的那样，大多数普通的成年人经过引导，都容易盲目地服从非正义的权威。我的这项研究，同样以一种戏剧化的方式，描绘了无处不在的情境因素，如何压制了个体的意向倾向性。

在几十年后的 2004 年，阿布格莱布监狱发生的虐囚事件，再次证明了斯坦福监狱实验的正确性。我在 2007 年出版的《路西法效应》（*The Lucifer Effect*）一书中，描绘了两种对比的情境，清晰地阐述了由显著的权力差异所激发的心理动力因素（psychological dynamics），这些动态性因素包括去个性化、服从权威、自我辩白、合理化与去人性化。尤其是去人性化，它使一个普通的个体变得冷漠，甚至成为荒唐而偏执的犯罪者。除了调查导致这些罪恶行为的因素，我还对了解隐藏在人们及其情境背后的因素感兴趣。正是这些因素，导致人们无视罪恶、形成公众冷漠（public apathy）、对其他人的苦难漠不关心，或在紧急情况或犯罪情境中出现旁观者效应（bystander effect）。

我职业生涯的大部分时间都在研究罪恶产生的心理机制。我之所以这样做，本身就证明了，在一个罪恶产生系统的影响下，那些广泛的情境因素会对人们的行为造成影响。我是在纽约市布朗克斯南区的犹太人贫民区长大的。在经济大萧条时期，我形成了自己的人生观以及对事件轻重缓急的看法。都市贫民区的生活，就是依靠发展有效的"街头智慧"（street smart）策略来生存的生活。这意味着，如果谁有力量攻击或者帮助你，你就要注

意避开谁或者迎合谁。这还意味着，为了创立互利互惠的责任，就要去破译那些微妙的情境线索，以确定什么时候可以赌一把、什么时候必须果断地放弃。对我这个骨瘦如柴、疾病缠身的小伙子而言，最重要的是，通过观察不同情境中这两种类型，来理解一个人是怎样从一个被动的追随者，转变为一个主动的领导者。我一旦把握了这些行为或语言差异的关键，我就容易变成一个领导者、队长，甚至通过选举成为美国心理学会的主席。

在那些日子里，贫民区的生活就是没有财产的人们的生活。这些小孩中，一些变成了暴力犯罪的实施者或受害者。我认为，一些孩子之所以最终干了一些真正的坏事，部分是因为他们被更大的孩子带坏了。大孩子为了获得钱财，唆使小孩子干坏事，比如贩卖毒品、盗窃甚至卖掉他们的身体器官。我非常清晰地了解，这些坏孩子与我另一些朋友的差异。这些朋友没有越过那条罪恶之线，因为他们保持着积极向上的价值观，而这些价值观又来自于抚育他们的完整家庭，比如至少在成长的大部分时间里，他们的父亲都陪伴在身边。

但是，即使是我们这些好孩子，大多数也要接受来自东区 151 街的成人仪式。作为加入这个群体的步骤之一，我们都要去偷小卖部，或同其他后来加入的成员打架。我们胆大妄为，恫吓他人。在我们的心目中，我们所做的一切，没有一件是罪恶的，甚至是不好的；我们只是服从群体的领导，遵守群体的规范。成长于这样的环境中，人们就很容易明白，我为什么会对这种恐怖的权力来源特别感兴趣，并用我整个的生命在抵制它，包括反对那些政治势力，它们迫使我们的国家进行不必要的、非道德的越战或者伊拉克战争。

我在美国心理学会的一位曾经的同事、历史学家韦德·皮克伦（Wade Pickren），把研究心理与行为历史上有趣的里程碑事件集合起来，给予读者一个比四十多年前斯坦福地下室所展现出来更为广阔、更有意义的发展情境。当然，这本罕见的书籍还做得更多——它为我们欣赏构成人类生活条件的众多因素，提供了一个栩栩如生的历史情境。还在史前时代，人类就已经在寻求如何更好地理解自我与他人。以人类的残酷行为偏向（propensity for cruelty）为例，解释就多种多样，从犯罪幽灵、荷尔蒙失衡到反社会人格等，不一而足。到了 20 世纪，攻击性的原因又被追溯到复杂的性心理，或大脑中杏仁核过度的神经活动。当然，暴力来自于生理、心理与环境因素的交互作用。但已有众多的研究表明，当下的"情境性"压力，比我们所已知的、跨情境地塑造我们行为的因素影响更为强大。

斯坦福监狱实验中，最重要的结论之一就是，一系列无处不在的、微妙的情境因素，能够决定一个人对抗的意愿。是强有力的复杂因素系统，组成了整个情境。但是，大多数心理学家，对那些政治、经济、宗教、历史及文化等规定情境以及决定情境是否合法的系

James）曾写信给他的朋友，"心理学是一门该死的学科，人们所可能希望了解的一切，在它那里都完全找不到答案"。詹姆斯是在他花费了 12 年写成《心理学原理》（1890 年，被认为是心理学领域最为伟大的著作之一）之后愤怒地写下这些话的。显然，詹姆斯并不反对心理学。事实上，直至 1910 年逝世，他一直都在为心理学领域做着重大的贡献。可以这样理解，他的观点反映了心理学的复杂性。我们要如何才能够理解像人类的思想与行为这么复杂的事物呢？

事实上，心理学是最为复杂的科学与职业之一。乍看起来，心理学只是一种常识，它的知识依靠直觉而获得，或者它本身就是一种常识性的知识。但走近一看，它表面上是一门常识，但实际上是一门科学，它富有知识、体察入微且注重细节。以认知心理学为例来进行说明。20 世纪 70 年代，以色列心理学家丹尼尔·卡尼曼（Daniel Kahneman）与阿摩斯·特韦尔斯基（Amos Tversky）猜想人类的决策是非理性的，并不是真正地基于利益最大化。后来，他们的研究发现，人们在不确定的环境中做出决策时（如：问是否会有更多的人死于飞机或汽车等交通事故），他们主要依赖认知捷径或启发式方法，来协助做出最终决策。这些认知捷径可能是基于瞬间进入头脑的一个事例（即有效的启发条件），或者基于事实上并不存在的相似性假设，一般叫作代表性启发。肯尼曼与特韦尔斯基认为，人类在进行决策时，并不总是理性的，甚至理性可能还没有占到主导地位。当然，尽管弗洛伊德将自己的观点建立在完全不同类型的证据基础之上，他早在约一个世纪以前，就已经宣称人不是理性的动物。在本书中，我们还将读到关于理性、情绪及它们重要的结果等问题。

关于人类行为的知识非常重要。它们对个体生存与种系繁衍都有重要的意义。弗洛伊德撰写了大量关于性的著作，他宣称生活中最基本的动机是性，我们的人格形成于生命早期，决定着我们如何解决享乐与社会规则之间的紧张关系。其实，在弗洛伊德前后，人们就已经提出了关于性在人类生活中地位的理论，谈到了应该如何理解人类所感受到的最强有力的性冲动所蕴含的意义。在一些社会中，性是开放的、值得庆祝的；在另一些社会中，性是一种禁忌。近来，进化心理学已经形成一种理论模式，认为男女之间的性吸引主要是基于人类的进化历史。另外，还有一些心理学家认为，性吸引是一种社会建构，被人们视为性欲望的东西，是由我们的生活环境所塑造的。

当今世界，最常被问到的问题之一，就是关于我们自己的人格。我是什么类型的人？我能够更好地理解自我，更成功地处理人际关系、工作及生活的其他方面吗？数千年来，人类一直在寻找这类问题的答案。在古代美索不达米亚、埃及及中世纪的伊斯兰国家，人们创造出"黄道十二宫"，试图以此来了解自己或他人。手相学与命理学也是古代用来理解、预测与控制人类行为的策略。事实上，人类的身体经常被人们视为理解自身的途径。面相学试图通过人的面相来了解人的性格；颅相学按照人类头骨的形状或凸凹来了解人的性格与能力。同样的，类似的基于身体的理论一直延续到今天，杰罗姆·凯根（Jerome Kagan）与纳森·福克斯（Nathan Fox）等备受尊敬的发展心理学家就宣称，在害羞与不害羞的儿童之间，存在着明显的身体差异。20世纪，心理学家发展了一些调查、问卷等其他方法，根据由这些方法采集到的数据，进行统计分析。这是形成人格理论更为科学的方法。但是，像弗洛伊德、荣格等更老的理论，至今仍然在全世界范围内有为数众多的拥护者。我们将在本书中探讨这些里程碑式的人格理论。

在这本书中，我们将描述人类经验的丰富性，这将是一段令人激动、极其刺激的旅程。我们将描述众多心理学领域的重要理论。由于心理科学与我们在这个行星上生活的几乎所有方面都有关联，我们很难在一本书中面面俱到地涉及每个方面。但你很快就会发现，这本书列举了许多有趣的、重要的，有时甚至是幽默的一些里程碑人物与事件。人们关于爱、性、友谊、恨等人际关系的理论，在这本书中都有一定的体现；同样，它还有利于我们了解人类从出生到死亡的整个生命历程；工作生活也是每个人的一个重要领域，心理学家在理解这些方面做出了突出的贡献；人格、心理健康与疾病经常联系在一起，我们会看到心理学在这些领域也取得了重大的成果；过去20年间，幸福成为了研究的主题（尤其体现在积极心理学运动中），我们将看到这一当代的主题是如何与过去的理念联系起来的；心理学还拥抱着脑科学，从19世纪中期开始，科学家已经在了解大脑如何塑造行为，以及经验如何反过来影响大脑等方面取得了巨大进展；神经科学家使用技术与发明来解释记忆形成等基本的心理过程，还据之解释精神药物减轻抑郁与焦虑的活动机制。换句话说，这本书的主题非常广泛，讨论了许多方面的问题，以及许多重要的里程碑事件。

年表

本书是根据条目的年代来进行组织的。在最早期的条目中，我们并不能完全确定那些日期。但是，在大多数条目中，我们指出了理论提出、书籍出版或事件发生的具体日期。而且，如果日期存在争议，我们会选用当前最为广泛认可的时间。

致谢

我想感谢许多学者，在我写作本书的过程中，他们深刻的洞见激发了我的大量思考。众多研究科学、医学、职业实践、技术的历史学家，塑造了我对心理学历史的理解。喀戎：国际行为与社会科学史协会（Cheiron: The International Society for the History of Behavioral and Social Sciences）、人文科学史论坛（Forum for History of Human Science）、心理学史协会（Society for the History of Psychology）等组织的成员，为我提供了许多必要的资料。这些资料将众多理论与实践的分支汇聚在一起，共同创造了当代的心理学。最后，我要特别感谢亚历山德拉·卢瑟福（Alexandra Rutherford），她无私地支持并帮助我，使我最终得以完成本书。（叶浩生 译）

萨满教

亨利·艾伦伯格（Henri Ellenberger，1905—1993）
萨德赫尔·卡卡尔（Sudhir Kakar，1938— ）

举行治疗仪式的祭司，澳大利亚，2012 年。

荣格心理学（1913 年），精神分析（1899 年），文化依存症候群（1904 年），发现无意识（1970 年）

在以色列境内一个山洞里发掘了一座有着 12 000 年历史的著名墓穴，里面埋葬着一位女祭司，身旁堆有七十多块龟甲。这表明，至少在公元前 10 000 年，萨满教就已经存在了。忽视没有文字记载的或不发达的社会"医学"实践，这在现代历史中非常常见。但是，精神动力学史家亨利·艾伦伯格和印度精神分析家、历史学家萨德赫尔·卡卡尔已经向我们揭示，这些实践是如何治愈或减轻人们的痛苦（包含身体与心灵的痛苦）的。

萨满教的实践是最早的心理治疗。它们因为植根于自己群体的世界观而获得了成功。有两个例子可以帮助我们来理解。许多史前社会都认为，一个人生病的原因是灵魂离开了身体，抑或是灵魂被盗走。萨满祭司的工作就是寻找灵魂并将其归还给身体。在西伯利亚，祭司必须走进幽灵大陆去寻找灵魂。在那里，祭司与幽灵讨价还价，献上礼物，甚至与幽灵进行决斗，再将灵魂安放回身体。在拉丁美洲，一个人之所以遭受"惊恐着魔"（susto，西班牙语为"fright"）的疾病，是因为他受到惊吓或遭遇恶魔的诅咒，丢失了自己的灵魂。医治者要举行一个公开的治疗仪式，其中就包括在病人的衣服里撒一些特殊的花粉与谷粒的混合物。然后，医治者再用同样的混合物标记一条路径，以便灵魂能够找到回归病人身体的道路。

萨满教的实践与现代心理治疗的联系是，两者都试图去修复病人失去的东西。当代，如果一个病人被人疏离或丧失了心智，治疗者的工作就是想方设法去修复病人所失去的东西。

（杨文登 译） ■

约公元前 10000 年

环锯术

上图：1494 年，环锯术为人们所熟知。图为荷兰画家耶罗尼米斯·博斯（Hieronymus Bosch）绘制的《切割疯人之石》（Cutting the Stone），他还绘有同样著名的《取出疯人之石》（The Extraction of the Stone of Madness）。
下图：约公元前 3500 年，实施过环锯术的女孩头骨。

精神外科（1935 年）

约公元前 6500 年

　　有证据表明，至少从新石器时代起，人们就已经可以实施环锯术，即在人类的头顶上开洞。第一个证据来自于 1860 年在秘鲁挖掘出来的一个开洞的头骨。但当时的欧洲人怀疑是当地土著人自己制造的。接下来的二十多年中，越来越多的证据表明，在古代，环锯术确实非常流行。在法国东北部的一处墓地里，一共出土了 120 个公元前 6500 年的头颅，其中有 40 个头颅是开洞的。至今，人们还不清楚古人们为什么要实施环锯术。

　　来自古希腊的医书中，有过使用环锯术来治疗头伤的案例。据公元 2 世纪著名的罗马内科医生、手术师和哲学家盖伦（Galen）报告，在罗马帝国时代，环锯术已经成为了减轻头部压力或切除受伤头部碎片的标准化治疗方式。秘鲁发现环锯术头骨不久后，中南美洲也陆续发现了越来越多这类头骨。

　　已有充分的证据表明，在近代欧洲的早期，环锯术是治疗头部受伤的常见外科手术。环锯术手术的工具也越来越精致，一直持续到 19 世纪。那时，在家里进行环锯术手术很流行。这种手术还经常用来处理颅内出血，尽管这样做时并不一定是以环锯术的名义进行的。

　　我们不能确定，在史前时代，人们为什么会使用环锯术。但如果检阅最早期的一些有效证据就会发现，环锯术可能是早期用来治疗某些类型精神病的方法。事实上，从 12 世纪开始，就有史料记载推荐使用环锯术来治疗抑郁症与狂躁症。

　　对精神病进行躯体干预的合理使用，是近代早期使用放血疗法治疗精神病的先声，同时也是 20 世纪使用脑叶切除术来治疗严重精神病的先声。（杨文登 译）■

手相术

《占卜者》（*Fortune-Teller*），由 18 世纪法国画家查尔斯–安德烈·冯·洛（Charles-André van Loo）绘制。

面相学（1775 年），美国的颅相学（1832 年），体质类型（1925 年）

约公元前 5000 年

　　尽管没人知道手相术（或手相学）确切的起始时间，但它也许是几千年来人类通过"阅读"身体来理解自我与他人的最为古老的例证。手相学的信仰起源于人们对生命持有更为整合观点的时代。也就是说，那个时代假设，每个个体都是生命循环的一部分。这一循环包括精神世界、物理宇宙及他 / 她所在的社会群体。根据这种世界观，每个人的身体中包含着解读这些连接的一些信号，也就理所当然了。尽管人们推测手相术可能起源于中国或印度，但我们并不了解手相术最先出现的时间。有证据显示，手相术曾出现在古希腊和古印度。但几乎可以确定，手相术的起源早于我们有文字记录的历史。一方面，手相术假设，手是整个个体的一种隐喻（metaphor），反映了个体灵魂、心理或躯体状态的特点。在这一意义上，阅读一个人的手掌也许就可以了解他的性格，甚至预测他将来的命运。在更高的层面，手就是一个微宇宙；手连接着人性角色与宇宙的精神与物质层面，并将这种连接体现在手掌中。手的生理特征，包括斑点、掌纹、皱褶、颜色等，都与行星、恒星及其数量有关。对于左手或右手而言，每个特征都有着不同的意义或解读。

　　超越手相术本身的意义，手还变成了一种重要的记忆的心理学工具。手的每个部分都有不同的记忆功能，激发不同类型的记忆。一般说来，有一些规律，在手的不同部分与所期待的记忆之间形成了一定的关联。

　　手相术的重要历史意义是，它给人们了解世界以及他们在世界中的位置提供了一个机会。手及手相解释是通往精神世界的途径，同时也揭示着个体的内在品质。尽管它并不是最严格意义上的心理学，但它确实预示着一种个体差异心理学的出现。（杨文登 译）■

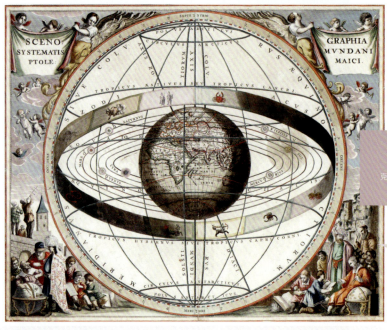

星座心理学

克罗狄斯·托勒密（Claudius Ptolemy, 约 90—约 168）
卡尔·荣格（Carl Gustav Jung, 1875—1961）

《托勒密宇宙图》，包括黄道十二宫的符号，源自安德里亚斯·塞拉流斯（Andreas Cellarius）1660 年所绘制的《哈耳摩尼亚大宇宙》。

 投射测验（1921 年），原型（1934 年），主题统觉测验（1935 年），明尼苏达多项人格测验（1940 年）

约公元前 700 年

　　"人类行为受到宇宙的影响"是一种非常古老的理念，至少可以追溯到公元前 3000 年。那时的石刻画显示，星座的活动预示着上帝的活动。数个世纪后，关于宇宙影响的多种理论开始扩散，经常与特定的形而上学的、宗教的或哲学的体系联系在一起。这些多样化的分类体系，试图描述、解释甚至预测人类事务的原因。到中世纪后，它们开始面向个体。

　　早在公元前 7 世纪，巴比伦出现了一种理论体系，用十二个星座或黄道十二宫来描述整年的太阳运动。比如，埃及托勒密王朝的哈索尔神庙发现了丹达腊黄道十二宫图，其思想可以追溯到公元前 1 世纪。巴比伦的占星术被埃及、希腊、罗马、印度等国的人们所接受并修正。黄道十二宫的每一宫都以一个动物作为符号，代表着一个行星或星座。如果某个符号占据优势地位，它就会对某些事件或命运造成影响。几千年来，星相学被视为和气候、政治、炼丹术与医学等一样，是一门技术科学。它将与天堂相关的大宇宙，与个体相关的小宇宙联系起来。一句流行的俗语"天人相应"就是源自这种信仰。在医学中，这种观点意味着，正是由于地球由天堂所掌管，那么，人们的健康也是由对应人体不同区域的黄道十二宫的特定方面所决定。

　　一直以来，人们认为占星术不仅是了解人类健康与命运的途径，还是描述个体人格特征的方法。"星相学"领域兴起的一本决定性著作是由克罗狄斯·托勒密所撰写的《占星四书》。这本书写于公元 2 世纪，将太阳、月亮及行星的位置和运动与心理学动机联系起来。出生时占主导的星象，影响着人的性格。因此，举例来说，当一个人在射手座占主导时出生，他可能是一个聪明、热爱知识、喜欢旅行的人。在 20 世纪，瑞士心理学家卡尔·荣格将星相学与他的原型理论整合起来，将黄道十二宫解释为我们集体潜意识的反映。（杨文登 译）■

佛陀的四圣谛

释迦牟尼（Siddhartha Gautama，约公元前 563—约公元前 483）

佛陀，斯里兰卡。

健康的生理–心理–社会
交互模式（1977 年）

约公元前 528 年

　　现存的关于佛陀生活的历史记载表明，他成长于富裕的环境，且拥有特权。当释迦牟尼还是一个年轻人时，他有三次重要的机遇使他直面世间的苦难。第一次，他来到附近的一个城镇，看见一个痛苦呻吟的病人。第二次，他再次来到这个城镇，遇到了一个驼背贫困的老人。第三次，他遇到一群人正抬着尸体去安葬。这些遭遇深深地影响了他。他意识到，财富与特权并不能使人们免于痛苦。大约在 29 岁时，释迦牟尼离开家乡，开始了修行菩提的生活。他跟随精神导师学习了 6 年，但发现严格的禁欲与苦修都无法真正处理苦难。他意识到这些实践都不能通往涅槃。后来，大约 35 岁时，他决定安静地坐下来，反思人类的生活条件。他坐在一棵菩提树下，奇迹发生了。他突然开化并且变为了佛陀，找到了一条中间的道路—— 一种既不极端享乐又不极端苦修的生活。

　　作为佛陀，释迦牟尼教导人们，存在有三个基本特征：(1)事物是暂时的，变化是永恒的；(2)没有自我或不朽的灵魂；(3)痛苦或不满是存在的核心。释迦牟尼还教导人们，如果要克服苦难，就必须遵守四圣谛。第一是"苦谛"，说明痛苦是普遍存在的；第二是"集谛"，说明业与欲望是痛苦的根源；第三是"灭谛"，如果我们消灭欲望，就可以结束苦难；最后一条是"道谛"，指出了修道的方法，努力不懈地修行，最后将通往涅槃。

　　佛陀与他的追随者千百年来的教诲，就是一部如何实现中间道路（Middle Way）的精巧著作。当代生活中，佛教心理学将冥想（meditation）与正念（mindfulness）介绍到日常生活与心理治疗中。佛教心理学是一种内观与自我转变，是对现实的深刻觉悟，并极力呼吁个体与社会的解放。

（杨文登 译）■

儒家心理学

孔子（Confucius，公元前 551—公元前 479）

中国上海，孔庙外的孔子雕塑。

 大五人格因素（1949 年），
道德发展（1958 年）

约公元前 500 年

孔子的一生中曾扮演外交家、教师与哲学家等多种角色。大约公元前 500 年，他又成为了一个重要的政治顾问。他的"仁道"向世人提供了一种模式，告诉人们如何生活、如何理解人们的责任及如何对待他人。

儒家学说有五个相互关联的方面，即命运、心灵、普通人的伦理、修行和学者的伦理。孔子简明扼要地阐述了我们所有人都逃不过生、老、病、死的命运，尽管如此，我们每个人都肩负着道德责任。孔子的心灵模式有两个方面：洞察的心灵，它包括我们的认知能力；仁的心灵，即我们的伦理心灵与道德良心。

普通人的伦理要求每个人对亲近的人都要表现出仁爱、正直，尊重每一个人，尤其是那些社会等级更高的人。每个人都要遵守"礼"，以实现社会的和谐。仁、义、礼构成了仁道，其目是反映"天道"。通过仁道的自我教化，我们发展出深刻的道德性格，并获得了三种美德，即智慧、仁慈与勇气。

1976 年"文化大革命"结束以后，中国的心理学科获得了迅猛的发展。中国心理学家们重塑了儒家传统，以实证的方法研究人际关系、整体主义、辩证自我、关系和谐、"面子"，以及它们是如何反映中国人独特的人格等。（杨文登 译）■

亚里士多德的《论灵魂》

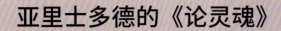

亚里士多德（Aristotle，公元前 384—公元前 322）

亚里士多德的雕像，位于他的出生地斯塔基拉，希腊。

短期记忆（1956 年），记忆加工层次模型（1972 年）

约公元前 350 年

亚里士多德伟大的心理学著作《论灵魂》大约撰写于公元前 350 年。在这部著作中，亚里士多德认为，知识应该基于经验而不是猜测或对话。在早期的论证过程中，他采取了一种立场，认为我们对人类心理（尤其是情绪与感觉）的理解，应该建立在对身体、生理知识理解的基础之上。因此，我们也可以说，亚里士多德提供了一种建立生理心理学的可能性。

对亚里士多德而言，有无灵魂是区分有生命世界与无生命世界至关重要的原则。一切有生命的东西都有灵魂，但灵魂又有多种不同的类型。在最低层次，植物有营养的灵魂，动物有感觉的灵魂，这使它们能够认识环境，寻找趋乐避苦的方法。在最高的层次，人类有理性的灵魂，它包括营养与感觉的灵魂，但增添了附加的心灵元素，如思考与推理的力量等。

亚里士多德认为，知识起源于感觉，并建立于四种感觉输入的基础之上。感觉到的内容保留下来后，我们就有了记忆。这一过程发生于"被动的心灵"，那里储存着我们一般的知识。被动的心灵可能是智慧形成的潜在基础。所谓智慧，必须由主动的心灵通过心理操作或推理来执行，以获得实际的知识，尤其是获得对宇宙的理解。主动的心灵是纯粹的思想，所有人的主动心灵都是相同的。

以主动心灵的操作为例，回想过去的经验或信息，是由相似原则、对比原则及邻近原则所监控的。当我们回忆某事件或对象，它可能激发相似的、相反的或时间上邻近的事件或对象。这些联想记忆的原则一直持续到我们今天的时代。（杨文登 译）■

阿斯克勒庇俄斯与治疗的艺术

荣格心理学（1913 年），身心医学（1993 年）

阿斯克勒庇俄斯神庙，位于罗马的博尔盖塞别墅（Villa Borghese），摄于2009年。

约公元前 350 年

阿斯克勒庇俄斯是希腊神话中一个重要人物，是医术之神。在一些神话故事中，他是一个人；另一些神话故事中，他又是一个神。他的父亲是阿波罗（Apollo），也与治疗有关；他的母亲是凡人科洛尼斯（Coronis），一说她死于生产，另一说她是被阿波罗所射死。阿斯克勒庇俄斯被贤明的马人喀戎（Centaur，或 Cheiron）养育成人。喀戎很聪明，并精通医术，他把知识传授给阿斯克勒庇俄斯。

阿斯克勒庇俄斯在外科方面的知识非常渊博，会使用多种药物、方剂及治疗咒语。他收到女神雅典娜一个强大的药方，该药方来自能使人变成石头的蛇发女怪戈耳工（Gorgons）的鲜血。这一药方甚至具有令人起死回生的功效，但它同时也是一种致命的毒药。

阿斯克勒庇俄斯因其渊博的知识与技能而声名卓著，备受人们尊敬。他的蛇杖成为一种标志，代表着一个医生的双重身份——生与死、疾病与健康。大约公元前 350 年，人们开始祭祀阿斯克勒庇俄斯，并建立了名为阿斯克勒庇亚（Asclepeia）的治疗中心。

那些来到阿斯克勒庇亚寻求治疗的人，首先要经过一段时间的净化，喝圣泉水并在一个地下室里穿着特殊的衣服睡觉。在那里，阿斯克勒庇俄斯将揭示治愈的线索，提供神谕之梦，或者本身就能令人康复的梦。

人们对阿斯克勒庇俄斯的崇拜表明，在精神性、宗教与医学之间有历史渊源。治疗技术被认为是神圣的，实践过程是神秘的，父子相传。阿斯克勒庇俄斯的医学以及梦的治疗，也表明这就是早期的心理治疗。因此，这些实践也是现代心理医学发展的重要先声。（杨文登 译）■

薄伽梵歌

智慧之神象头神迦尼萨的木版画，印度帕尼帕特，摄于 2007 年。

 超个人心理学（1968 年）

约公元前 200 年

印度教由英国人命名，代表着印度大陆一整套多元但紧密联系的宗教信仰与实践。因此，印度心理学并不是西方意义上的学科，而更像是植根于印度教的心理学原理与实践的混合物。

一些古代的文本形成了印度教的基础：吠陀、奥义书和宇宙古史。更近的文本包括来自公元 2 世纪的摩诃婆罗多，其中最主要的史诗（或故事）就是《薄伽梵歌》。为简明起见，这里只提及一些原则。但这绝不意味着，单单这些原则就能完整地体现出印度关于心灵、自我与关系的思想。

三大属性（或称三条原则）共同运作创生了宇宙万物。三大属性分别是答摩（tamas，惰性）、拉哈斯（rajas，活动）与善（sattva，纯洁或光亮）。三种属性都是必需的，但"善"被认为是心灵元素，将三个属性一起运作，并维持一种平衡，进而创造出力量或功德（guna）。这三条原则的实践目标即瑜伽，就是促使心灵平静，从而达到自我实现或自我认知。当我们学会自我控制，适当地行动，并实践瑜伽，我们就能改变自己的意识，使那些无用的思想或习惯转变为积极的、建设性的思想或行动。有许多种瑜伽，每一种都有特殊的重点，比如行动、神圣咒语、奉献或知识。

在西方的词汇中，这些实践意味着带来了心灵的成长。据印度教所言，有四个人生的阶段，分别是梵行期、家居期、林栖期与云游期。每个阶段都有人们必须学会自我实现的课程，但有一些都是共同的，比如人们都要去寻找宗师的指引、教导，特别是都要自我成长。（杨文登 译）■

 疯人院（1357 年），荣格心理学（1913 年），迈尔斯类型指标（1943 年）

15 世纪早期，林堡兄弟制作的《人体黄道带图》。根据四种面色（热、冷、湿、干）、四种气质（易怒的、忧郁的、乐观的、冷漠的）以及东南西北四个方位，分别用四个拉丁文单词来进行描述。左上角代表东方，有白羊座、狮子座和射手座，它们是炎热干燥的、易怒的、阳刚的；右上角代表西方，有金牛座、处女座、摩羯座，它们是寒冷干燥的、忧郁的、抑郁的；左下部代表南方，有双子座、水瓶座和天秤座，它们是炎热和潮湿的、乐观的、阳刚的；右下角代表北方，有巨蟹座、天蝎座和双鱼座，它们是寒冷潮湿的、冷漠的、阴性的。

约 160 年

体液说是关于健康及人格是否平衡的一种理论。它与中医、印度阿育吠陀医学及尤纳尼医学等其他平衡理论较为相似。公元前 4 世纪，希腊医生希波克拉底最早阐述了体液说。他认为，对于健康的身体来说，有四种基础的体液必须平衡，包括血液、黏液、黄胆汁与黑胆汁。后来，罗马医生、哲学家盖伦继承并发展了希波克拉底的理论，在约公元 160 年撰写的《气质》（De Temperamentis）一书中详细阐述了他自己的体液理论。乐观的人格（自信、愉悦）是血液占据了优势地位；而冷漠的人格则是平静的、非情绪化的。暴躁的人格易怒，反映了黄胆汁热与干的特征。最后，抑郁的人格是黑胆汁占支配地位，其特征是哀伤和忧郁。理想的人格是这四种人格的平衡与整合。

对于希波克拉底、盖伦及其追随者而言，体液与其他平衡理论都假定，身体健康与个体人格是更大的生命之环的一部分，这个环还包括日月星辰、政治氛围、社会生活及风俗。所有这些方面对个体的健康与命运都很重要。自从身体与心理疾病被视为体液的不平衡之后，人们就期待医生能够足够了解病人，提供个性化治疗，充分考虑星座、气候、社会、气质等有可能导致体液不平衡的因素。

体液说一直延续到今天，尽管气质一词已经取代体液这个词。卡尔·荣格发展的人格理论从体液说中吸取了大量营养，尤其是迈尔斯-布里格斯类型指标（Myers-Briggs Type Indicator，MBTI），就是广泛使用了基于荣格工作的测验。现代生物医学的发展，降低了体液说的价值。但到了 20 世纪后期，了解心理因素的影响，再次成为了医疗保健中最为重要的内容。（杨文登 译）■

身体与灵魂的家园

阿布·赛义德·阿哈默德·伊本·萨尔·阿巴勒希
（Abu Zayd Ahmad ibn Sahl al-Balkhi，约 850—934）

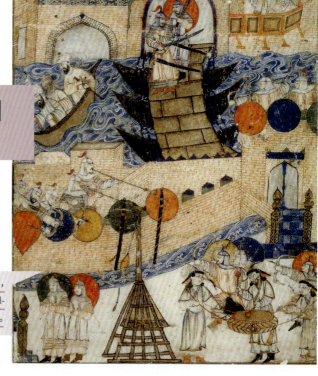

14 世纪描述 1258 年巴格达沦陷的插图，源自拉什德丁·哈曼丹尼（Rashid-al-Din Hamadani）的《伊斯兰历史纲要》。

 医典（1025 年），心身医学（1939 年），认知疗法（1955 年）

约900年

从公元 8 世纪中期到 1258 年蒙古人征服巴格达这段时期，是伊斯兰哲学与科学发展的黄金时期，学者阿布·赛义德·阿巴勒希撰写了一部著作，讨论如何理解与治疗心理障碍，尤其是治疗抑郁症。著作中列出了治疗神经症的合理方法，这预示着现代认知治疗的一些途径。《古兰经》里三种心理健康的元素分别是精神、心脏以及心理，阿巴勒希将三者结合起来，明确阐述了获得心理健康的途径。他认为人们如果要获得心理健康，就必须在这三种元素之间保持平衡。

阿巴勒希在其著作《身体与灵魂的家园》中，阐述了如下主题：维持精神健康的重要性，通过培养积极、健康的心理来预防心理疾病，心理健康出现问题后如何恢复，心理病症及其分类，愤怒管理，控制恐惧与惊恐症，治疗悲伤及严重抑郁症，处理强迫观念与负面的内部言语，等等。在阿巴勒希的著作中，他将神经症分为四类，分别是恐惧与焦虑、愤怒与进攻、悲伤与抑郁、强迫。这四种神经症中，他最为详细地介绍了抑郁。阿巴勒希认为抑郁可能起源于痛失爱人或财产，或者目标未达成，未获得成功等。治疗抑郁，就要培养处理抑郁的正确认知。由于这种治疗基于宗教传统，阿巴勒希同样推荐，将背诵《古兰经》作为治疗的一个必需的部分。

阿巴勒希还介绍了身体健康与心理状态的关系。他阐述了身体如何与心理交互作用而导致身心失调，认为这些病症可以通过维持身心平衡，以及使用积极的思想与记忆处理负面情绪等方法来进行预防。

进入 20 世纪，认知疗法以及在西方医学－心理学的传统中理解心理障碍得到极大发展。但值得指出的是，阿巴勒希在一千多年前就已经提出了类似的思想。（杨文登 译）■

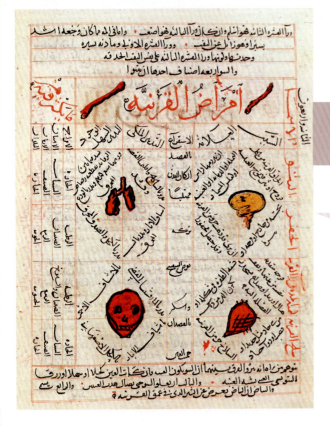

医典

阿维森纳（Avicenna，980—1037）

14 世纪，阿维森纳《医典》中的一页，描述了人体的部分内脏器官、头颅以及身体骨骼。

 心身医学（1939 年），心理神经免疫学（1975 年），健康的生理–心理–社会交互模式（1977 年），身心医学（1993 年）

伊本·西拿，欧洲人叫他阿维森纳，也许是伊斯兰传统中最为重要的哲学家与医学家。他是一位多产作家，著作的主题涉及形而上学、本体论、认识论及心理学等诸多方面。他的著作深深地影响了托马斯·阿奎那（Thomas Aquinas），并通过阿奎那的传播对西方世界产生了重要影响。阿维森纳的医学著作集，即《医典》，完成于 1025 年。至少直到 17 世纪，这本著作一直都是欧洲与阿拉伯世界标准的医学参考书。

阿维森纳是一个波斯税务官的儿子，很小的时候就展现出非凡的记忆力与智商。16 岁时，他成为了实习医生。在他的一生中，他当过律师、教师、行政管理人员、宫廷御医甚至大宰相。考虑到阿维森纳如此繁重的工作事务，令人不得不感到惊讶，他是如何成为一位如此多产的学者的。在他的自传中，阿维森纳宣称，他的很多著作都是在军营和马背上完成的。

在心理学中，阿维森纳发明了一个名为"漂浮者"的思想实验，来探索人的自我知觉。实验要求人们想象自己漂浮在不与自己感觉相联系的空气中。阿维森纳认为人们是一直知道自己的存在的。因此，他认为，这种自我意识表明灵魂或者自我与我们的身体是分离的。

《医典》第一卷中描述了健康的心理与身体的交互作用。在该卷中，阿维森纳改造了原始的四种体液说，提出了与之有交互作用的四种气质。他认为，认知与情绪的习惯会影响人们的健康，但是身体也会影响我们的认知与情绪。因此，锻炼将对我们的心理与情绪健康产生良好的作用。就这样，他预见了现代健康心理学的一些原理。（杨文登 译）■

疯人院

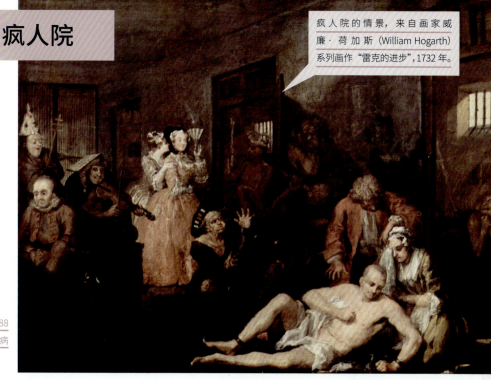

疯人院的情景，来自画家威廉·荷加斯（William Hogarth）系列画作"雷克的进步"，1732 年。

道德疗法（1788 年），抗精神病药（1952 年）

1357 年，位于伦敦中心城区的贝特莱姆医院（Bethlem Hospital）收治了世界上第一个"疯子"。到了 15 世纪，人们才开始对精神病进行专门研究。直至 18 世纪，贝特莱姆医院一直是全英国唯一一家治疗精神病的公共机构。

17 世纪前，精神病人通常被家人关在家里照看，或者在荒郊野外流浪。在 16 世纪前，精神病流浪者被统称为"疯子汤姆"，这个名字起源于一首同名的流行诗歌。当一个精神病人被收治（即使是多年以后的欧洲，这种被收治的机会仍然非常少），基于古代体液说的治疗就出现了。体液说宣称健康是身体中血液、黏液、黄胆汁与黑胆汁四种体液的平衡。如果有一种或一种以上的体液过多，以情绪或行为问题为特征的疯子就出现了。因此，包括放血、洗冷水澡、水蛭吸血、喂食泻药等旨在保持身体体液平衡的治疗方法就应运而生了。

到了 16 世纪，贝特莱姆医院变成了一个非常恐怖的地方。它的缩写名"疯人院"变成了"疯狂、骚乱的地方"的同义词。据约翰·斯特赖普（John Strype）1720 年对伦敦及威斯敏斯特进行的调查发现，到 17 世纪早期，疯人院仅限于收治那些"胡言乱语、怒不可遏并有可能治愈的病人，要么就是收治那些可能对自我或他人造成伤害或非常贫穷的病人"。18 世纪后期，参观贝特莱姆医院成为了一种流行的消遣方式，只要交钱就可以进去参观疯子。

后来，疯人院的治疗模式因为精神病的理论改变而发生了改变。比如，启蒙运动中的一些思想家就在宣扬这样一种观点，精神病的病因是缺少理性，而非所谓的体液不平衡。（杨文登 译）■

达·芬奇的神经科学

列奥纳多·达·芬奇（Leonardo da Vinci，1452—1519）

上图：油画《蒙娜丽莎》（1503—1506）与
达·芬奇绝大多数的作品一样，他绘制的神
经系统相关的草图也是那么精准而神秘。
下图：达·芬奇将人头与洋葱进行对比。

脑解剖学（1664 年），脑机能定位说
（1861 年），脑成像技术（1924 年）

达·芬奇被普遍认为是跨越所有时代的最伟大的艺术家之一。他的《蒙娜丽莎》及《最后的晚餐》都堪称人类历史上最伟大的艺术作品。众所周知，他还是发明家与工程师，他设计了飞行器、灌溉系统、武器及其他许多物件，这些设计思想都远远走在时代的前面（比如他的建筑设计与城市规划设计等）。在他的工作中，有一些并未受到高度的重视，那就是关于大脑、感觉生理学及感觉产生的心理学。

达·芬奇试图理解身体与心理功能的潜在物质基础，以表达他艺术的精确性。在他大约创作于 1489 年的解剖学画作中，达·芬奇描述了感觉器官输入汇聚的大脑结构，名为感官系统。他认为，感官系统是灵魂的所在地以及人类智慧的源泉。几年后，他再次进行了大脑的解剖，开创性地将蜡融化后注入脑室，以获得他画作的精确模型。达·芬奇还描述了幻想、想象和认知以及它们在大脑中所在特殊部分的定位。

达·芬奇在感官生理学方面的研究也是非常值得注意的。他将视觉置于中心地位，因为他认为眼睛是心灵的窗户。尽管在他的有生之年，并没有发表这类作品，但是，他的几本笔记本上都画满了关于光线、眼睛及视觉潜在机制的草图。他是第一个认为视觉是光进入眼睛然后传到大脑的人。同样，他关于味觉及触觉的研究也远远领先于他的时代。

达·芬奇是这个世界、人的身体及人类灵魂的敏锐观察者，他是从事艺术的科学家。（杨文登 译）■

术语"心理学"

马可·马如利克（Marko Marulić，1450—1524）

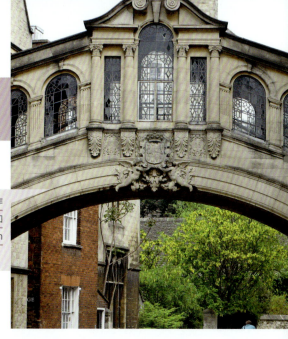

牛津大学的叹息桥。英语语系中早期关于心理学的作品大多出自牛津与剑桥，作者都是杰出的学者，如约翰·洛克（John Locke）、约翰·威尔金斯（John Wilkins）、托马斯·威尔斯（Thomas Willis）等。

 康德：心理学是科学吗？（1781 年），实验心理学（1874 年）

人类探索心理学问题已有数千年的历史，但第一次在现代意义上使用的"心理学"术语还是在 1506 年。是由文艺复兴时期克罗地亚学者马可·马如利克在他的《道德研究全集》（*De Institutione Bene Vivendi per Exempla Sanctorum*）中首次使用的。1524 年，马如利克在著作《人类思想的心理学》中将"心理学"作为了书名。两个多世纪后，"心理学"一词出现在学术著作中，为"心理学"一词成为一门科学与专业的术语奠定了基础。这个词及其变式在多数情况下，意指源于神学与哲学传统的，关于人类灵魂及人性的看法。

16—17 世纪，在德语系国家，菲利普·梅兰希通（Philipp Melanchthon）、约翰内斯·托马斯·弗伦兹（Johannes Thomas Freigius）、鲁道夫·克兰纽斯（Rudolphus Goclenius）、奥托·卡什曼（Otto Casmann）等学者在他们的一些学术著作中都使用了"心理学"这个词。举例来说，在梅兰希通拥有广泛读者的著作《灵魂论》（*Commentary about the Soul*，1540）中，就广泛讨论了人性及心理机能。他在写给朋友的一封信中提到，这本书的目标，就是"帮助教师与学生获得这一领域的科学知识"。在梅兰希通采取哲学途径的方法接近心理学的同时，其他人正在更广泛的意义上使用"心理学"术语。比如，1588 年，在巴黎就出版了题为《心理学：精神的现实性及关于错误灵魂、幻觉异事的知识》（*Psychology：The book about the reality of spirits，knowledge of erring souls，phantoms，miracles and strange happenings*）的著作。

杰出的德国哲学家与博物学家克里斯蒂安·沃尔夫（Christian Wolff）在《经验心理学》（*Psychologia Empirica*，1732）和《理性心理学》（*Psychologia Rationalis*，1734）两部作品中，区分了心理学研究的两种方法，并将心理学定义为"关于灵魂的科学"。他的著作是后来心理学成为一门科学的重要转折点。

哲学家、百科全书学派代表人物狄德罗（Denis Diderot）创造了法文中"心理学"（psichologie）一词，这个词在他著名的《百科全书》（*Encyclopédie*，1751—1772）等作品中广泛使用。到 19 世纪早期，心理学一词已经开始在美国大学的教科书中使用。（杨文登 译）■

1506 年

新教徒的自我

马丁·路德（Martin Luther，1483—1546）

《正在读书的基督徒》，英国诗人、版画家威廉·布莱克（William Blake）所绘制，出自约翰·班扬（John Bunyan）的著作《天路历程》。这部不朽的基督教寓言鼓励新一代受过教育的基督徒关注私人的、内部的生活，这最终确立了一种心理学意义上的自我感。

 蒙田随笔（1580 年），利维坦（1651 年），白板说（1690 年），家信与小说（1719 年），道德情操论（1759 年），有机论（1939 年）

1517 年

1517 年，天主教徒马丁·路德写下了谴责天主教会实践的《九十五条论纲》，从而推动了一场宗教实践与理解人类身份的重大变革运动。《九十五条论纲》认为，每个人都是独自面对上帝，独自通过信仰为自己辩护，他们与神的关系均由个人来决定。但与之相反的是，在天主教教义中，人们必须通过教堂作为中介来进行赎罪。因此，个人的身份认同，被转换为对教会成员集体身份的认同。

路德原本直接的目标是挑战教会的错误行为，但这种挑战的影响，远远超出了教会及宗教事务。宗教改革有助于形成一种新的自我感。后来出现的新教徒的信仰，要求追求者关注自己的内部生活，献身于精神活动。路德对与上帝个人的、私有的关系的强调，促进了人们关注自身思想与情绪的需求，进而增进了人们的主体意识。日常生活实践获得了新的重要性，一个人的信仰可以通过在教堂礼拜的时间长短来证明，也可以通过他在事业中取得的成就或完成日常生活的工作来获得证明。新的工具，如行为指南、行为日志等都可以帮助教徒维持他们与上帝的私人关系。

行为指南是最为流行的祷告辅助资料，通篇都是格言、警语，指引人们进行精神性反思，帮助每个人判断自己的精神性发展。行为指南与日志是帮助信徒认真地反思内心生活，增加对罪恶思想与原始冲动的自我控制。对与上帝个人的、私有的关系的强调，以及对内在感的持续帮助与促进，需要每个人都关注自己的内心生活，进而增加主体意识。这一点，为现代心理学对自我私密性的强调铺平了道路。（杨文登 译）

论灵魂与死

袁安·路易斯·维韦斯（Juan Luis Vives，1492—1540）

袁安·路易斯·维韦斯的肖像。

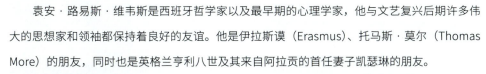

↳ 身心二元论（1637 年），白板说（1690 年）

1538 年

　　袁安·路易斯·维韦斯是西班牙哲学家以及最早期的心理学家，他与文艺复兴后期许多伟大的思想家和领袖都保持着良好的友谊。他是伊拉斯谟（Erasmus）、托马斯·莫尔（Thomas More）的朋友，同时也是英格兰亨利八世及其来自阿拉贡的首任妻子凯瑟琳的朋友。

　　维韦斯出生于西班牙巴伦西亚的一个犹太人家庭。也许是由于西班牙宗教法庭的压力，他们转而信仰基督教。维韦斯在基督教学校接受教育，17 岁时，离开巴伦西亚进入巴黎大学就读。在完成 3 年的文学学位课程后，他开始对民间与世俗之间的权力争斗感到厌恶。

　　接下来，维韦斯来到了荷兰。当时的荷兰是整个欧洲最为进步与自由的社会，他在荷兰的卢万大学做了几年的教职。维韦斯在那儿找到的思想与行为的自由，激励着他发展出一种关于心理与情绪运作的哲学。他与伟大的学者伊拉斯谟成为朋友，并成为了横跨西欧的、更为广泛的人本主义哲学家与思想家群体的一分子。后来，他又来到牛津大学，从 1523 年一直待到 1528 年。之后返回荷兰，直至终老。

　　维韦斯伟大的哲学与心理学著作是《论灵魂与死》（1538 年）。在这本书中，维韦斯罗列了他关于情绪对思想与健康产生影响的争论。他是第一个认为人格（或气质）是同时受到宏观环境（气候、地理条件）与微观环境（直接与家庭、朋友与其他人相关的环境）影响的人。他还解释了情绪在记忆过程所起的作用。此外，作为一个教育领域的先锋人物，他还四处为女性与穷人争取权益。他认为，教育必须为了全体人民，这是一个健康社会的必然标志。

　　维韦斯被学者们所推崇，人们认为他影响了笛卡尔与约翰·洛克的写作，以及他为理解情绪与记忆之间的相互作用所做出的贡献。（杨文登 译）■

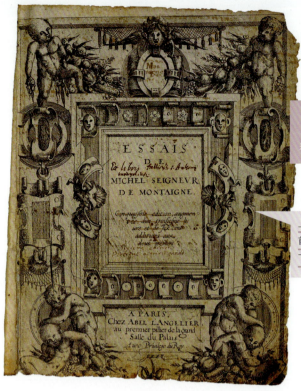

蒙田随笔

米歇尔·德·蒙田（Michel de Montaigne，1533—1592）

上图：《蒙田随笔》1595 年版的卷首插画。
下图：米歇尔·德·蒙田的肖像。

身心二元论（1637 年），利维坦（1651 年），白板说（1690 年），家信与小说（1719 年），道德情操论（1759 年）

1580 年

"吾书之素材无他，即吾人也"，蒙田在他的《随笔集》里开宗明义。在蒙田的时代，做出这样的声明是非比寻常的。当时，绝大多数作品的主题都是神学的、科学的或两者的结合。但蒙田却把自己的生活作为主题，他宣称："我是活着的人中最了解自己的。"正是以这种方式写作，蒙田预见了现代意义上的自我与人格同一性。

现代心理学理所当然地拥有主体感及个体的内心生活。但并不是一开始就是这样的。我们的自我感，就像个体的"我"是我们自己世界的中心，是在哲学、医学、宗教与日常生活中慢慢地发展而来的。1580 年出版的《蒙田随笔》，在早期为这种自我感的出现做出了重要贡献。

随笔（essay）是蒙田发明的一种写作形式，是一种能够记录他自身经验的理想的写作类型。为什么会发明这种新的写作形式呢？因为蒙田接受的是律师教育，但他年仅 38 岁时就不再从事律师这一职业。他生活在天主教与新教信仰强烈冲突的年代。许多国家因为宗教事端而开战，宗教迫害随处可见。蒙田总结道，要将知识与必然性建立在宗教的基础之上，只会导致更多的流血冲突。因此，他开始对政府、习俗以及人比动物高级等理念逐一提出质疑。蒙田指出，人类经验总是在不断变化，因为知识也总是处于不断变化的过程中。

蒙田以随笔的形式记录着他不断变化的经验。通过记录，他使其他人了解到，反思自身的个人经验正是理解世界的有效途径。（杨文登 译）■

忧郁的解剖

罗伯特·伯顿（Robert Burton，1577—1640）

梅伦科利亚一世（Melencolia I），德国文艺复兴时期画家阿尔布雷特·丢勒（Albrecht Dürer）作于 1514 年。该图将抑郁症的根源描述为艺术气质。

体液说（约公元前 160 年），美国精神疾病分类系统（1918年），抗抑郁药物（1957 年）

1621 年

伟大的英国学者、健谈者与咖啡狂热者塞缪尔·约翰逊（Samuel Johnson）曾评论罗伯特·伯顿关于抑郁的论著，称那是他唯一想一大早起床后就阅读的书籍。罗伯特·伯顿是牛津大学的职员，习惯于安静的学术生活。伯顿早年曾对诗与戏剧非常关注，但不久后他的兴趣发生了转变，将整个生命奉献给了《忧郁的解剖》（The Anatomy of Melancholy）。这本书最早出版于 1621 年，先后出了六版。伯顿是 17 世纪早期关于英格兰生活的敏锐观察者。当时，抑郁症非常流行，他自己也一直与自己的绝望感作斗争。

《忧郁的解剖》之所以重要，是因为它带领我们追溯历史、展望未来。伯顿充分汲取了先人的智慧。他引用亚里士多德，引用希波克拉底与盖伦的体液学说，后者认为抑郁是黑胆汁过量的结果。他还尽最大努力，动用了他所在年代能够获得的所有可能的资料，包括哲学、炼金术与文学等。而且，这本书还指向未来，就像我们现代所理解的那样，它把抑郁理解为创造性与天才的标志，将抑郁看作是心理障碍分类、性别差异的相关讨论中重要而普遍的问题。

即使到了今天，这本书仍然会激发关于抑郁本质的问题。我们是否理解"忧郁"（melancholy）是"抑郁"（depression）的更古老的词？抑郁仅仅是生理方面的，还是必须考虑文化在塑造我们关于情绪的表达与理解过程中的作用？（杨文登 译）■

身心二元论

勒内·笛卡尔（René Descartes，1596—1650）

《机器人范例》（*Example of an automaton*），笛卡尔引用的插图，以说明人类的身体如何能够被理解为机械运作的机器。该图现存于国际艺术力学博物馆（Centre International de la Mécanique d'Art，CIMA）。

 白板说（1690 年），人是机器（1747 年）

1637 年

17 世纪，人们对自然界的新理解，促使学者们将人类及其能力放到自然法则的框架中进行考察。法国哲学家勒内·笛卡尔的著作，尤其是《方法论》（1637 年），正是这类努力的开端。

作为哲学家，笛卡尔一方面试图维持对天主教的忠诚，另一方面又在寻找对人类心灵与身体的自然理解。天主教认为心灵受上帝的直接影响，灵魂与身体是分离的，不能解释为自然界的一部分。为了避免与教会的冲突，笛卡尔提出了身心二元论，认为有一部分心理功能是身体的属性，而非灵魂的机能。他宣称记忆、知觉、想象、梦及情绪是一种身体的过程，意味着它们能够在"将人类当作自然法则的一部分"这一理念下加以研究与理解。

笛卡尔吸收了诸如威廉·哈维（William Harvey）将心脏比作水泵等早期医学的发现，还创造性地吸收了诸如创造自动机的工匠们的工作。在巴黎城外的皇家花园里，当参观者踩上一个隐藏的踏板，水压就会推动雕像移动，就像它们会自己走路一样。笛卡尔将机械运动的原理作为模型，来解释人们如何理解记忆、梦或其他心理活动，而不是将其解释为神圣的上帝的力量。笛卡尔认为身体与心理通过大脑的松果体而产生交互作用，松果体接收身体的信息，并将灵魂的运动信号传达给身体。这种观点保留了灵魂作为理性的基础，为神学领域保留了存在的空间。

笛卡尔的方法既适于天主教教义，也适于新的机械哲学。通过清晰地阐述心灵与身体的区别，笛卡尔留下了一笔遗产，让后世思想家将人类当作自然（而不是超自然）法则的一部分。（杨文登 译）■

利维坦

托马斯·霍布斯 (Thomas Hobbes, 1588—1679)

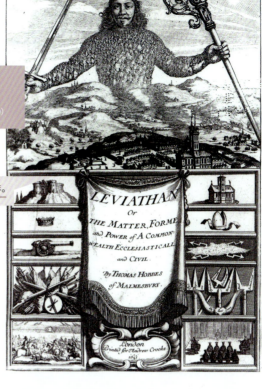

托马斯·霍布斯所著《利维坦》的卷首插图，1651 年。

 新教徒自我 (1517 年)，蒙田随笔 (1580 年)

1651 年

英国哲学家托马斯·霍布斯在个体心理学奠基的过程中扮演着重要的角色。他的著作，特别是《利维坦》(1651 年)，是建立在由有自我意识、自我中心的人们所构成的社会基础之上。霍布斯预示并刺激了一种我们今天称之为占有性个人主义的思想，这正是心理学必需的。为什么他会如此关注个体呢？

在现代早期，人类在自然界中的地位是哲学家、神学家及受过高等教育的人们特别关注的一个重要主题。在那个时代里，当代意义的心理情感开始出现，成为人类社会重要变革的结果。霍布斯就在这样一个时代写作。持续不断的战争，以及对接受宗教信仰、建立政治秩序的重要挑战，是这个时代的标志。科学的新发展，将自然界的知识置于人类自身的框架内，而不再需要用神力来解释一切。此外，由于大规模的人口迁向城市，这也引发了社会的巨大变革。

霍布斯将新的社会契约基于这样一个假设：所有生命都是物质的，而不是精神的或形而上学的，因此，我们不要相信精灵或天使。他以唯物主义的方式解释生命，"心脏是发条，神经就像是许多游丝"。只有物质是存在的，我们的行为决定于物质的因素。由于我们共享同一个自然界，因此我们有着建构更好社会的共同基础。但是，我们这样做，一定是基于我们自己的利益。为了控制我们的自私欲望，霍布斯呼吁建立一个强有力的政府。如果没有一个强有力的君主，或用霍布斯的术语来说，没有利维坦，我们的公共生活就会"各自为战"，生活也可能会变为霍布斯的名言，是"孤独、贫穷、龌龊、粗野与短命的"。（杨文登 译）■

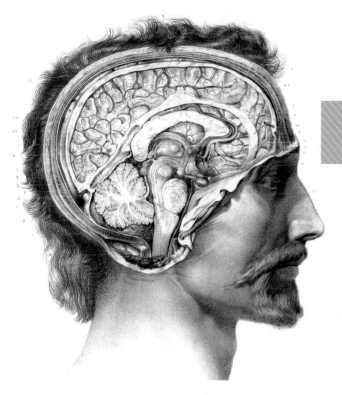

脑解剖学

托马斯·威利斯（Thomas Willis，1621—1675）

来自霍姆解剖图（Anatomie de l'Homme，1831—1854）中的画作，展示了脑的横截面。

身心二元论（1637 年），脑机能定位说（1861 年），镜像神经元（1992 年）

1664 年

在《脑解剖学》一书中，内科医生与解剖学家托马斯·威利斯为现代神经科学与精神病学奠定了坚实的基础，并在该书中创造了一个新词"神经科学"（neurologie）。他写信给朋友，说他在寻求"解开人类心灵所在之处的秘密"。威利斯关于正常与病态大脑的作品，对他所在的时代产生了重大影响，促使脑研究向今天的方向发展。举例来说，《脑解剖学》的英文版于 1664 年出版，第一年内就出现了四个拉丁语版本，此后几年又出现了另外五个新版本。这本书实际上是威利斯与他的同事们合作的产物，包括著名的建筑工程师、艺术家克里斯托弗·雷恩爵士（Sir Christopher Wren），他为该书绘制了插图。

威利斯在牛津的基督教会学院接受教育，直到 1667 年离开牛津去了伦敦。在新的实验哲学出现后，他迅速进入了该领域。威利斯的专业是化学与血液学，但大约在 1660 年，他的兴趣转向了神经解剖学与神经科学。

他遵循自己新的兴趣，将这种兴趣应用于自己的研究。他开始进行细致的观察与广泛的学习，这成了他职业的显著标志。威利斯将脑看作是"人类理性灵魂的主要基础，……是动物机器的主要发动机"，并与克里斯托弗·雷恩及其他人一起工作，以了解脑的解剖结构。在书中，他采取了比较解剖学的形式，这种形式首先由内科医生、解剖学家威廉·哈维在其血液循环的工作中所倡导。威利斯使用来自非人类的脊椎动物与无脊椎动物为例，证明他关于大脑解剖与相关功能的论述。他还使用个人病历及尸体解剖的证据来支撑自己的结论。除神经解剖学之外，该书还描述并绘制了脑神经、脊神经和植物性神经。1667 年，威利斯出版了《脑病理学》，该书扩展了他对脑疾病的分析。《脑病理学》与《脑解剖学》，首次在欧洲提供了人类对脑与神经系统的全面解释。（杨文登 译）■

白板说

约翰 · 洛克（John Locke，1632—1704）

牛津大学基督教会学院，洛克受教育并在职业生涯早期教学的地方。

 道德情操论（1759 年），天性 VS 教养（1874 年），行为主义（1913 年），丰富环境（1961 年），斯坦福监狱实验（1970 年）

1690 年

　　我们如何获得知识？在英国哲学家约翰 · 洛克看来，这一基本问题的答案就是人类的经验。在他的主要作品《人类理解论》（1690 年）中，洛克反对天赋观念的说法，认为所有的思想都来源于经验。因此，人出生时心灵就是一块白板（tabula rasa，拉丁文为 "blank slate"），其后感觉经验印刻其上，内容均是源于经验的各种观念。知识是心灵的物质形态，内容是物质世界的经验与观念。洛克还提出了一种方法，以理解人们如何通过联想，由简单观念塑造出复杂观念。就这样，他为经验主义哲学以及多年以后出现的心理科学奠定了基础。

　　是什么刺激洛克提出如此新颖而激进的思想呢？在他还只有 10 岁时，国王与议会在宗教、政治方面的争斗引发了内战。在接下来近二十年中，日常生活都是危险的，充满着对立与冲突。洛克想为社会生活找到更好的基础。他认为，通过鼓励人们形成一种清晰而明确的，且不过分依赖政治或宗教的观念，来创建一个没有冲突的社会。

　　为什么白板说对今天仍有很重要的意义？除了引发天性与教养之争，洛克的理论还使得"人类的行为依据自然法则而不是神圣力量"这一思想成为现实，并最终为心理科学的诞生创造了可能性。（杨文登 译）■

家信与小说

丹尼尔·笛福（Daniel Defoe，1660—1731）
塞缪尔·理查森（Samuel Richardson，1689—1761）
亨利·菲尔丁（Henry Fielding，1707—1754）

"查勘岛屿的鲁宾逊，亚历山大·弗兰克·林丹（Alexander Frank Lydon）为1865年版《鲁宾逊漂流记》所绘的插图。

 新教徒的自我（1517年），蒙田随笔（1580年），道德情操论（1759年）

1719年

　　早在数千年前，人们就已经开始写信与讲故事。但是，在18世纪早期，两种新的书面交流形式开始出现，在欧洲多地流行，反映并促进了人们新的自我感与私人生活。一种是私人邮件的新形式，即家信；另一种是小说，一种针对公众消费的流行文化。两者都反映了文学的发展。

　　由于移民及异地工作等原因，家庭成员间往往在地理位置上远离彼此。因此，信件在那个年代有了新的重要性，变成了私人经验、情绪及私密思想传达的工具。这类通信，对表达亲密的家庭成员或朋友之间的情感非常重要，逐渐被称为"家信"。信件变成了一种中介，确立了个体性，并令其越来越个性化与私有化。

　　19世纪上半叶，小说出现了，成为英国文学的一种新形式。丹尼尔·笛福，既是商人，有时也是作家，在多次出入监狱的过程中，于1719年写下了第一部小说《鲁宾逊漂流记》。此后，塞缪尔·理查森撰写了《帕梅拉》（Pamela，1740），亨利·菲尔丁也在1749年出版了他的《弃婴托姆·琼斯的故事》（Tom Jones）。

　　小说作为一种文学形式，反映了个人生活与日常生活的新的重要性。在这种新文学形式中，主人公有着普通的名字，主题也是日常生活。小说人物在各种情境中迂回曲折的故事，令许多读者产生了共鸣。主人公的思想与情绪的描述被置于最显著的位置，所以读者在阅读主人公时，也能够理解自己内心的思想与情绪。最终的结果是，促使人们对平凡生活、世俗与主体性投以更多的关注。（杨文登 译）■

人是机器

朱利安·奥夫鲁瓦·德·拉美特利
(Julien Offroy De La Mettrie，1709—1751)

长笛演奏者，意大利发明家因诺森特·曼泽蒂（Innocent Manzetti）在 1849 年制造的自动机器人。

身心二元论（1637 年），物种起源（1859 年）

1747 年

笛卡尔提出，身体与心理必须分离进行理解。心理是非物质的，由神力所推动；灵魂或心理不能还原为物质或根据机械原理来解释。另一方面，笛卡尔也认为记忆、知觉、想象、梦或情感等表面看来是心理机能的东西，实际上是身体的属性，它们服从自然法则而不是受神的影响。这就是身心二元论的基础。

在笛卡尔二元论的影响下，哲学家们相信，所有心理机能实际上都是由身体这一机械所推动的。因此，我们能够用自然的、物理的过程来进行解释。在拉美特利富有煽动性的《人是机器》一书中，这位法国军队的外科医生，提供了一种激进的解释。他赞成一种关于人类的彻底的唯物主义观点。拉美特利说，这是笛卡尔论证的启示。动物与人都能够用机械论或唯物主义的说法来进行理解。

拉美特利在重病发高烧的时候对自己进行观察，而后根据自己的亲身体验发展了对心理的唯物主义解释。他从这次重病的经验中得出，大脑与神经系统的改变确实会导致心理过程的改变。因此，他反对身心分离，认为人类心理完全基于心理的生理基础。这些工作非常重要。他与笛卡尔一道，改变了旧的观念（将人类置于所有生物的顶端，"仅比天使差一点点"），推动了人类服从自然法则这一新观念的形成。（杨文登 译）■

道德情操论

亚当·斯密（Adam Smith，1723—1790）

19 世纪发明的非常古老的收银机，这些按键显示的是预十进制计算的钱币值。商业社会出现后，这些设备的使用非常普遍，就像私密自我概念的流行一样。

 新教徒的自我（1517 年）

1759 年

我们当代私密的自我感、丰富的内部心理生活是什么时候开始出现的？除了科技革命、宗教改革、家庭生活变迁以及对自然界的新理解，我们还必须考虑到"商业社会"的出现也是其发展的催化剂。所谓"商业社会"是指这样一个社会，其中人与人之间的关系由他们在市场中的相互作用所决定：他们在生产什么，还是在买卖什么。

商业社会是如何帮助人们建立了一种私密的自我感，并使人们感到自己的内心生活是独特的呢？英国爱丁堡市的哲学家亚当·斯密在 1759 年出版的《道德情操论》与 1776 年出版的《国富论》这两本书中，针对这一问题提出了自己的解释。斯密认为，商业社会在人们交换商品时建立了一种责任，商品包括劳动，可以与别人劳动所生产的商品相交换。因此，商业社会的个体都在追求各自的物质利益。但为什么这样并不一定必然导致混乱呢？

在资本主义的商业社会，个体不得不考虑他们行为的结果。也就是说，一旦做出了关于商品交易及相关价格的承诺，没有及时地运送或接收商品，可能使未来的关系处于危险状态。斯密认为，"良心"在平等的商业互动中扮演着关键的角色。良心是心理学的，它需要一种自我的内部感。因此，良心的存在促进了主体性及自我调节的形成，这就是斯密著名的"无形的手"理论。人们确实是为了自己的利益而行动，但人们同时也不得不考虑其他人，这就是斯密所说的"道德情操"。正是道德情操使社会成为可能。撇开资本主义社会所存在的一些负面问题不说，我们发现，市场的出现确实有利于人们私密自我感的形成。（杨文登 译）■

卢梭的自然儿童

让-雅克·卢梭（Jean-Jacques Rousseau，1712—1778）

↳ 阿韦龙野人维克多（1801 年），幼儿园（1840 年），
出生次序（1907 年）

上图：位于瑞士日内瓦的卢梭雕像。
下图：1833 年的卢梭雕像版画。

1762 年

瑞士出生的法国哲学家让-雅克·卢梭吸收了各种来源的知识，包括来自美洲的旅行者报告，以及对史前社会人类境况的想象等。他认为，人类以一种高贵而朴素的方式生活在原始时代的最早期：自然儿童（natural child）出生时是好的，后来逐渐被社会所腐蚀。他问道："一个心神安宁、身体健康的自由人，会遭受何种苦难？"对卢梭而言，人类的行为最好由情绪而不是理性所引导。他强调主体性，成为了浪漫主义的先驱。

对原始人类善良状态的强调令他在 1762 年出版的《社会契约论》一书中写道，尽管人类追逐自己的幸福，但他们并不希望看到自己的朋友遭受痛苦。因此，社会生活因为道德情操或同情心而成为可能，即使社会生活并不一定总是与个体的自由相一致。

我们天性善良，又必须生活在社会之中，卢梭认为教育是减少腐朽社会的影响、完善个体本性的唯一途径。因此，他鼓吹为儿童发展一种合适的教育，而不是将他们看作是缩小版的成年人。在他 1762 年出版的小说《爱弥儿》中，卢梭将人类发展分为三个阶段，每个阶段都有其独特的相关年龄特征。通过这种方式，卢梭反对当时强调机械学习的教育实践，建议将教育建立在儿童天然好奇心的基础之上。通过这种方法，教育促进了儿童的心理与道德发展。

显然，卢梭的教育模式是心理学的。他的思想影响了 19 世纪的教育心理学家约翰·希裴斯泰洛齐（Johann Pestalozzi）和弗里德里希·福禄贝尔（Friedrich Froebel），并通过他们，影响了 20 世纪的教育心理学家列昂·维果茨基（Lev Vygotsky）以及杰罗姆·布鲁纳（Jerome Bruner）。（杨文登 译）■

催眠术

弗朗兹·安东·麦斯麦（Franz Anton Mesmer，1734—1815）

基尔良摄像技术拍摄的食指电晕放电状态。

面相学（1775 年），美国的颅相学
（1832 年），精神分析（1899 年）

1766 年

与同时代的其他理论家一样，德国内科医生弗朗兹·安东·麦斯麦接受了同样的理念，即恒星与行星一直影响着包括个人健康在内的人类生活。在麦斯麦 1766 年的博士学位论文中，他认为疾病是不利的行星影响了体液的结果，而恢复健康则需要通过他所说的动物磁力来恢复平衡。随着时间的变迁，麦斯麦不断完善自己的治疗技术。最初，他要求病人握住被磁化过的铁条。在他的声誉不断增长后，他认为自己的动物磁力能够磁化任何物体，包括植物、书籍、衣服等，即使这些物体在远处，也能够起作用，恢复病人体内磁力的平衡。在他职业生涯的后期，麦斯麦甚至认为他的抚摸或者让他瞧上一眼，都能使病人的磁力恢复平衡，进而恢复健康。

麦斯麦在维也纳治疗一个天才的盲人少女失败后，声誉受挫，后于 1777 年前往巴黎。不久，他治疗了包括玛丽·安托瓦内特（Marie Antoinette，法国国王路易十六的王后）在内的许多贵族妇女。他开始引入群体治疗，在一个特殊的房间里，演奏着轻音乐，让病人握着被磁化过的铁棒。麦斯麦穿着蓝紫红衣服，大踏步走进房间，即使是轻轻地触碰病人，通常也会引发病人的大哭、大笑甚至昏迷。许多患者都认为自己被他的治疗治愈了。后来，法国皇家调查委员会（包括当时美国驻法国的大使本杰明·富兰克林）对麦斯麦进行了调查，结果发现所谓的治疗效应，无非是病人的想象。这样，麦斯麦再一次被医疗机构否认。

尽管麦斯麦后来名誉扫地，但他的思想延续了下来，并在整个 19 世纪中不断被修正，最终得到了两个非常重要的结果。第一，催眠术源自于催眠的实践；第二，麦斯麦的工作带来了关于无意识的新理论，从而为弗洛伊德发展精神分析铺平了道路。（杨文登 译）■

面相学

约翰·卡斯帕·拉瓦特尔
（Johann Kaspar Lavater，1741—1801）

上图："轮廓显现法"，源自 1789 年拉瓦特尔关于面相学的小说。轮廓法是检查面部特征的方法，对决定一个人的面相特征非常重要。
下图：约翰·卡斯帕·拉瓦特尔的版画。

手相术（约公元前 5000 年），美国的颅相学（1832 年），体质类型（1925 年）

1775 年

面相学是人类通过"阅读"身体来理解他人与自我的长期历史的一个范例。在西方，由于科学解释了越来越多的自然现象，人们对早期理论体系的依赖已经降低但并尚未完全消失。尤其是对于那些没有接受过正规教育的人来说，身体仍然是解释世界的一种渠道。在整个工业革命的过程中，人们开始从乡村或小城镇来到大都市，从农场或小店进入工厂，他们需要了解自己与他人。

面相学是理解人类性格的一种古老的知识体系。18 世纪，面相学通过瑞士牧师约翰·卡斯帕·拉瓦特尔的实践而复活并流行。拉瓦特尔创建了一个体系，试图将人类外部的面相与内部的性格和能力关联起来。他出版了四卷本的插图著作，传播他的面相学理论体系。这些著作在一个多世纪后仍在销售。人们可以按照这些插图来了解他们的性格与能力（即后世所称的人格与智力）。

拉瓦特尔认为，他的面相学体系能帮助人们了解他们自己与他人的本能与情感，因此能更好地管理自我与社会。由于面相学的目标是个体的内部生活，它在日常生活及实践心理学中起着重要的作用，为科学心理学的诞生奠定了社会基础。

面相学吸引了几乎所有阶层的人们，包括哲学家伊曼努尔·康德（Immanuel Kant）、小说家简·奥斯汀（Jane Austen）等精英阶层，以及未受过教育的非精英阶层等等。小说家们使用面相学的语言，对主人公进行描写。尽管面相学及其后更为年轻的分支颅相学，不可避免地被一些人用来证明特定族群的优越性，且同时还创造了一种心理学语言，使人们可以了解自己与旁人的情感及其他异同。（杨文登 译）■

康德：心理学是科学吗？

伊曼努尔·康德（Immanuel Kant，1724—1804）

伊曼努尔·康德的雕像，位于俄罗斯的加里宁格勒。

 最小可觉差（1834 年），感觉生理学（1867 年），心理时间测量（1879 年）

尽管终其一生都生活在德国的小城市哥尼斯堡，伊曼努尔·康德通常被世人尊为西方学术传统中最伟大的哲学家。对于心理学科，康德提出了强有力的挑战。他坚持认为，心灵不能以研究物质的自然科学方法来进行研究。

康德的论点，对那些对心灵感兴趣且试图进行实验探索的科学家构成了挑战。为了应对这一挑战，科学家们不得不面对康德关于我们如何认识世界的理论。在 1781 年出版的《纯粹理性批判》中，康德提出了有两种独立的现实：本体世界与现象世界。前者是外在的由纯粹的物体（或称物自体）组成，其存在独立于人类经验；当我们的感性试图去感知它们时，它们就自动转化为感性能直观到的现象。

这反映了康德挑战的本质，他的立场暗示着一个主动而非被动的心灵。他的理论表明，心灵在建构我们的经验时，使用了确定的法则（12 个先验范畴）来组织现象。不是因为世界本身是如此组织的，而是因为心灵以某种方式建构了关于世界的经验。

为什么这种争论没有开启创建心理科学的大门呢？这是因为，康德认为心理过程存在于时间之中，但没有空间的维度。他推论，人类心理运作的方式不能以数学的方式来表达。由于数学才是真正自然科学的标志，那么心理学就不可能成为一门科学。它仅仅只能成为一门历史的、描述性的学科。到 19 世纪末期，康德的这一挑战，得到了一群自以为找到了方法来测量心理与行为的科学家们的回应。他们找到的方法就是：实验法。（杨文登 译）■

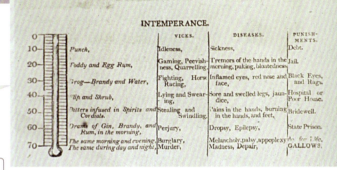

道德疗法

威廉·图克（William Tuke，1732—1822）
菲利普·皮内尔（Philippe Pinel，1745—1826）
文森佐·基亚鲁吉（Vincenzo Chiarugi，1759—1820）

卷首插图，取自 1812 年本杰明·拉什（Benjamin Rush）关于烈酒对人类身体与心理影响的调查报告。拉什是美国《独立宣言》的签名者之一，也是美国道德疗法的奠基者。

↳ 疯人院（1357 年），抗精神病药（1952 年）

1788 年

欧洲的启蒙运动后，人类又重新变回了逻辑的动物。疯病再次被认为是缺乏理性的结果，而不再归因为体液的不平衡。就在这时，治疗疯病的方法随之发生了改变：不再是放血或使用泻药，而是想办法帮助病人恢复他们的理性。这就是"道德疗法"（Moral Treatment）。

第一个道德疗法的实例出现于 1788 年的意大利，文森佐·基亚鲁吉引领了这次变革，他宣布用链条锁住病人或击打病人是不合法的。他经常使用鸦片为病人镇定。1792 年，法国内科医生菲利普·皮内尔担任巴黎比塞特（Bicêtre）精神病院的院长。他接受了启蒙运动的思想，发展出一些人性化治疗的新政策，认为治疗应该帮助病人恢复理性。病人从链条中被释放出来，得到了体面而有尊严的治疗，取得了重大的成功。

大约在同时代的英格兰，贵格会关心遭受心理障碍痛苦的人们，开设了约克的瑞催特医院。在威廉·图克的领导下，瑞催特医院的医生相信，精神疾病是一种通过正确的治疗就能得到恢复的疾病状态。该医院的职工怀着仁慈之心，对病人进行个别化护理，为他们提供工作机会，鼓励他们回归健康。

在美国，精神病医生（alienists，即当代精神病医生的前身）也采用了道德疗法。其中就包括使用一些类似婴儿床的约束病人的新方法。那里空间狭小，病人不得不躺下来。其基本原理是，让病人先平静下来，然后逐渐恢复他的知觉，最后再想办法恢复他的理性。

截至 1830 年，道德疗法已经成为了大多数美国精神病院的护理标准，只要病人的数量不多，疗效就不错。但是，到了 19 世纪末期，精神病院的病人数量急剧增加，针对他们的财政与社会支持相对下降。因此，在 19 世纪末，大多数精神病院变成了疯人的仓库，患者难以得到必要的治疗。（杨文登 译）■

阿韦龙野人维克多

让-马克-加菲帕尔德·伊塔德
(Jean-Marc-Gaspard Itard，1774—1838)

13世纪"母狼乳婴"的青铜雕塑，根据传说，母狼正在哺育的孪生兄弟罗慕路斯与雷穆斯（Romulus and Remus）是罗马的缔造者。

→ 卢梭的自然儿童（1762年），幼儿园（1840年），儿童之家（1907年）

1801年

那是1800年1月，在一个寒冷的日子里，一个裸体男孩颤抖着，漫无目的地走进了法国南部一户农家。尽管男孩看起来已有12岁那么大，但他不会说话，不了解人类行为举止，也不能意识到自己的行为。人们很快明白也许从5岁起，这个男孩就开始独自在森林里生活。他就是野人维克多。他成为了启蒙运动中讨论"高贵的野蛮人"以及教育在文明过程中所扮演角色等问题的著名案例。

维克多被带到巴黎，几位专家对他进行了检查，其中一位专家宣称他是一个"先天性白痴"。不久后，维克多转由时任法国聋哑研究所所长的内科医生让-马克-加菲帕尔德·伊塔德照管。伊塔德不同意上述专家的论断，他相信，维克多所显示出来的缺陷源于社会，而且应该能通过再次的社会化和教育得到恢复。因此，维克多成为了伊塔德测试教育力量的案例。

整整五年，伊塔德与他的助手与维克多一起工作，教育维克多学习语言与文明的生活方式。他学会了吃东西，正确地穿衣和洗澡。但是，他一直没能学会说话。伊塔德发现了后来实验科学所证明的事实：人们有学习语言的关键期，一旦过了这个关键期，学习语言就非常困难。

在理论层面，伊塔德与维克多为研究人类的发展提供了新的方法。伊塔德分别在1801年与1806年准备了两场关于维克多的报告。尽管伊塔德并不情愿地承认他对维克多的教育是失败的，但他所使用的系统方法却得到了时任法国教育部长的大力赞扬。部长肯定了伊塔德的报告，并将其视为研究儿童的新的科学方法，认为该研究为有效干预儿童的发展指明了道路。

（杨文登 译）■

贝尔-马戎弟定律

查尔斯·贝尔（Charles Bell，1774—1842）
弗朗西斯·马戎弟（François Magendie，1783—1855）

 脑机能定位说（1861 年），感觉生理学（1867 年）

取自查尔斯·贝尔爵士的《动脉图示手稿》（*Manuscript of Drawings of the Arteries*）一书的插图。该图描述了"颈动脉分支最为普遍而规则的分布"。

人类的智慧可以由自然法则来解释还是受神圣力量的影响，是 19 世纪讨论的一个主要问题。就在那个时代，实验已经成为判断真理的方法，而实验室则成为了通过实验发现真理的地方。

感觉神经元与运动神经元存在区别。这一点分别由英格兰解剖学家查尔斯·贝尔与法国生理学家弗朗西斯·马戎弟先后在 1811 年、1822 年独立发现。这使以实验方法来探索神经系统机能的心理学成为可能。贝尔与马戎弟都指出，针对视觉、听觉或触觉等不同的感觉形式，存在着不同的、特殊的感觉神经元。这一发现现在被称为贝尔-马戎弟定律。后来成为了德国生理学家约翰·缪勒（Johannes Müller）发展其神经特殊能学说的基础。使用神经特殊能学说的研究者发展了一种机械模式来理解人类神经系统的功能，以及神经系统在人们的思想与行动中所起的作用。

通过实验区分出两种类型的神经元具有重要的科学意义。以条件反射的研究为例，英国生理学家马歇尔·霍尔（Marshall Hall）使用感觉-运动分离，证明了局部神经活动与人类行为之间存在着特殊的关联。他根据神经活动来直接描述人类行为，而不涉及高级的心理过程。这挑战了人类行为的心灵主义解释。比如，笛卡尔就曾提出，由于大脑与灵魂是等价的，因此是灵魂掌管着人类行为，不能对之进行实验研究。霍尔的研究暗示，人类行为中至少有一些方面是基于刺激的，是在生理层面做出的反应。因此，实验法在研究的过程中扮演着重要的角色，能协助我们了解大脑机能与人类行为之间的联系。（杨文登 译）■

1811 年

美国的颅相学

弗朗兹·约瑟夫·加尔（Franz Joseph Gall，1758—1828）
约翰·施普茨海姆（Johann Spurzheim，1776—1832）
奥森·福勒（Orson Fowler，1809—1887）
洛伦佐·福勒（Lorenzo Fowler，1811—1896）
塞缪尔·威尔斯（Samuel Wells，1820—1875）

034

上图：1882 年由约瑟夫·贝克（Joseph Becker）雕刻的木版画。"全国巡诊的颅相学家来到了怀特山，'哦，小姐，您有一个非常棒的头颅，真的，非常棒……'"。
下图：1848 年版《美国颅相学月刊》，由纽约福勒与威尔斯出版社出版。

手相术（约公元前 5000 年），面相学（1775 年），脑机能定位说（1861 年），优生学与智力（1912 年）

1832 年

　　维也纳内科医生弗朗兹·约瑟夫·加尔发展了一种方法，通过颅骨凹凸的形状来了解颅骨下的大脑结构，这种方法迅速被命名为颅相学（phrenology）。1832 年，加尔的学生约翰·施普茨海姆将颅相学带到了美国。那正是一个人们对自我完善有着巨大兴趣的年代，颅相学在美国迅速得到广泛普及。社会大众接受这种方法并且相信可以科学地研究人格与品质，而且其研究结果还可以用来完善人们的人格。

　　有一对富有进取心的兄弟，利用颅相学在美国的流行，取得了巨大的成功。那就是福勒兄弟——奥森与洛伦佐，他们还是塞缪尔·威尔斯妻子的兄弟。他们首先在纽约和波士顿开了一家颅相学诊所，并在 1830 年代后期又在费城新开了一家。诊所的目的就是进行颅相学的检查，以满足客户的特殊需求。比如，有父母可能想要深入了解其孩子的行为问题，或者已订婚的情侣们想评估他们之间的相容性。颅相学家们的足迹踏遍了整个美国，在到达某地之前，他们就预告行程、租赁房屋，给热心的客户提供颅相学的解释和相关读物。

　　福勒兄弟培训了一批颅相学家，试图提供个人化的建议手册，并最终出版了一系列我们今天称之为自助励志的书籍。这些书包括：《颅相学的生理学解释及在教育与自我完善领域的应用》（*Phrenology and Physiology Explained and Applied to Education and Self-Improvement*）、《颅相学自助手册》（*The Phrenological Self-Instructor*）、《如何解读性格：新版颅相学与面相学图解手册》（*How to Read Character: A New Illustrated Handbook of Phrenology and Physiognomy*）等等。曾经有一度，他们甚至计划出售颅相学机器，只要投硬币，顾客就可以得到机器提供的性格分析结果。

　　尽管大众对颅相学的流行非常欢迎，福勒兄弟也为建立颅相学的专业合法性做出了大量努力，颅相学的科学性仍然一直受到质疑。但是，在许多方面，颅相学为美国接受临床心理学铺平了道路。后者力图提供一系列测试与治疗方法，以帮助人们理解与改善自己的生活。（杨文登 译）■

最小可觉差

恩斯特·韦伯（Ernst Weber，1795—1878）
古斯塔夫·费希纳 Gustav Fechner，1801—1878）

古斯塔夫·费希纳（下图）的研究结果表明，最小可觉差不是与对应物理量的强度成正比，而是与对应物理量强度的对数成正比。该图取自费希纳 1892 年的研究结果，由约翰内斯·埃米尔·孔策（Johannes Emil Kuntze）绘制。

 感觉生理学（1867 年），实验心理学（1874 年），心理时间测量（1879 年）

18—19 世纪，许多学者认为对心理不能进行科学研究，一部分是因为心理过程不能用数学术语进行描述。1834 年，德国心理学家恩斯特·韦伯首次发表了他的触觉研究，将对人类能力的研究转向为对感觉差异进行研究。通过重量与温度变化的研究，韦伯得出结论，这些变化可以用规则或数学进行描述。他发现了第二个观点，要引起准确的差别感觉，增加的重量必须与原始重量达到一定的比例，而不是每次都增加同样多的绝对量。每一种感觉形式，包括触觉、视觉、听觉等，要使个体能检测到差异，增加或减小的量就必须与原始的刺激成正比。韦伯计算出这一个比例，并为每种感觉辨别力都建立他称之为最小可觉差（just-noticeable difference，JND）的数量。比如，重量辨别的最小可觉差总是一个常数，大约 1/13 的增量才能引起差别感觉。

1850 年，德国哲学家、心理学家古斯塔夫·费希纳根据经验确定，物理量与心理量之间存在着数量关系。他用以研究这一主题的实验方法，后来被称之为心理物理学（psychophysics）。建立在韦伯的最小可觉差工作的基础之上，费希纳推论，对每种感觉而言，如果最小可觉差是一个常量，那它就可以作为具体刺激强度引发的主体经验的一个计量单位。从感觉到刺激的最小刺激量到绘制每种感觉的最小可觉差，费希纳发现一个数学定律可用来描述与预测物理量与我们主观经验的心理量之间的关系。韦伯与费希纳都证明了心理现象能够进行量化描述。（杨文登 译）

1834 年

悖德狂（精神变态）

菲利普·皮内尔（Philippe Pinel, 1745—1826）
詹姆斯·普里查德（James C. Prichard, 1786—1848）
赫维·克利（Hervey Cleckley, 1903—1984）
罗伯特·黑尔（Robert Hare, 1934— ）

艾尔伯特·莫尔（Albert Moll）1921 年出版的《性学手册》中的插图。该书描述了历史上最臭名昭著的精神变态者吉尔·德·莱斯（Gilles de Montmorency-Laval, Baron de Rais），儿童连环杀手，1440 年被处以绞刑。

 疯人院（1357 年），精神分裂症（1908 年），美国精神疾病分类系统（1918 年）

1835 年

　　1790 年，伟大的法国内科医生菲利普·皮内尔，在他担任院长的巴黎比塞特精神病院里偶然发现了一类不同寻常的病人。这些病人在行为上偏离正常，但并没有表现出任何智力缺陷，且不带有精神分裂症的症状。他们几乎都是男性。1835 年，英国精神病学家詹姆斯·普里查德创建了一个术语"悖德狂"（Moral Insanity）来描述这类病人。他还指出这些病人既没有认知损伤，也没有幻想症状。他们的疯狂是行为方面的，行动起来似乎完全漠视正常的情感或社会习俗。

　　20 世纪中期，美国精神病学家赫维·克利创造了一个词"精神变态"（psychopathy），用以描述一群住院的男性病人。1941 年，他在著作《理智的面具》（The Mask of Sanity）中描述了一群使人着迷但又令人不寒而栗的男人，他们魅力非凡，但完全没有道德与良心。"精神变态者"（psychopath）就是指戴着"理智的面具"的人，他们表面上正常、富有魅力且善于社交，但他们的行为完全是破坏性的。这本书激发了公众的想象力，精神变态现象成为了创作电影的灵感来源，比如《邮差总按两次铃》、《惊魂记》以及《沉默的羔羊》等等。

　　克利使用案例历史来描述与解释精神变态。1980 年，加拿大心理学家罗伯特·黑尔编制了《精神变态测验》（Psychopathy Checklist）来帮助诊断。该测验包括 20 个项目，如乱交、冲动、缺乏同情心、外在魅力、病态说谎、拒绝行为责任等。

　　该心理障碍后来被美国精神病学会编制的官方手册《精神疾病诊断与统计手册》（The Diagnostic and Statistical Manual of Mental Disorders，DSM）所收录，并被更名"反社会人格"（antisocial personality disorder）。手册将其特点描述为：欺骗、攻击性、冷血、不忠诚、经常忽视别人的权利。

　　当前，精神变态的诊断已经被证明是一个人预先计划针对其他人进行暴力活动的唯一最佳预测因素。（杨文登 译）■

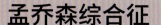

孟乔森综合征

赫克托·加文（Hector Gavin，1815—1855）
理查德·亚瑟（Richard Asher，1912—1969）

美国精神疾病分类系统（1918 年），心身医学（1939 年）

孟乔森男爵骑在炮弹上，奥古斯特·冯·威尔（August von Wille）1872 年绘制。

一个衣着考究的年轻人出现在大城市的急诊室里，他痛苦地向医生抱怨自己严重的胃病。经检查，病因是摄入了有毒物质。在住院期间，他详细描述过去的疾病经验，取悦护士和其他病人。其中有一个护士认识他，知道他是来自其他医院的员工。原来，这个年轻人是自己服毒，并且这已经不是他第一次自己服毒住院了。他正在经历一种人为的（或假装的）疾病，叫作孟乔森综合征（Munchausen syndrome）。孟乔森综合征源于一个极度夸大自己军功与英雄事迹的德国骑兵军官卡尔·弗里德里希·希罗尼穆斯·弗雷尔·冯·孟乔森（Karl Friedrich Hieronymus Freiherr von Münchhausen）的故事。后来，因改善公共卫生而闻名于世的爱丁堡内科医生赫克托·加文于 1838 年首次描述了这种病症。在 1951 年，英国医生理查德·亚瑟将之命名为孟乔森综合征。

孟乔森综合征不是流行的病症，但却是一种有趣的病症。这种病症与转换障碍（conversion disorder）有关。孟乔森综合征的病人可能掌握大量医学知识，而且通常在医院或相关的环境中工作。他们经常接受治疗，并可能多次住院。为了避免被发现，病人还可能选择多个不同的医院接受治疗。

患有这种病的个体看起来是由渴望获得医学专家关注的动机所驱动。目的可能是想经历作为病人角色的附带获益，比如获得特殊的护理或额外的照顾。但是，它又不像疑病症及其他躯体化疾病，孟乔森综合征的病人会相信甚至故意制造出自己的躯体化症状。

这种病症还有一种奇怪而危险的变种，名为代理型孟乔森综合征。它是这样一种情形，病人（典型的情况下是护理者）会主动在其他人（如儿童或亲人）身上引发或者人为制造出疾病。比如，一个父母亲可能会通过喂药或感染等途径使其孩子生病，然后再带孩子去治疗。在一些案例中，父母可能还会故意诱发孩子的心理障碍。但是，他们追求的是人们对他们自身的注意，而不是对生病孩子的注意。（杨文登 译）

1838 年

幼儿园

弗里德里希·福禄贝尔（Friedrich W. A. Froebel，1782—1852）

布面油画，《阅读中的三个儿童》，德国画家沃尔特·费勒（Walter Firle，1859—1929）绘制。

卢梭的自然儿童（1762 年），儿童之家（1907 年）

1840 年

以儿童为中心的教育理念可以追溯到 18 世纪法国哲学家让-雅克·卢梭的众多作品。这些作品表达出这样一种理念：儿童存在天性成长的力量或动力，这引领他们接受教育。在这种理念中，教育者的角色更像一个园丁，照料着儿童们，令他们自然地成长。这种思想一个直接的表达就是术语"幼儿园"（kindergarten），即"儿童的花园"，由德国教育家弗里德里希·福禄贝尔所创建。

福禄贝尔有一个孤独的童年。他还在襁褓中，母亲就去世了。他的父亲是路德教会的牧师，一直忙于自己的工作。也许是因为他生长在德国少有的环境优美的地方，很小的时候，他就热烈地爱上了自然。他认为，自然最终表达了所有事物的统一性与互通性。

当他还在很年轻的时候，福禄贝尔就决定为儿童教育奉献一生。受瑞士教育家约翰·裴斯泰洛齐（Johann Pestalozzi）的影响，福禄贝尔力图创造一种环境，儿童们可以在那里玩耍、歌唱、探索并通过活动学习知识。

1837 年，福禄贝尔与两个朋友在德国的图林根州成立了一个"发展幼儿游戏本能和自发活动的机构"。1840 年，他开始将这一机构称之为"幼儿园"。为了鼓励儿童的活动，福禄贝尔制造了一系列玩具，来实践他的教育哲学。其中之一是球，表明自然是统一的，人类是完满的。模式化的几何图块也是玩具之一，以教育孩子部分与整体的关系。通过这些游戏与玩具，福禄贝尔期待学校能成为发展孩子本性、能自然地进行学习的地方。

有趣的是，在德国，幼儿园并没有取得在世界上其他国家那样的成功。到了 19 世纪末期，幼儿园已经在全世界的许多其他国家发展得非常兴旺。（杨文登 译）■

机器能思考吗？

查尔斯·巴贝奇（Charles Babbage，1791—1871）
爱达·勒芙蕾丝伯爵夫人（Ada，Countess of Lovelace，1815—1852）

爱达·勒芙蕾丝伯爵夫人的肖像，布面油画，玛格丽特·莎拉·卡彭特（Margaret Sarah Carpenter）绘制于 1836 年。

图灵机（1937 年），控制论（1943 年），
逻辑理论（1956 年）

1747 年，法国内科医生、煽动者拉美特利出版了《人是机器》，这激起了大众的愤怒。但在将近一个世纪之后，英国博物学家查尔斯·巴贝奇真的设计了一个能够"思考"的机器。他把这个机器叫作分析机（Analytical Engine）。通过这一机器，巴贝奇为 20 世纪中期出现的认知、计算机与人工智能等做了奠基工作。

早年，巴贝奇设计了一个机器，希望能改善人类的计算。他的第一台机器叫差分机（Difference Engine），旨在使用有限差分原理来自动化地计算并打印出算术表。

后来，巴贝奇又设计了一个更为复杂的机器，能够执行一般的运算。这使他成为了现代计算机的先驱。分析机是利用打孔卡来控制机械计算，而且，它还能按照运算的优先顺序依序进行计算。巴贝奇一生都在修正他的设计，直至去世。

爱达·勒芙蕾丝伯爵夫人，她还因著名诗人拜伦的女儿这一身份而知名，是一位技巧高超的数学家。她与巴贝奇建立了良好的友谊。她对现代计算机最为重要的贡献是，她为意大利工程师易吉·蒙博（Luigi Menabrea）关于分析机的讲座撰写了备忘录。在 1843 年出版的这本备忘录中，她探索了机器的可能性，不仅仅能操作数字，还能操作代表着诸如音调等各种抽象形式的材料。后来，她猜测机器可能能够创作，比如能够编曲。但是，她谨慎地否定了机器具有真正创造性的可能性。她宣称，机器仅仅能够按照编制好的程序进行工作。这就是著名的"勒芙蕾丝的否定"（Lovelace objection）。

确实，分析机具有现代计算机的一些特征，比如可编程性、内存存储及中央处理器等。虽然并不是真正的计算机，巴贝奇的机器预示着现代计算机的出现，给后来的科学家很大的启发。同时，巴贝奇的部分工作也预示了现代的认知科学及人工智能研究。（杨文登 译）■

1843 年

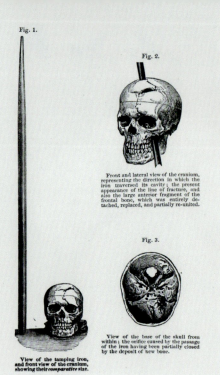

Fig. 1.

Fig. 2.

Front and lateral view of the cranium, representing the direction in which the iron traversed its cavity; the present appearance of the line of fracture, and also the large anterior fragment of the frontal bone, which was entirely detached, replaced, and partially re-united.

Fig. 3.

View of the base of the skull from within; the orifice caused by the passage of the iron having been partially closed by the deposit of new bone.

View of the tamping iron, and front view of the cranium, showing their comparative size.

奇特的盖奇案例

菲尼亚斯·盖奇（Phineas Gage，1823—1860）

上图："从铁棒穿过头颅的伤害中恢复"，出自 1868 年马萨诸塞医学协会出版的书籍，第 2 卷，第 346 页。

下图：脑损伤幸存者菲尼亚斯·盖奇的照片，手握着当初伤害他的铁棒。

脑机能定位说（1861 年），裂脑研究（1962 年）

1848 年

在美国的铁路网迅速增长的年代，曾发生过一起爆炸事故，为深刻理解人类的大脑与人格的关系提供了一个机会。1848 年，菲尼亚斯·盖奇是一位建筑队的领班，在修建从拉特兰到伯灵顿的铁路。事发地点是佛蒙特州的卡文迪什，当时他们正在铺设铁路。当盖奇用铁棒去填充炸药时，意外发生了，铁棒迸发的火花引发了附近的爆破火药。爆炸把大约长为 3.7 英尺的铁棒炸飞，穿过他的颅骨，落在约 100 英尺之外的地方。铁棒穿过他大脑的前部，损伤了大部分的前额叶。这部分大脑主要与行为、运动技能及问题解决相关。盖奇的左眼也因此失明。

尽管受了重伤，盖奇却幸运地活了下来。奇怪的是，他当时并没有立即失去意识，还能走上回旅馆的楼梯。在清理伤口后，他还在说期待几天后能再返回工作岗位。然而，他的情况又突然恶化，他不得不待在床上，直至他在新罕布什尔州的家中恢复之后，他试图回到原来的工作岗位，但没有成功。他在一个马厩里工作了 8 年，之后去了智利。后来，他的病情逐渐发展成癫痫，在快去世时，他返回了美国。

盖奇不能回到原来的工作岗位，原因是他的人格发生了改变。作为一个领班，盖奇的性格曾经是坚定、可靠、稳重。但在他康复之后，他变成了冲动、幼稚、容易发怒的人。他的智力也明显受到了影响。盖奇的可怕遭遇，第一次明确地证明了人格与前额叶之间存在着紧密的联系。（杨文登 译）■

循环性精神病

让-皮埃尔·法尔雷（Jean-Pierre Falret, 1794—1870）
埃米尔·克雷佩林（Emil Kraepelin, 1856—1926）

上图：来自意大利画家布龙齐诺（Bronzino）的画作《维纳斯的胜利、丘比特、蠢事和时间》（Venus、Cupid、Folly and Time），一个愤怒的（也许是妒忌的）老妇，正在用力拽着自己的头发。

下图：约 1863 年，法国诗人查尔斯·波德莱尔（Charles Baudelaire）的照片，他曾深受躁狂抑郁症的折磨。

精神分裂症（1908 年），抗精神病药（1952 年）

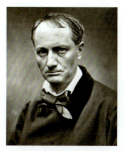

几个世纪以来，人们已经观察到有些人的情绪状态经常摇摆不定。罗伯特·伯顿（Robert Burton）在《忧郁的解剖》（1621 年）中描述了这一状态。1851 年，让-皮埃尔·法尔雷，法国巴黎萨尔伯屈里哀精神病院的内科医生，使用术语"循环性精神病"（法语为：la folie circulaire，英语为：circular insanity）来描述这种病人游移不定的情绪。埃米尔·克雷佩林，精神病学家、现代精神病分类的创始人，将"循环性精神病"重新定义为躁狂抑郁症（manic-depressive psychosis）。美国心理学会第 5 版《精神疾病诊断与统计手册》（Diagnostic and Statistical Manual of Mental Disorders，DSM-V）将这种症状描述为双相障碍（bipolar disorder）。

正如病名标签所表明的那样，诊断的症状主要包括抑郁与躁狂。事实上，一个病人可能主要表现出抑郁，但只要有过一段时间的躁狂，就可以诊断为双相障碍。人们认为经历过躁狂抑郁症的患者，可能还会再一次循环，开始新一轮的躁狂与抑郁。

这一疾病的抑郁方面不难理解，但躁狂意味着什么呢？典型的躁狂症状是极端的，通常表现为隔绝现实或精神错乱。病人可能会情绪高涨，甚至非常快活，但如果要进行最终的诊断，这种躁狂症状的时间必须至少持续一个星期。在一些情况下，病人容易被惹激，甚至产生暴力行为。各种症状中，有时有极端的目标导向行为，思维转换的速度非常快，可描述为思维奔逸（flight of ideas），且常伴有戏剧性的睡眠需要降低。在一些病人身上，还可能会经历夸大妄想的症状。

历史上，创造性通常与躁狂抑郁症联系在一起。许多杰出的音乐家、画家、诗人、建筑师、作家都曾经历过这种疾病。众所周知，诗人戈登·拜伦（Lord Byron）、作家弗吉尼亚·伍尔夫（Virginia Woolf）、歌唱家萝丝玛丽·克隆尼（Rosemary Clooney）及许多艺术家都曾患过这种疾病。（杨文登 译）■

1851 年

心灵治疗

菲尼亚斯·昆比（Phineas P. Quimby，1802—1866）

上图：马萨诸塞州剑桥奥本山公墓的玛丽·贝克·艾迪纪念碑。艾迪是昆比的门徒，她将昆比的原理作为她所创建的基督科学教会的第一教义。下图：20 世纪早期的藏书标签，来自俄亥俄州克里夫兰神圣科学第一教会（First Church of Divine Science in Cleveland）。

 心理学原理（1890 年），心身医学（1939 年），健康的生理–心理–社会交互模式（1977 年），身心医学（1993 年）

1859 年

19 世纪末期，开始了一场新的自助运动，将多种关于如何保持健康的实践与信仰结合到了一起。这叫作"新思想"（New Thought）或"心灵治疗"（Mind-Cure）。

这场运动的肇始者是菲尼亚斯·昆比，他的职业生涯很丰富，先是钟表匠，后是催眠师，最后成为了心灵治疗者。1859 年，昆比迁入缅因州的波特兰，在那里，他撰写著作，教授课程，主题就是心灵、行为与健康之间的重要关系。在昆比的心理治疗体系中，治疗者要与病人结成亲密的关系。然后，治疗者还要了解到，关于疾病的错误信念才是疾病本身的真正原因。因此，治疗就包括矫正错误信念，通过正确的思考来保持健康。这是人类最早的心理治疗之一。

昆比的体系很有影响，对不同社会及不同教育程度的人们均有强大的吸引力。玛丽·贝克·艾迪（Mary Baker Eddy）曾是昆比的病人，她于 1866 年创立了基督科学教会（Christian Science）。受到昆比的影响，直至 20 世纪初期，艾迪所建教会的众多男男女女，都在发展心灵治疗的方法。这些实践还形成了一个松散的组织，名为"新思想"，其影响力非常广泛。一些"新思想"的书籍销售了成千上万甚至成百万册。

美国心理学家威廉·詹姆斯将这一运动称为"健康心灵的宗教"（religion of healthy-mindedness）。明显地，数百万美国人相信身心关联在健康与疾病形成过程中的重要性。对许多人来说，这种信仰还与特殊的膳食方式（如素食主义、果食主义、草药医学等）及各种运动方式结合起来，以最大化地保持健康与心灵机能。健康的人是指身体、心理和精神都很健康的人。

整个 20 世纪，这种相信身心关联重要性的愿望，被许多新的科学方法所证实。这些方法包括身心医学、健康心理学、精神神经内分泌学，以及对草药、节食与身体锻炼持续的兴趣。（杨文登译）■

物种起源

查尔斯·达尔文（Charles Darwin，1809—1882）

心理学原理（1890 年），机能主义心理学（1896 年），情绪表达（1971 年）

上图："进化的阶梯"，收藏于英国自然历史博物馆。
下图：查尔斯·达尔文的肖像，19 世纪30 年代后期绘制的水彩画。

1859 年

1831 年 9 月，查尔斯·达尔文接受英国贝格尔号海军勘探船的船长罗伯特·菲茨罗伊（Robert FitzRoy）的面试，目的是争取谋个职位，以参加这次计划为期两年的测绘南美洲海岸线的旅行。但实际上，最终贝格尔号航行了超过原计划一倍多的时间，变成了一次环球旅行。达尔文，作为船上的博物学家，一直忙于收集各类标本，对沿途事物进行细致的观察。他完成了一本庞大的科学日志，上面记载着数以千计的地质学、动物学的标本与数据。

1836 年 10 月 2 日，贝格尔号停靠在英国的法尔茅斯港口，此时距当初开出普利茅斯湾已经过去近五年了。接下来的数年间，达尔文一直在仔细分析数据，反思物种是否变化以及如何变化的问题。在借鉴多种资料的基础上，他最终选择了自然选择的逐渐进化理论（theory of gradual evolutionary）。他将这种理论与一些密友分享。1858 年，达尔文注意到英国博物学家阿尔弗雷德·罗素·华莱士（Alfred Russel Wallace）发展了一个与他非常类似的理论。他害怕自己多年建构理论的心血付之东流，终于赶在 1859 年出版了《物种起源》一书。

尽管达尔文几乎所有的案例都来自于动物观察，但他从一开始就非常关注人类及其心理生活。达尔文对心理学有四个重要的贡献。首先，他提供了人类是自然一部分的研究证据，因此人类像其他物种一样，也服从自然法则。其次，达尔文的方法使特质或能力的机能成为了给它们定义的重要属性。也就是说，给心理特质与能力下定义时，要考虑它们能够做什么？是否有利于生存？第三，达尔文的理论预示着人类的能力，能够与其他动物进行多个方面的对比（今天称之为"比较心理学"）。而且，这些比较还可以帮助我们理解人类的发展，这一研究领域后来被称为"发展心理学"。最后，达尔文强调了自然选择在人类变化过程中的重要性，为心理学研究个体差异奠定了基础。在美国，个体差异心理学作为社会管理的一种工具而获得了最大的成功。（杨文登 译）■

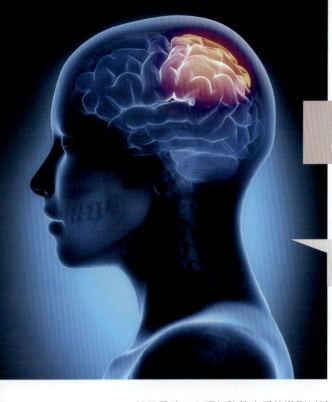

脑机能定位说

保罗·布洛卡（Paul Broca，1824—1880）

突出大脑顶叶的插图。顶叶在方位导航、语言处理与感觉方面扮演着重要的角色。

奇特的盖奇案例（1848 年），裂脑研究（1962 年）

1861 年

关于灵魂、心理与脑的本质的激烈讨论持续了整个 19 世纪。心理机能完全缘于大脑活动，还是像法国哲学家笛卡尔在两个世纪前所论述的那样，诸如推理等某些心理机能还是得归因于神圣力量的影响？ 19 世纪，新一代科学家成长起来，他们转向了临床案例研究与实验室研究，借此来寻找支持其论点的证据。其中一个最富争议的主题是，心理机能是否是定位的，或者说是否严格限定于大脑的某些区域内。弗朗兹·约瑟夫·加尔（Franz Joseph Gall）发展了颅相学，通过研究头颅的表面，就可以明确地描述心理的能力，心理能力完全是脑的属性，具体的特质定位于特定的脑区。许多人试图诋毁加尔的思想，称其为无神论的。但是，直到 19 世纪中期，不断积累的证据发现，至少有一些心理机能确实是定位于大脑的某些区域的。

语言就是这样一种机能。1961 年，年轻的法国外科医生保罗·布洛卡提供了第一个具体的证据。那是关于莱布恩先生（Monsieur Leborgne，也因其绰号 Tan 而闻名）的案例研究。塔安（Tan）很早就丧失了阅读能力，在他临死前几天，得到了布洛卡的护理。布洛卡意识到，这一病例为他提供了一个检验自己理论的机会：阅读能力可能是定位于大脑的前额叶。验尸报告出来后，塔安的左前额叶后部真的发现了损伤。不久，又发现了一些其他语言能力丧失的病例及特定脑区损伤的病例报告。虽然这些发现不能彻底解决这一争议，但他们为脑机能定位学说提供了关键的证据。丧失说话能力现在也被称为"布洛卡失语症"（Broca's aphasia）。

在布洛卡之后，许多科学家纷纷提出了机能定位的证据。到 19 世纪末期，脑研究已经稳列于科学的殿堂，无须再依赖于哲学或宗教。（杨文登 译）■

唐氏综合征

约翰·朗顿·唐（John Langdon Down，1828—1896）

艾德蒙·埃文森（Edmund Evans，1826—1905）绘于 1854 年的版画，画中描绘的就是英国萨里专门为智力缺陷者服务的皇家厄尔斯伍德白痴收容所。约翰·朗顿·唐曾于 1858 年在此处担任医学主管。

道德疗法（1788 年），阿韦龙野人维克多（1801 年）

THE NEW ASYLUM FOR IDIOTS AT EARLSWOOD COMMON, REDHILL, SURREY.

1866 年

智力缺陷最普遍的原因是有 3 条 21 号染色体，比正常人多了一条。在世界的许多地方，都将导致这种缺陷的原因称为"21 三体"（trisomy 21）。其病症则称为"唐氏综合征"（Down syndrome）。那么，这一术语是怎么来的呢？这里有一个有趣的故事。

在那个年代，"白痴"（idiocy）一词被广泛使用，用来描述具有一系列心理缺陷的人们。英国外科医生约翰·朗顿·唐想要寻找一种有效的分类，以便更好地护理这些人。唐是一个药剂师的儿子，成为药剂师似乎是他的宿命。但他优异的成绩使他有机会进入医学院学习。尽管他在伦敦有着辉煌的职业前景，唐还是于 1858 年选择去担任皇家厄尔斯伍德白痴收容所（Royal Earlswood Asylum for Idiots）的主管。在收容所里，病人的能力都非常差。1866 年，唐出版了新的基于种族类型的白痴分类理论。当时（至少在 19 世纪是这样），许多智力缺陷的病人，面部特征看起来都会使人联想到亚洲的蒙古人种。唐把这种病症称为"蒙古症"（mongolism）。接近一个世纪里，这个词在英语世界得到了广泛的使用。直到 1961 年，一群医生写信给著名的医学期刊《柳叶刀》，请求放弃使用这一带有种族歧视的词。后来，这一病症的名称就被改为了我们今天熟知的另一个新词，即"唐氏综合征"（Down syndrome）。

唐在厄尔斯伍德的努力，反映了人们对发育迟缓病人的治疗哲学的改变。法国内科医生让–艾蒂安·埃斯基罗（Jean-Étienne-Dominique Esquirol，1838）以及爱德华·塞金（Édouard Seguin，1844）都开始奔走呼吁，很多心理缺陷者的情况是可以通过教育来改善的。他们宣称，至少，我们能把这些病人从监狱与贫民区解放出来。在美国，改革家罗西亚·迪克斯（Dorothea Dix）就曾试图为那些低能儿提供特殊教育。

唐、塞金、迪克斯等人的工作都向我们表明，那些有智力缺陷的人的生活是可以得到改善的。（杨文登 译）■

人面失认症

安东尼奥·夸格利诺（Antonio Quaglino，1817—1894）
詹巴蒂斯塔·鲍莱利（Giambattista Borelli，1813—1891）

布面油画《镜前的裸体》，德国艺术家卡尔·派风（Karl Piepho，1869—1920）绘制。

脑成像技术（1924 年），镜像神经元（1992 年）

1867 年

法国神经科学家让－马丁·沙可（Jean-Martin Charcot）曾遇到过这样一个病例，病人力图与自己无意中碰到的男人握手，而那个男人其实就是镜子中的自己。这种失去认识面孔的能力，或称为"人面失认症"（prosopagnosia），是一种相当少见的疾病。它是视觉失认或不能认识熟悉物体的疾病中的一种，与一般的智力缺陷并不相关。这不是一个视觉问题，许多有人面失认症的人甚至有着非常好的视力。它是一种脑损伤疾病，通常与顶叶与颞叶的损伤相关。但近年来，已有学者发现有些人一出生就有人面失认症的症状，这表明面孔识别可能有一定的遗传基础。

历史上首次描述这一情况（但没有命名）的是 1847 年的医学文献。但是，完整的病例记录，来自于 1867 年两位意大利眼科医生，安东尼奥·夸格利诺与詹巴蒂斯塔·鲍莱利的描述。他们提供了一个人面失认，甚至连自己房子的外形都不认识的男子的案例研究。他的右半部分大脑曾中过风。"人面失认症"这一术语则出现在 1947 年。最近，神经科学家与作家奥立弗·沙克斯（Oliver Sacks）在他的著作《误把妻子当帽子的男人》（*The Man Who Mistook His Wife for a Hat*）中，对人面失认症进行了清晰的陈述。

令人惊奇的是，这种病不仅影响人面识别，还有农民不能认识自家的奶牛或绵羊，鸟类观察者也因此丧失了识别不同鸟类的能力。

当代使用功能磁共振成像技术（functional magnetic resonance imaging，fMRI）等脑成像手段的研究表明，面孔识别是一种特殊功能。对包括人类在内的灵长类动物的研究表明，有一些专门的神经元（或脑细胞）来识别面孔。显然，损害这些细胞将导致人面识别能力的缺陷，甚至连自己都认不出来。（杨文登 译）■

感觉生理学

赫尔曼·冯·亥姆霍兹（Hermann von Helmholtz，1821—1894）

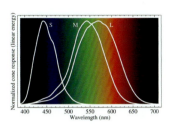

左图：三种人类视锥细胞，在遇到特定波长（微米）的单色光刺激时，呈现出的标准反应谱。

右图：赫尔曼·冯·亥姆霍兹的雕像，位于柏林的洪堡大学。

 实验心理学（1874 年），心理时间测量（1879 年）

1867 年

赫尔曼·冯·亥姆霍兹也许是 19 世纪最伟大的科学家。他在物理学、生理学、光学、声学等领域都做出了重大的贡献。在心理学中，他最大的贡献之一就是测量了神经传递的速度。这表明，可以使用所谓反应时的方法（reaction-time method）来测量人的心理活动。亥姆霍兹还证明，和无机物一样，活的有机体，包括人类在内，都必须服从能量守恒定律。也就是说，有机体消耗的热量与能量，必须等于其摄取的食物的能量。包括人类在内的所有机器，都只不过是将一种形式的能量转换为另一种形式能量的设备。

亥姆霍兹 1867 年出版的《生理光学手册》（*Handbook of Physiological Optics*）是生理学与心理学发展过程中的里程碑著作。这本著作中，亥姆霍兹基于自己在光学领域所做的实验研究，在感觉与知觉之间作出了关键的区分。他认为感觉仅仅是通过我们感官获得的原初数据，这些数据通过知觉而获得最终的意义。根据这种解释，知觉是依赖于大脑生理基础、前期学习与情境变化的心理过程。

亥姆霍兹还提出颜色知觉的三色说（trichromatic theory）。像该理论的先驱爱德华·杨（Edward Young）那样，亥姆霍兹猜测颜色知觉是视网膜上特殊的感受器接受到光线刺激的结果。今天，这些感受器细胞被称之为视锥细胞（cone cell）。三色说认为存在三种主要的颜色感受器，分别感受红、绿、蓝–紫三种颜色。其他的颜色是不同感受器共同接受光线刺激的结果。如果三种感受器同时激活，我们就会看到白色。亥姆霍兹的理论将重点放在人类大脑与神经系统发生的变化上，而不是主要去考察光波的物理属性。他的研究在生理学与心理学之间建立了一种关键性的联系，这对创建科学心理学非常重要。科学心理学力图将心理机能理解为服从自然法则的一系列操作。（杨文登 译）■

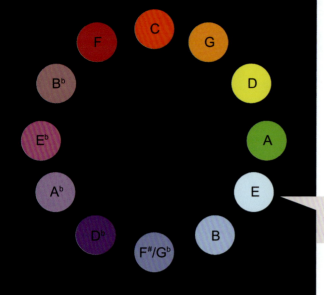

联觉

古斯塔夫·西奥多·费希纳（Gustav Theodor Fechner, 1801—1887）

俄罗斯作曲家亚历山大·斯克里亚宾的琴键–颜色联觉。

心理排放（1941 年），神经可塑性（1948 年）

1871 年

联觉就是不同感觉在彼此之间流动，就像没有内墙的房子一样。当一个人获得一种感觉经验时，另一种不同的感觉经验也随之无意识地出现，这就是"联觉"。已有的联觉报告包括声音–颜色联觉、气味–颜色联觉、运动–声音联觉等等。部分联觉者，或受到联觉影响的人们，可以将一个星期中的每一天感觉为不同的人或不同的颜色。而且，这些感觉的可能性是无穷的。神经科学家理查德·西托威克（Richard Cytowic）报告了一个典型的案例，他将味觉体验为形状，并这样评论一顿饭，"鸡肉的分数不够，它太圆了"。报告得最多的联觉是数字–颜色联觉（或字母–颜色联觉），比如，有联觉者感到数字 7 是红色的。

德国哲学家古斯塔夫·西奥多·费希纳是最早研究联觉现象的研究者。他在 1871 年出版的著作中，罗列了 73 个将字母感觉为颜色的联觉者。1880 年，科学家弗朗西斯·高尔顿（Francis Galton）认为联觉可能是通过家庭遗传的，这种猜测近期得到了研究的证实。早期的心理学家，如阿尔弗雷德·比奈（Alfred Binet）、西奥多·弗卢努瓦（Théodore Flournoy）等，对联觉有着强烈的研究兴趣。但是，后来又沉寂了多年。直至 20 世纪 80 年代，这种兴趣才被重新点燃。

联觉出现的几率非常小，一般是两千分之一至两百分之一，即大约 200 个人中才能有一个联觉者。联觉者在艺术家、诗人、音乐家或小说家中更为常见。正如神经科学家拉马钱德兰（V. S. Ramachandran）在写到这种关联时说，"这群人有一个共同点，他们有一种了不起的能力，经常将两个看起来不相关联的领域联系起来，以突出深藏在其背后的同一性"。

关于联觉形成的一个假设是大脑具有跨越式的联通性（crosswiring）。比如，数字–颜色这一最常见的联觉，可能反映了两个相邻脑区的跨越式联通—— 一个是处理数字形状的脑区，另一个是处理颜色的脑区。许多杰出的神经科学家都相信，未来关于联觉的研究将大大促进人们对大脑机能与人类意识的理解。（杨文登 译）■

幻肢痛

塞拉斯·威尔·米切尔（Silas Weir Mitchell, 1829—1914）

 神经可塑性（1948 年）

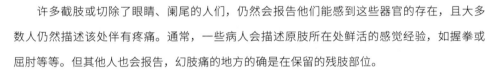

1918 年，沃尔特·里德陆军医院的截肢患者。

1872 年

许多截肢或切除了眼睛、阑尾的人们，仍然会报告他们能感到这些器官的存在，且大多数人仍然描述该处伴有疼痛。通常，一些病人会描述原肢所在处鲜活的感觉经验，如握拳或屈肘等等。但其他人也会报告，幻肢痛的地方的确是在保留的残肢部位。

1872 年，美国神经病学家塞拉斯·威尔·米切尔成为了第一个对这种病症进行清晰描述的人。但是，即使到了今天，幻肢痛的原因仍然不是非常清楚。最近 30 年间，科学家们开始揭开幻肢痛的神秘面纱，获得了对大脑组织及神经可塑性的新观点。当前研究表明，受刺激后传送触觉的大脑躯体感觉皮质具有可塑性，这意味着它能够重组，来解释新的经验。举例来说，当猴子的手指与神经的连接被打断后，手指就不再为大脑输入信息。研究者发现，与原手指对应的大脑区域，不仅对该手指的躯体感觉不再敏感，而且开始能对邻近的手指刺激作出反应。（在躯体感觉皮质区，最多数量的神经元往往集中在诸如面部、嘴唇、手等敏感区。）

关于如何治疗康复的研究意义深远且令人振奋。神经科学家拉马钱德兰（V. S. Ramachandran）发展了一种简单、有效的治疗幻肢痛的方法，即用反光镜箱来欺骗大脑，使其将现存的肢体误认为是幻肢。随着原有肢体的运动，病人能够消除关于幻肢的"习得性麻痹"（learned paralysis）。重复使用反光镜箱，大脑的相关部位就会根据经验获得的感觉进行重组。使用这种技术的研究表明，大部分幻肢痛患者休验到的疼痛得到了很大程度的缓解。（杨文登 译）■

> 每次技术革新都会给科学家和心理学家一个机会，重新审视"教养"对儿童发展的影响。

心理测验（1890 年），军人智力测验与种族主义（1921 年），弗林效应（1984 年）

1874 年

在 1869 年出版的《天才的遗传》（*Hereditary Genius*）中，弗朗西斯·高尔顿（达尔文的表弟）提出，杰出人物与天才主要归功于遗传。高尔顿并没有完全忽视环境的影响。法裔瑞士生物学家阿道夫·德·康多勒（Adolphe de Candolle）不同意高尔顿的观点。在他 1873 年出版的著作《过去两百年来的科学史及科学家》中证明了影响科学家发展的环境因素是非常重要的。1874 年，高尔顿在《科学英国人：他们的天性与教养》一书中，回应了康多勒的质疑。他认为"天性是一个人随身带到这个世界里来的一切；教养是他出生之后对他造成的每一种影响"。这一短句迅速转变为短语"天性 VS 教养"（nature versus nurture），引发了大量的后续争论，到今天仍未解决。

稍后的标准化智力测验的发展与使用，引发了关于人类智力发展中遗传与环境的作用孰轻孰重的激烈争论。20 世纪 20—30 年代的研究证明，少数民族儿童与白人儿童在学业成绩之间的差异，主要归因于文化、环境及语言因素，而不是种族智力的天生差异。在一些研究中，将白人孤儿放到能获得大量注意或情感的环境中抚养，他们的测试分数能够得到提高。也许最能说明问题的是双胞胎研究，研究已经证明了，在不同环境中抚养长大的相同基因的儿童，他们在人格与体型方面都有显著差异。

但是，随着神经科学与遗传学研究的发展，许多心理学家都坚持认为，从人格到心理障碍再到智力等众多领域，天性的影响最为重要。关于天性与教养的争议，也许将永远持续下去，不会有明确的证据支持其中的任何一方。（杨文登 译）■

实验心理学

威廉·冯特（Wilhelm Wundt, 1832—1920）

冯特和他的同事们在位于莱比锡大学的世界上第一个心理学实验室。

 最小可觉差（1834 年），感觉生理学（1867 年），心理时间测量（1879 年）

被誉为实验心理学创始人的威廉·冯特，为学习心理学的当代学生留下了多重遗产。他的创始人身份，部分是基于他在许多学术研究或学术组织方面所做出的"第一"。1874年，他出版了第一本实验心理学的教科书《生理心理学原理》（*Principles of Physiological Psychology*）。五年后，他在德国的莱比锡大学，建立了世界上第一个心理学实验室，训练了数十位新心理学家，他们相继来到莱比锡大学，并从冯特的手里拿到自己的学位证书。

在心理学发展为实验科学的过程中，冯特居功至伟。他在古斯塔夫·费希纳、赫尔曼·冯·亥姆霍兹及其他心理物理学与生理学研究者的工作基础上，采用了系统的、可重复的方法来研究意识经验。冯特通常使用十分精致的机械装置来标准化地呈现刺激，训练被试观察与报告他们面对这些刺激的意识经验。这就是著名的"实验内省法"（experimental introspection）。冯特认为它适于研究正常成年人的基本心理过程，如感觉、知觉、注意等。

但是，在冯特看来，高级的心理功能，如思维、语言、人格、社会行为与习惯等，是不能用实验方法来进行研究的。但是，这些心理功能即使不是最为中心的，也绝对是科学心理学应该研究的重要组成部分。这一观点使冯特的遗产变得更为复杂。冯特将研究高级心理过程的方法称为"比较与历史法"，包括自然观察与逻辑分析。他觉得这一部分的心理学非常重要，以至于针对这一主题，撰写了 12 卷本的《民族心理学》。在这部著作中，他概述了如何研究集体生活的产品（包括宗教、语言、习俗等），并将其作为线索来研究高级的心理过程。冯特这方面的著作完全被忽略了，直至 20 世纪 70 年代，历史学家们使其重见光明，才开始重新受到人们的重视。总之，冯特不仅创建了实验心理学，而且还明确了实验方法的局限性。

（杨文登 译）■

1874 年

上图：几乎所有的家庭都喜欢追溯儿童发展的里程碑，但正如达尔文、普莱尔及斯特恩所证明的那样，一般而言，进行认真的记录，将使我们学到更多关于儿童发展的知识。

下图：威廉·普莱尔。

性心理发展（1905 年），依恋理论（1969 年），
陌生情境（1969 年），生态系统理论（1979 年）

1877 年

婴儿如何发展成为一个成熟的成年人这一问题，一直吸引着科学家的关注。发展心理学可能开始于 19 世纪的"婴儿传记"。在这些传记著作的作者中，最为著名的可能要数博物学家查尔斯·达尔文、生理心理学与心理学家威廉·普莱尔以及心理学家威廉·斯登三人。

威廉·"多迪"·达尔文（William "Doddy" Darwin）出生于 1839 年，父母是查尔斯·达尔文与艾玛·达尔文。达尔文天天为他的儿子写日记。第一星期，多迪打呵欠、伸懒腰，并在第八天开始学会蹙目不悦。父亲一直记了多年的日记，记下他的反射、运动以及情绪表达的发展。直至 1877 年，达尔文才出版自己对儿子多迪发展的纪录《一个婴儿的传略》。

在达尔文的传记出版之后不久，威廉·普莱尔于 1881 年出版了关于他儿子阿克塞尔成长过程的著作《儿童的心理》。与此同时，威廉·斯登与克拉拉·斯登出版了两部关于他们儿子的传记研究。对普莱尔与斯登而言，他们的孩子是很典型的，这使他们的案例研究在精确解释儿童如何发展方面更有竞争力。

在美国，第一本婴儿传记是由当时加利福尼亚唯一一本文学杂志的主编米利森特·希恩（Millicent Shinn）所著。她研究的婴儿是她那位出生于 1890 年的侄女露丝。她的传记引发了人们巨大的兴趣，她甚至受邀在芝加哥 1893 年举办的世界哥伦布纪念博览会上发表演讲。在演讲中，她提出严谨的儿童研究是提供最好的教育所绝对必需的。后来，她将自己的研究整理成博士论文。1898 年，她成为了加利福尼亚大学第一位博士学位的女性获得者。

这些 19 世纪的传记拥有通俗与学术的双重吸引力。对于新出现的心理科学而言，它们提供了一整套系统观察的方法，使 20 世纪的发展心理学家能够将自己的工作建立在更为严谨的控制研究基础之上。（杨文登 译）■

心理时间测量

威廉·冯特（Wilhelm Wundt，1832—1920）

上图：年轻的赫尔曼·冯·亥姆霍兹。
下图：1895 年，冯特的控制锤，用来校正希普计时器。

最小可觉差（1834 年），感觉生理学（1867 年），实验心理学（1874 年）

在实验心理学这一新领域，对心理过程进行精确的测量是十分重要的。对精度的追求引发了一些经典的实验研究，比如反应时实验（reaction-time experiment）或心理测时法（mental chronometry）。天文学中曾有一个叫作"人差方程式"的有趣现象。这一现象说明，不同的观察者在观察同一个天文现象时，他们的报告之间存在着一定的个体差异。这激发了人们研究天文学家之间的生理与心理差异的学术热情，促进了心理测时法的发展。在生理学中，1850 年，赫尔曼·冯·亥姆霍兹已经向我们表明，可以精确地测量人类神经冲动的速度。这对心理学非常重要，暗示我们有可能去测量心理活动的速度。

希普极微时间测定器是由钟表匠与发明家马提亚·希普（Matthias Hipp）发明制造的，最初用于军队的弹道发射计时。后来，心理学家们加以改造，用来测量从刺激呈现到人类作出反应的反应时的个体差异。生理学家与心理学家威廉·冯特利用实验法将反应时作为科学研究的主题。反应时实验的出现，使得冯特有机会拓展自己的研究，超越原有的感觉生理学，来研究人类心理经验的基本方面。结果是，冯特获得了财政资助，在德国的莱比锡大学创建了世界上第一个心理科学实验室。冯特也因此被誉为科学心理学的创始人。

冯特迅速联合了其他研究者，使用大批精确的测量技术来研究基础的心理现象。比如加布里埃莱·布克莱（Gabriele Buccola）开始使用反应时实验来研究精神病院病人的病理性心理过程；以知觉能力来衡量"思维的速度"，也形成了一个新的心理学领域。这些都为心理学在这个越来越技术化的世界增加了可视性。（杨文登 译）

1879 年

欧安娜

约瑟夫·布罗伊尔（Josef Breuer，1842—1925）
西格蒙德·弗洛伊德（Sigmund Freud，1856—1939）

1882 年，22 岁的贝莎·帕彭海姆（Bertha Pappenheim）。

 歇斯底里症（1886 年），精神分析（1899 年），心身医学（1939 年），压力（1950 年）

人类会将心理困扰转化为身体症状是我们今天称之为"躯体形式障碍"的基础。这种症状与精神分析的发端有着悠久而丰富的历史联系。19 世纪，患有歇斯底里症的病人常常表现出与众不同的身体症状。这些症状中，有许多在神经系统方面是不可能出现的。比如，有一种名为"手套式感觉缺失"的病症，病人报告在他的手腕以下没有感觉，但医生的检查并没有发现任何神经方面的原因。内科医生约瑟夫·布罗伊尔同神经病学家西格蒙德·弗洛伊德，在他们的职业关系早期，一起讨论了一个名为"欧安娜"的案例。那是 1880 年，布罗伊尔正在治疗一个名叫贝莎·帕彭海姆（Bertha Pappenheim，也就是欧安娜）的年轻妇女，她在照顾临死的父亲时，出现了多种不同的症状。

弗洛伊德与布罗伊尔关于欧安娜病例的讨论，是"转化"概念起源的历史的一部分。根据弗洛伊德的观点，拥有转化的趋势，是歇斯底里病人的特征。当心理想象、冲动或欲望与弗洛伊德称之为"自我"的心理机制不相容时，转化就出现了。为了处理这些压力，那些不被接受的想象及相关的情绪，就会通过压抑，从意识中移走。但是，心理能量并没有消失，它转化为感觉-运动障碍，将这些不被接受的内容符号化，并以躯体的形式表达出来。这至少暂时解决了原始的心理冲突。

转化并不是偶然发生的。弗洛伊德认为，那些被选择来表现出障碍的躯体机能，通常是那些在生命的某些特殊时刻，能够赋予特殊意义的机能。在这种意义上，躯体的不同部分或不同机能，都有着特殊的象征意义。

多年来，转化障碍一直是一种常见的病症。20 世纪 30 年代，身心医学开始发展，它扮演着重要的理论角色。比如，人们认为压力与焦虑可能会导致消化性溃疡。奇怪的是，在 20 世纪的后 1/3 的时间里，诊断为转化障碍的病例数量突然大幅度地降低了。（杨文登 译）■

1880 年

抽动污语综合征

乔治·吉勒斯·德·拉·妥瑞（Georges Gilles de la Tourette，1857—1904）

抗焦虑药（1950 年），认知疗法（1955 年）

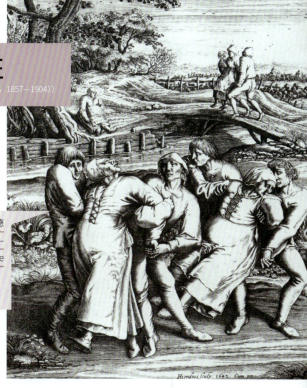

上图：版画《癫痫患者在去往莫伦贝克教堂的路上》，基于佛兰德艺术家老彼得·布鲁盖尔（Peter Brueghel the Elder，约 1526—1569）的素描画，由老亨利·克洪第乌斯（Henrik Hondius the Elder）绘于 1642 年。

下图：乔治·吉勒斯·德·拉·妥瑞，约 1870 年。

1884 年，巴黎萨尔伯屈里哀精神病院年轻的住院医生乔治·吉勒斯·德·拉·妥瑞，在首席神经病学家让-马丁·沙可的要求下，完成了一项非随意运动障碍的调查。其时，已经有过不少关于这类运动障碍的案例报告，如缅因州的"跳跃的法国人"，就是这样一群伐木工人，在整个 19 世纪 70 年代，他们都表现出一种神秘而夸张的惊跳反射。

1885 年，妥瑞报告了九个案例研究，其中包括著名的德丹皮尔侯爵夫人病例。该病例是一名表现出古怪非随意运动的贵妇人，比如，她会扮鬼脸、抽搐，且伴随突发性尖叫或咒骂。非随意运动障碍的发病年龄一般在 6—16 岁，开始的时候是脸部与手臂抽搐，且男性更为常见。与此同时，妥瑞还报告另外两类常见的病症。一类是病人在谈话中非随意地重复词或短语，或者模仿别人的言语（又名 echolalia，模仿语言症）；另一类是病人非随意地模仿、重复别人的动作（又名 echopraxia，模仿动作症）。据妥瑞所言，最后出现了所谓的非随意咒骂（又名 coprolalia，秽语症）。秽语症是社会大众最熟悉的非随意运动障碍，因为好莱坞电影曾演绎过这种病症。

多年来，抽动污语综合征一直都不多见。即使到了 1973 年，全世界范围内发现的病例也不到 500 例。此后的流行病学研究表明，该疾病在儿童中的发病率是 6‰ ～ 8‰。从妥瑞时代起，人们追溯了多种不同的致病原因，包括歇斯底里、遗传性退行病变以及不良养育等。今天，尽管暂时还没有发现该病症具有专门的遗传途径，但人们一般认为是遗传与环境两者的共同作用导致了抽动污语综合征的出现。有效的治疗包括药物治疗及多种不同心理与行为治疗。现在通常采取的是多种治疗方法相结合，但完全治愈的几率并不大。（杨文登 译）■

1885 年

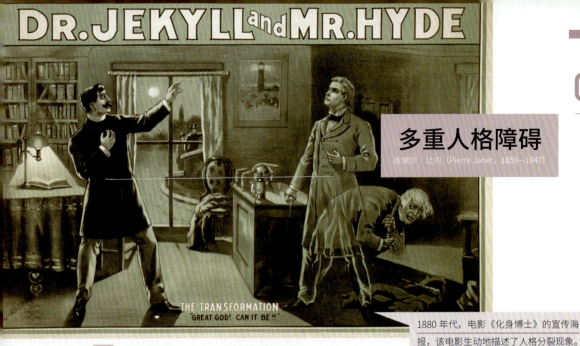

DR. JEKYLL and MR. HYDE

THE TRANSFORMATION
"GREAT GOD! CAN IT BE !!"

多重人格障碍

皮埃尔·让内（Pierre Janet，1859—1947）

1880 年代，电影《化身博士》的宣传海报，该电影生动地描述了人格分裂现象。

精神分析（1890 年），投射测验（1921 年）

1885 年

1885 年，年轻的哲学专业学生兼教师皮埃尔·让内在收集博士论文的数据时，第一次描述了一个能够被远距离催眠的蕾奥妮案例。这个案例在催眠状态时，三个分离的自我就开始浮现出来。后来，让内对蕾奥妮及其他测试者（都有多重人格）进行了进一步的实验，并在1889 年出版的《精神的不自主运动》（*Psychological Automatism*）一书中进行了详细描述。这本书在医学界与心理学界引起了轰动。让内用"分离"这一述评来描述一个人自我感分裂的经验。在让内的工作获得广泛认可的同时，其他人也开始报告具有分裂或多重人格的病例。

1957 年，电影《三面夏娃》（*The Three Faces of Eve*）描述了美国一个具有三重人格的美国妇女：夏娃·怀特（Eve White）、夏娃·布莱克（Eve Black）与珍妮（Jane），她们每一个都似乎有着独立的生活经验。电影将"多重人格"这一概念带到了大众文化之中。20 世纪 80—90 年代，这种病症被更名为"分离性身份识别障碍"（dissociative identity disorder，DID）。人们发现，这种病似乎随处可见，许多著名人物都曾声称自己具有多重人格。

分离性身份识别障碍的诊断标准包括，至少具有两个相对完备的人格体系，且从一个人格转换为另一个人格时，时间通常较短。主人格通常是最明确的，其他分裂出来的人格可能与主人格完全不同。分裂出来的人格数量，从 2～15 个不等。一般来说，分裂出来的人格并非完全独立的人格，他们会显示出一系列相应的冲突、情感与记忆，并以一种非常固定的方式进行活动。时至今日，正如蕾奥妮一样，因为这些病例所展现出的人格复杂性，深深地吸引着我们继续探索。（杨文登 译）■

歇斯底里症

让－马丁·沙可（Jean-Martin Charcot，1825—1893）
西格蒙德·弗洛伊德（Sigmund Freud，1856—1939）

"萨尔伯屈里哀精神病院的临床教学"，画家安德烈·布鲁伊莱（André Brouillet）1887 年绘制。图画内容为沙可正在对歇斯底里病人布兰奇·威特曼（Blanche Wittman）进行催眠。

欧安娜（1880 年），精神分析（1890 年），弹震症（1915 年），心身医学（1939 年），压力（1950 年）

关于歇斯底里症的最早描述可以追溯到公元前 1900 年古埃及的莎草纸手本。公元前 5 世纪的希波克拉底的论文中，就包括关于子宫（hystera，注意其与"歇斯底里"一词拼写的相似性）疾病的数段描述。与子宫相关的疾病包括由子宫的上升而导致的窒息感，最常见的病人是久无性生活的寡妇。

不同时期不同文化的医学作家们都描述了这一病症，并增加了一些其他的解释。到 19 世纪中后期，歇斯底里症再次被解释为一种神经疾病。它成了所谓的大神经症，成百上千种理论与实验研究了它的病因及治疗方法，各种研究的文献也充斥着整个欧洲大陆。

1862 年，神经病学家让－马丁·沙可成为了巴黎萨尔伯屈里哀精神病院的院长。一开始，沙可认为歇斯底里是由神经疾病的遗传倾向导致的。他详尽、综合地描述了歇斯底里症，认为甚至在日常生活中最无伤大雅的行为中都能找到歇斯底里的影子。在他每周进行大查房的时候，他邀请公众走进病房，看他随意地激发和治疗歇斯底里病人的抽搐。整个欧洲的医生和研究者都来向他学习。其中，包括著名的西格蒙德·弗洛伊德。

当时对歇斯底里症标准治疗的失败导致了后来弗洛伊德精神分析的理论与实践的出现。1885—1886 年，弗洛伊德跟随沙可学习，之后回到了维也纳。在那里，他的临床个案工作促使他转而否认歇斯底里的遗传与机体原因。他发展了一个理论模型，认为歇斯底里反映了个体心理危机，是心理危机向痉挛、抽搐、抖动等躯体表达方向的转化。精神分析强调症状形成的心理基础，因此歇斯底里症是心理压抑的标志。精神分析疗法力图揭露这些禁忌与创伤经验，从而治愈病人。（杨文登 译）■

上图：罗马城的台伯河，意大利，2009年。詹姆斯使用短语"意识流"（stream of consciousness）比喻心理的持续变化。

下图：威廉·詹姆斯，摄于19世纪80年代。

心灵治疗（1859年），心理时间测量（1879年），机能心理学（1896年）

1890年

尽管非常热爱艺术，威廉·詹姆斯却遵从父亲的意愿而学医。然而，他从来没有从事过医学相关的实践活动。在与病魔斗争了很长一段时期后，詹姆斯受聘成为了哈佛大学的一名讲师。在那里，他开拓了美国心理学研究的新领域，并完成了这一时期最有影响力的著作——《心理学原理》（*The Principles of Psychology*）。詹姆斯耗费了十二年的时间才完成这一著作，当此书正式出版后，他写信给一个朋友说"心理学真是一门糟透了的学科"。

在心理学原理中，詹姆斯将心理学描述为是关于精神生活的科学。他认为，科学心理学一定要让人认识到，意识和心智是为了使我们适应环境而演化出来的。因此，"意识做了什么"比"意识是什么"及"意识包含什么内容"更重要。

怎样才能对人们的心理进行最佳研究？在德国，实验心理学之父冯特使用希普计时器等精密仪器对人们的心理反应进行测量。詹姆斯反对这种方法，他认为，仅仅通过将简单内容相加或者测定反应时，人们永远无法了解心理活动的复杂性。詹姆斯用另外一种视角看待意识，他使用过一个美妙的比喻：意识像一条溪流，会不断地发展变化。一个人永远无法两次踏进同一条河流。因此，没有任何仪器可以获取人们的经验。

詹姆斯在书中曾将"习惯"作为主题，称其是"生活的惯性轮"。他还提出过情绪理论，认为情绪跟随行为而变，即如今所谓的詹姆斯–兰格理论（James-Lange theory，卡尔·兰格［Carl Lange］是一位丹麦生物学家，他在同一时期独立地提出了与詹姆斯相同的观点）。詹姆斯还支持实用主义及真理的多元性，他认为这些观念对人们的日常生活有所裨益。

时至今日，詹姆斯与他的著作依然对美国心理学的发展有着重要影响。《纽约时报》关于他的讣告标题尤其可以说明他的成就与博学："威廉·詹姆斯逝世了，时年68岁。他是心理学家，小说家的哥哥（其二弟是小说家），美国最重要的哲学家，哈佛大学教授，现代美国心理学实际上的创建者，实用主义的倡导者，涉猎鬼神之学"。（殷融 译）■

心理测验

阿尔弗雷德·比奈（Alfred Binet, 1857—1911）
詹姆斯·麦卡恩·卡特尔（James McKeen Cattell, 1860—1944）
威廉·斯登（William Stern, 1878—1931）

 比奈-西蒙智力量表（1905 年），投射测验（1921 年），主题统觉测验（1935 年），明尼苏达多项人格测验（1940 年）

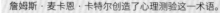

詹姆斯·麦卡恩·卡特尔创造了心理测验这一术语。

心理测验是心理学最重要的应用方向之一。1890 年，美国心理学家詹姆斯·麦卡恩·卡特尔创造了"心理测验"（mental test）这一术语。虽然卡特尔自己对哥伦比亚大学学生的测试项目失败了，但是到了 20 世纪，美国心理学家都将心理测验作为自己专业身份的核心体现之一。

心理测验最大的优势是能对心理因素进行明确的数字化测量。它们可以将研究对象包括一些表面看不到的心智能力完全量化，而量化研究正是科学的特征之一。因此，心理测验有助于打消公众对心理学的疑虑，使人们相信心理学是一门真正的科学。

在 20 世纪早期，心理学家深入参与到心理测验的构建研发领域。1905 年，心理学家阿尔弗雷德·比奈编制了第一个测量智力的量表——比奈-西蒙智力量表。该量表在 1916 年被修订为适应美国人口特征的斯坦福-比奈智力量表。与此同时，德国心理学家威廉·斯登提出了智商（intelligence quotient，IQ）的计算方法（智力年龄除以实际年龄后乘以 100）。从那时起，世界范围内不计其数的人们开始相信，个体的智力水平可以用数值来表示。

心理测验并不仅仅局限于测量智力。20 世纪 20 年代时出现了首个测量人格的量表。心理学家构建了可以测量人们职业兴趣的测验，这有助于人员甄选，因此他们开始接受工商业界的业务委托。第一次世界大战期间，一位心理学家编制了第一个可以检测精神障碍的测验——华兹华斯的自检量表，该量表中的问题如"你认为自己是坏人吗"，"你是否觉得没有人能真正理解你"。到第二次世界大战时，明尼苏达多项人格测验问世，该量表后来被广泛使用。

人们对心理测验最初的期待只是希望其可能有用，然而在不到五十年的时间里，它已经发展成为了一项重要的产业。美国人及全世界成百上千万人都赞同卡特尔在 1890 年所陈述的："心理测验今后不仅能帮助人们找到他们的兴趣，还可能在培训、生活方式选择及疾病诊断方面都发挥作用。"（殷融 译）■

1890 年

实验心理学（1874 年），心理时间测量（1879 年），心理测验（1890 年），军人智力测验与种族主义（1921 年）

上图：乔纳斯克拉克楼，卡拉克大学，摄于 2007 年。富有的商业大亨乔纳斯·克拉克委托斯坦利·霍尔成立一所专门针对年轻男劳工的专科学院，但是他却建立了一所研究生院。

下图：西格蒙德·弗洛伊德（Sigmund Freud），斯坦利·霍尔，C. G. 荣格（C. G. Jung），A. A. 布里尔（A. A. Brill），欧内斯特·琼斯（Ernest Jones），桑多尔·费伦齐（Sándor Ferenczi）在克拉克大学前留影，马萨诸塞州，乌斯特市，摄于 1909 年。

1892 年

第一个科学心理学实验室建立于德国，之后的几年内，这一新兴学科迅速发展，成立于 1892 年的美国心理学会（American Psychological Association, APA）足以证明这一点。APA 背后的推动力源自心理学家斯坦利·霍尔。霍尔发现，很多研究领域如经济学、历史学、生物学及政治学等都在成立学会组织，而当下也正是建立心理学学会的恰当时机。社会日益复杂和多样，而心理学则有助于社会管理，因此，一旦实现组织化，心理学会迅速繁荣发展。

在一开始的五十年，APA 成员增长较为缓慢，到 1940 年时还只有 640 名正式会员。然而，在 1926 年时，出现了一种不具有表决权的新会员类型，被人们称为合作会员。合作会员数量增长很快，到 1940 年时已超过两千人。大多数合作会员都从事应用心理学方面的研究或工作，而这正是第二次世界大战后 APA 成员数量爆炸式增长的先兆。1945—1970 年，APA 会员数量急剧增长，以至于有心理学家开玩笑说，如果发展速度保持下去，那么到了 2010 年时世界上每个人都会是心理学家。而实际上，到了 2010 年，APA 的会员数量超过 15 万。

心理健康、临床心理学及咨询心理学等应用方向的心理学发展最快，同时这些专业如今在心理学大学科中也依然占有优势。第二次世界大战后，APA 开始实行分会制结构，会员可以同志同道合者一起加入感兴趣的小组。1944 年，19 个分会获准成立，从那以后，又有共 35 个代表了不同研究兴趣的分会成立，如女性心理学、心理学史、精神药理学等。从历史的视角来看，似乎是由于心理学所涉及的知识太复杂且实践领域太宽泛，因此很难统一为单一的取向。（殷融 译）■

机能主义心理学

约翰·杜威（John Dewey，1859—1952）

JOHN DEWEY
UNITED STATES
30 CENTS

上图：美国历史上以发行邮票的形式纪念的心理学家仅有两位，其中之一就是约翰·杜威。
下图：铁钦纳，他引领了相反方法论和结构主义。

 幼儿园（1840 年），心理学原理（1890 年），
儿童之家（1907 年），最近发展区（1934 年）

很少有人可以像约翰·杜威一样对美国人的日常生活与精神世界产生如此广泛的影响。他的贡献遍及哲学界、心理学界及教育界。由于篇幅的限制，在这里只能就他对心理学发展的影响进行介绍。

杜威在 1896 年发表了论文《心理学中的反射弧概念》，当时在学界人们普遍认为反应与刺激是相分离的，而该文章则挑战了这种观念。杜威指出，反应与刺激必须要作为一个整体来看待，二者在与对方割裂的情况下都不具有独立的意义。杜威与他的同事一起创立了机能心理学，这一心理学流派强调社会背景在人们思维和行动中所扮演的重要角色，杜威在哲学界及心理学界的盛名则与此学派的成立有直接关系。另外，杜威还提出，心理学研究应探讨心理活动如何帮助人们适应环境。这种研究取向与构造主义研究取向完全相对立，后者关注意识的内容和结构而忽略其功用性，代表人物有康奈尔大学的心理学家铁钦纳（E. B. Titchener）。

从任职于芝加哥大学时起，杜威开始涉足教育领域，他对这一领域有着持久的研究热情。杜威根据个人的经验感悟指出，程式化的标准练习和机械性学习会抑制儿童的思维。他强调经

验教学的重要性：儿童最好的学习效果是从"做"中取得的。教学固然很重要，但是也应给予儿童适当机会使其去实践学习内容。为了保证这一目标的实现，学校必须要设法将儿童与教育材料创造性地结合在一起。

和弗里德里希·福禄贝尔（Friedrich Froebel）、玛丽亚·蒙台梭利（Marla Montessori）及利维·维果斯基（Lev Vygotsky）一样，杜威推崇"从做中学"的教育心理学理念。（殷融 译）■

1896 年

俄狄浦斯情结

西格蒙德·弗洛伊德 (Sigmund Freud, 1856—1939)

"俄狄浦斯情结解开了斯芬克斯之谜",法国画家奥古斯特·多米尼克·安格尔(Jean Auguste Dominique Ingres)绘于 1805 年。

歇斯底里症(1886 年),精神分析(1899 年),梦的解析(1900 年),性心理发展(1905 年)

1897 年

在索福克勒斯的戏剧《俄狄浦斯王》(公元前 429 年)中,俄狄浦斯无意中错杀其父底比斯王拉伊俄斯,并娶了他的母亲伊俄卡斯忒。在还是一个婴儿时,俄狄浦斯就因神谕曾预言他弑父娶母的命运而被父母遗弃。成年后,俄狄浦斯在游历时和一名陌生男子发生争执并错杀了他,但他不知道这就是他的生父。后来,由于解开了斯芬克斯的谜题(什么动物走路早上用四条腿、中午用两条腿而晚上用三条腿?答案是人),俄狄浦斯得以成为底比斯之王,并迎娶了实际是他生母的皇后。然而,当俄狄浦斯发现弑父娶母的预言在他身上完全应验之后,他选择了自残双目并自我放逐,而伊俄卡斯忒也自杀了。

在其父亲去世一年后,弗洛伊德于 1897 年开始对自己的梦境进行自我分析。在此期间他认识到,俄狄浦斯故事其实反映了人类一个基本的心理特点。弗洛伊德回忆起自己在父亲去世后的一个梦:他由于理发而在葬礼上迟到了。弗洛伊德通过进一步的自我分析发现,自己实际上隐藏了很多对于父亲的负面情感,包括盼望父亲死亡等。与这些充满敌意的心愿相对应的,他还发现自己有过很多象征着渴望占有母亲的梦境。

基于梦的分析,弗洛伊德开始相信这些愿望并非是自己特有的。儿童渴望占有双亲中的异性而摆脱双亲中的同性,这是其正常成长的必经阶段。弗洛伊德将这些冲动和愿望称为俄狄浦斯情结。他认为,俄狄浦斯情结是个体心理发展的转折点,对这种心理冲突的解决方式决定了个体在成人后的人格。如今,关于俄狄浦斯情结的假设依然是古典精神分析学派最重要的理论基础之一。不过后世的学者也提出了其他的心理发展危机期。(殷融 译)■

托雷斯海峡考察队

威廉·哈尔斯·里弗斯（William Halse Rivers，1864—1922）

上图：来自 19 世纪托雷斯海峡一个岛屿的面具，现陈列于苏黎世的 Reitberg 博物馆。

下图：1898 年托雷斯海峡考察队的队员（从左至右）：威廉·哈尔斯·里弗斯，塞利格曼（C. G. Seligman），西德尼·雷（Sidney Ray），安东尼·威尔金（Anthony Wilkin），阿尔弗雷德·哈顿（Alfred C. Haddon，座椅上）。

文化依存症候群（1904 年），弹震症（1915 年）

在 19 世纪末，一些人类学爱好者自发组织起来前往澳大利亚和新几内亚岛之间的托雷斯海峡进行考察。他们招募了剑桥大学年轻的医生及心理学家威廉·哈尔斯·里弗斯与他们同行。

专长于视觉领域的里弗斯负责对岛民进行心理调查。他招收了两名年轻的心理学家威廉·麦克杜格尔（William McDougall）和查尔斯·塞缪尔·迈尔斯（Charles Samuel Myers）协助他，后者后来创立了"弹震症"（Shell Shock）一词。里弗斯和他的同事使用了专业的实验仪器对岛民的视觉、其他感知觉及运动能力实施了精密的测量，完成了二十多项针对嗅觉分辨力、视觉、音调阈限及颜色知觉等心理生理学现象的研究。由于托雷斯海峡的原住民没

有接触过西方工业化国家的社会规范与习俗，因此他们对这些实验的设定没有任何经验，这正是进行这些研究的主要原因。正如里弗斯所写的："这些人的开化程度足以让我们完成所有的观察，同时他们又十分接近原始状态，因此异常有趣。"不过，里弗斯和他的队员发现，他们无法使用内省研究法，原因是岛民完全不理解这一概念的含义。

心理学家发现，尽管一直流传着野蛮人有超强感知力的说法，但实际上，原住民在测试中所体现出的大部分能力水平都与欧洲人相近。这次考察之旅中的心理学研究表明，心理学方法与工具可以对"欧洲人优等性"这一假设及相关观念进行澄清。里弗斯等人的实验驳斥了种族优越性这种旧说法，同时也开辟了基于环境经验解释能力差异的研究取向，这在 20 世纪 20—30 年代美国心理学出现的关于种族与智力的争论中被证明具有重要意义。（殷融 译）■

1898 年

迷箱

爱德华·李·桑代克 (Edward Lee Thorndike，1864—1922)

一只松鼠在试图打开鸟食器时被抓个正
着。一旦在喂食器和食物之间建立了连
接，松鼠就会全力以赴以获取这些奖励，
有时甚至可以解决人为制造的复杂障碍。

行为主义 (1913 年)，小白鼠的心理学 (1929 年)，操作条件反射装置 (1930 年)

1898 年

　　达尔文的《物种起源》为研究动物和人类心智开创了新局面。而他于 1872 年所撰写的
《人类和动物情感的表达》则可能是关于现代比较心理学的最早论著。1882 年，达尔文的好友，
生物学家乔治·罗曼尼斯（George Romanes）出版了《动物的智慧》一书，这本书中用很多
轶闻趣事对动物的思考能力进行了描述。罗曼尼斯通过多方途径收集关于动物行为特征的资料，
并以此作为证明动物智慧的证据。

　　到 19 世纪末时，人们逐渐不再青睐这种轶事法，而美国的实验心理学家则尤以为甚。实
际上，1898 年爱德华·桑代克发表的实验报告直接消除了通过搜集趣闻来证明动物心智的必
要性。桑代克在他的博士论文中用狗、猫和小鸡进行的迷箱实验证明，动物仅仅通过尝试、
错误及奖励、惩罚就可以完成学习。在迷箱实验里，将动物放在密闭的箱子中，它会表现出
很多随机行为，当它可以偶然打开箱子走出来并获得食物后，每一次将它再放到箱子里时它
重复正确动作的速度都会更快。桑代克因此认为，动物学习不是通过观察、模仿或推理，而
是仅仅通过连接。另外，动物并不是将"在箱子中"和"走出箱子"的观念或心理地图产生
了连接，而是在刺激（在箱子的特定位置）和反应（按下踏板走出去）之间建立了连接。

　　桑代克的观点被广泛接受，同时他的实验也说明，研究者可以借助于动物去研究人类学
习。达尔文提出人类和动物的心理具有连续性，桑代克则在此基础上认为：由于动物与人类
相类似，因此学习原则也是相通的。（殷融 译）■

佩尔曼记忆训练法

威廉·约瑟夫·恩内沃 (William Joseph Ennever, 1869—1947)

上图:《名利场》，罗伯特·贝登堡 (Robert Baden-Powell) 的漫画像，他是童子军运动的创立者，同时也是佩尔曼记忆训练法的推广者。
下图：小说家亨利·莱特·哈葛德 (Henry Rider Haggard, 1856—1925) 研究佩尔曼记忆训练法。

 催眠术 (1766 年)，美国的颅相学 (1832 年)，心理治疗 (1859 年)

　　威廉·约瑟夫·恩内沃出身钢琴制造商世家，他于 1899 年创立了英国最早的大众心理学——佩尔曼记忆训练法。这一命名的由来源自伦敦的佩尔曼学院，而该学院则是以英国心理学家克里斯托弗·路易斯·佩尔曼 (Christopher Louis Pelman) 的姓氏来命名的。作为一种自我提升的技术，佩尔曼训练法的出现说明，在英国人们越来越关注如何将心理学应用于改善日常生活。

　　实用心理学这一术语常用来表示心理学的实际应用。在英国，这种实用性取向在 20 世纪前四十年变得非常流行。实用心理学既不是以大学为基础的科学研究，也不属于专业的医学领域。准确地说，佩尔曼训练法和实用心理学的出现是因为每个人都可以学会它们并努力反复练习，而它们确实可以显著提高人们的生活质量。

　　在英国，学科化的心理学和心理分析在 20 世纪前期发展得非常缓慢。与此同时，佩尔曼记忆训练法及其他的实用心理学则被成百上千的英国人所接受。佩尔曼训练法的目标是通过脑力训练而提高人们认知过程特别是记忆的效率。随着这种训练法逐渐普及，人们也认为它有助于自我提升。

　　除佩尔曼记忆训练法外，英国人还创立了其他类型的大众心理学。心理治疗协会成立于 1901 年，最初与催眠术等早期实践方法相关，后来则发展成为了专门推动心理治疗活动的组织。

　　在第一次世界大战后，实用心理学发展速度进一步加快。在 20 世纪 20 年代，建立地方社团成为了流行趋势，这些社团主要推广各种类型的自助心理学。鉴于地方社团的数量之大，最终英国成立了实用心理学国家联合总社团。很多社团通过发行杂志、提供相应课程等方式推广他们的主张，其发展完全脱离于学科化或专业性的心理学。

　　实用心理学对于英国各个阶级来说都很有吸引力，尤其是对于劳工阶层，这是因为他们在实用心理学中可以发现升迁的途径。第二次世界大战后，随着专业化心理学的发展，这些实用心理学逐渐消亡。（殷融 译）■

1899 年

国际精神分析大会，西格蒙德·弗洛伊德在第二排的正中央，摄于 1911 年。

 歇斯底里症（1886 年），俄狄浦斯情结（1897 年），梦的解析（1900 年），荣格心理学（1913 年），防御机制（1936 年），心身医学（1939 年）

1899 年

弗洛伊德曾在维也纳大学跟随当时最杰出的医学家们学习神经病学。他认为，人类行为经常被一些非理性的力量所驱使，包括性欲、愤怒和恐惧等。这一理念在文学、戏剧、绘画、建筑以及临床精神治疗领域、心理学领域、社会工作领域及心理咨询领域中都曾得以检验。

弗洛伊德是一名有着旺盛求知欲的优秀学生，他选择医学作为他的终身事业。受其教育背景的影响，弗洛伊德对人类的动机及行为的动态特征非常敏感。出于对科学的热爱，弗洛伊德在实验室以长达六年的时间深入研究了鱼和其他生物的神经系统。然而，在其与马莎·伯莱斯（Martha Bernay）相爱后，为了维持家庭支出，弗洛伊德选择成为了临床医师。

在巴黎跟随著名精神病学家让-马丁·沙可（Jean-Martin Charcot）学习的经历使弗洛伊德认识到，创伤可以引发非理性的信念进而导致歇斯底里症。回到维也纳以后，弗洛伊德从其导师约瑟夫·布洛伊尔（Josef Breuer）处了解到了谈话疗法，后者在 1880 年治疗欧安娜时使用了这种技术。这些观念是弗洛伊德后来创立建立精神分析学派的重要依据。为了接近病人的无意识，弗洛伊德发明了梦的分析技术及自由联想法。他还对压抑、移情及反移情等临床现象进行了最早的描述，这些方法和原理则构成了日后的精神分析治疗技术的基石。

弗洛伊德将其观点应用于临床治疗中，由于不断有新的收获，因此直到去世，弗洛伊德还在修正自己的理论。他的学说涉及儿童发展、精神症根源、本能行为及心理防御机制的作用等问题。弗洛伊德对宗教进行过论述，在他看来，宗教是一种"虚妄"。另外，他还曾解释为什么文明会使人们产生心理冲突。在出现于 20 世纪的本体心理学（psychological subjectivity）中，弗洛伊德的理论与临床研究成果构成其中最重要的组成部分。（殷融 译）■

梦的解析

西格蒙德·弗洛伊德 (Sigmund Freud，1856—1939)

加泰罗尼亚象征主义画家琼·布鲁欧的画作，《梦境》，绘于 1905 年。

俄狄浦斯情结 (1897 年)，精神分析 (1899 年)，性心理发展 (1905 年)，荣格心理学 (1913 年)，防御机制 (1936 年)

1886—1900 年，弗洛伊德创立发展了精神分析的基本理论。在此阶段后期，他出版了自己最重要的著作《梦的解析》，这本书完全以心理学而非精神病学的视角对人类的意识与思维进行了论述。虽然弗洛伊德一生中不断修正他的理论，但他在这本书中阐释的观点却几乎没有更改过。

弗洛伊德的父亲死于 1896 年，而这本书的主题与此有直接的关系。这一事件导致弗洛伊德产生了很严重的焦虑与抑郁症状。几个月后，他决定将自己看作病人，要采取释梦法和自由联想法来进行自我分析。通过这种自我分析，弗洛伊德发现了经由梦境而了解潜意识的途径。他指出，人的梦具有两层意义，直观的显性梦境不涵盖梦境所代表的真实心理意义，而具有真实心理意义的隐性梦境则表现为象征的形式。弗洛伊德认为，梦是愿望的满足，而潜性梦境则是对这些愿望不被社会规则所接受的方面进行伪装。因此，梦与歇斯底里症的病症具有相似性，有时人们的一些想法或愿望太过于危险，以致于在日常生活中无法诉说和实现，只能在梦境中以隐藏的形式表达出来。基于此，弗洛伊德产生了一个非常重要的想法：之前，他猜测自己病人所讲述的童年性经历可能是真实发生的事情，而如今他则认为这些经历可能实际上并不存在，这些记忆只是病人的性愿望以象征的形式进行了表达。

当弗洛伊德在父亲逝世后使用自由联想法分析自己的梦境时，他为自己梦境中所展示的很多同类型的愿望而感到震惊。其中，最有价值的是他通过自我分析发现了俄狄浦斯情结的存在，而这一理论对于其日后关于人格发展的研究来说也具有极为重要的意义。（殷融 译）■

1900 年

证言心理学

威廉·斯登（L. William Stern，1871—1938）

1945—1946 年的纽伦堡审判上，纳粹被告人在听取法庭诉讼，赫尔曼·戈林（Hermann Göring）坐在第一排的最左边，他曾帮助希特勒取得政权。

测谎仪（1913 年），记忆与遗忘（1932 年），误导信息效应（1994 年）

1902 年

什么样的人有资格在法庭出庭提供证言？这一标准一直随着法律编纂的演变而变化。在有据可考的很长时间内，妇女和儿童被认为不可信，因此被禁止作证。许多阶层如奴隶、罪犯和穷人等，在很多时候也不具有作证的资格。到 20 世纪初时，心理学家提出了改善证言的可能性。

德国心理学家威廉·斯登是证言心理学这一应用性研究领域的首位涉猎者，在 19 世纪 70 年代，第一个实验心理学实验室在德国建立，而到 19 世纪 90 年代时，德国已发展了非常成熟的应用心理学研究。在 1902 年，当斯登开始着手法律心理学方面的研究项目时，很多大学都将法学与心理学作为先修课程。例如，格式塔心理学的创建者马科斯·韦特墨（Max Wertheimer）在 1904 年完成了他以判断证言真实性为主题的博士论文。而在美国，来自德国的心理学家雨果·闵斯特柏格（Hugo Münsterberg）则完成了第一例关于关于证言的应用心理学研究。

证言心理学研究中一直存在一个问题：实验研究与现实生活中的实际事件之间是割裂的，在实验室中很多变量都得到了很好的控制，而在真实事件中各个因素间关系非常复杂。尽管如此，20 世纪 80 年代时，在美国的证言心理学研究领域，有重要影响力的研究数量逐渐增多。而关于目击者证言的问题则成为了一个特别的研究主题。一方面，心理学家开发了改善审讯方式及证言搜集方法的技术，通过这些技术可以获得较为可靠的证言。另一方面，心理学家也指出，就像虚妄记忆综合症所表现的那样，人们的记忆很容易被操控，因此是不可信的。（殷融 译）■

心理技术学

L. 威廉·斯登（L. William Stern，1871—1938）

在这张插图中人类的神经系统被比作是电子信号系统，而大脑则是负责将信息分类的办公室，它由德国艺术家弗里茨·朗创作于 1927 年，反映了 20 世纪早期应用心理学的实用理念。

 儿女一箩筐（1924 年），霍桑效应（1927 年）

在 20 世纪 20 年代中期，德国接线员行业的女性职员针对过于频繁地使用心理测试进行了抗议，这些心理测试的目的在于对她们工作的方方面面都进行控制和校准。当时在欧洲和北美工厂中，人们普遍追求通过科学管理来提高生产效率，而此类测试就是这一风潮的体现。在欧洲，这种实用技术被人们称为"心理技术学"，而在北美，人们则称之为"工业心理学"和"商业心理学"。心理技术学这一名称是由德国心理学家威廉·斯登在 1903 年创立的，随后，由哈佛大学的心理学教授雨果·闵斯特柏格在其著作《心理学与工业效率》（1913 年）中使用了该词从而得以推广。

为什么心理技术学会如此成功？首先，俄国的布尔什维克革命激起了其他欧洲国家对因劳资问题引发的社会骚乱的恐惧；另外，第一次世界大战造成的严重人员伤亡使得劳工短缺问题开始显现；再者，很多欧洲国家的工业基础在战争中受到了巨大的破坏，这既引发了重建的需要，又为结构调整提供了机遇。

心理技术学在欧洲很多国家都变得流行起来，但是它对德国的影响最大。德国政府旨在利用心理技术学以实现国家重建及维持社会稳定，因此这一领域在德国发展极为迅速。最初，人们将心理技术学引入工厂的目的是通过使劳动作业模式化以减少工人特别是女工的压力。然而，到 20 世纪 20 年代中期，人们开始对此产生怀疑。研究者发现，心理技术学在雇主中很受欢迎，但雇员们却会对此产生惧怕，因为心理技术学的运用会加深对他们的利用与剥削。这也反映了在德国，如同弗里茨·朗（Fritz Lang）在经典电影《大都会》中所描绘的那样，人们的生活越来越被统一化，并被过度控制。（殷融 译）■

1903 年

经典条件反射

伊万·巴甫洛夫（Ivan Pavlov，1849—1936）

上图：巴甫洛夫和他的狗的青铜像，位于他实验室外的庭院，俄罗斯。
下图：伊万·巴甫洛夫在他的实验室，1922 年。

实验性神经症（1912 年），行为主义（1913 年），小白鼠的心理学（1929 年）

俄国生理学家伊万·巴甫洛夫坚持认为，对于神经系统的研究一定要使用科学的方法，而在表述中则应遵从客观主义、机械主义和唯物主义的原则。巴甫洛夫出生和成长于俄罗斯中部，其父亲是一名乡村牧师。最初，巴甫洛夫原本打算继承父亲的事业。不过随着其对科学的兴趣与日俱增，他最终选择前往圣彼得堡大学读书并在那里取得了生理学学位。

到 1890 年时，巴甫洛夫在大学实验医学研究所的生理学系担任主任。他主要研究消化方面的问题并于 1904 年获得诺贝尔生物学奖。巴甫洛夫选择狗作为他实验的研究对象，当完成了对胃部消化功能的研究后，他开始着手于探索分泌唾液在消化过程中的必要性。1903 年，巴甫洛夫实验室的一名豢养师发现，在给狗喂食前它就开始分泌唾液。这引起了巴甫洛夫的注意，他用做实验的方法对这种现象所涉及的心理机制进行了研究。

巴甫洛夫探讨了如何通过操作外部刺激来控制行为，最为著名的研究就是经典条件反射。在研究中，当狗将"响起铃声"与"提供食物"相结合后，即使只出现铃声而不提供食物，狗也会基于条件刺激而分泌唾液。巴甫洛夫宣称，这种条件作用与神经系统有关但不涉及心理因素。对于狗来说，学习的实质就是在不同刺激间首先建立简单的基本联系，并进而形成复杂的联系链条，推及至人类和其他动物也是如此。多年来，巴甫洛夫及其研究团队一直在探讨与此学习模式相关的推论，包括怎样据此对精神障碍现象进行解释。（殷融 译）■

青春期
斯坦利·霍尔（Stanley Hall，1844—1924）

德国表现主义艺术家奥古斯特·麦克（August Macke）创作于1912—1913年的作品，《四个女孩》。

卢梭的自然儿童（1762年），婴儿传记（1877年），最近发展区（1934年），生态系统理论（1979年）

1904年

　　达尔文的著作启发了美国第一代科学心理学家对儿童发展这一主题的理解。他们从达尔文那里认识到：通过对儿童进行研究可以阐明人类的智力演化进程。

　　作为美国科学心理学的创始人之一，斯坦利·霍尔赞成将进化论作为研究儿童心理的基础。他的复演论认为，一个物种中个体的发展过程可以复演该物种的进化历程。例如，在怀孕的特定时期，在胚胎上能找到已经退化的鳃裂和尾巴的痕迹。人们普遍相信，通过仔细观察婴儿在出生后的发育过程便可以追溯人类的心智进化历程。儿童研究也具有重要的社会效益，在日益复杂和多样化的社会，这类研究可以为创造理想的社会秩序提供建议指导。

　　在1904年之前，教育学及心理学的理论研究者没有就大龄儿童的发展差异问题进行过关注。而在1904年，霍尔发表了具有里程碑意义的两卷研究报告，在其中他勾勒描绘了一个新的发展阶段——青春期。他认为，在任何社会背景下，这一阶段的发展对于个体的心理健康状况都至关重要，此外，青春期的特征还可以体现人类的发展历程。这一观点出自其著作《青春期：青春期的心理学及其与生理学、人类学、社会学、性、犯罪、宗教和教育的关系》。根据霍尔的论述：这一新的个体成长阶段是因禁止雇佣童工及义务教育的实施而出现的。因此，在这一年龄段儿童的身体与智力已趋于成熟，但依然没有成年且对大人有所依赖，这就导致了他们巨大的压力及情感冲突。（殷融 译）■

文化依存症候群

埃米尔·克雷丕林 (Emil Kraepelin, 1856—1926)
阿瑟·克莱曼 (Arthur Kleinman, 1941—)

位于贝宁 (Benin) 阿波美 (Abomey) 的伏都教祭坛及一些神像，摄于2008年。西非伏都教的信徒相信此类事物具有使人永葆青春的神力。

1904年

 托雷斯海峡考察团 (1898 年)，美国精神疾病分类系统 (1918 年)，金色牢笼 (1978 年)

在一定的文化背景下，是否可以更好地理解精神障碍症？换句话说，它们是否具有文化依存性？越来越多的研究显示，我们不能假定人类会以同样的方式体验精神和情绪困扰，也不该认为相应的治疗方法可以简单地在不同文化中进行移植。尽管人们注意到心理的文化差异已有几个世纪了，然而，精神病学家埃米尔·克雷丕林首先提出应该考虑文化因素对精神障碍的影响。他曾写道："一个民族的心理特征可以在精神疾病的症状及发病率中表现出来……，因此，比较精神病学应有助于理解病态心理过程。"

最初是医学人类学家的田野研究提出了文化在人类健康包括心理健康中所扮演的角色。精神病学家阿瑟·克莱曼的著作《文化背景下的病人与治疗师》（1980 年）引发了当代人关于文化依存症候群的争论。心理学家安东尼·马尔塞拉（Anthony Marsella）发表了很多关于文化与抑郁症关系的研究，他指出在很多文化中抑郁症经常表现为身体症状，如背痛、胃病。

近年来，美国的精神病学家终于承认，一些与精神困扰有关的行为表现具有文化限定性。两个文化依存症候群的例子如下所示：

缩阳症：出现于西亚和东南亚，患者在体验到强烈的突发性焦虑时，阴茎（对于极为少数的女性患者来说，是外阴和乳头）会缩回体内，有时会导致死亡。

神经性厌食症：出现于北美和西欧，患者会排斥进食，对肥胖产生病态性恐惧。

这些综合征表明，文化信念和习俗对心理健康及疾病的影响作用。（殷融 译）■

性心理发展

西格蒙德·弗洛伊德（Sigmund Freud，1856—1939）

 歇斯底里症（1886 年），俄狄浦斯情结（1897 年），精神分析（1899 年），梦的解析（1900 年）

德国画家老约翰·海因里希·蒂施拜因（Johann Heinrich Tischbein the Elder）创作于 1784 年的作品——《厄勒克特拉的悲悼》。在 1913 年，弗洛伊德的合作者卡尔·荣格提出了在女性身上存在的厄勒克特拉情结，这种心理现象与俄狄浦斯情结相对应，出现于个体性心理发展的第三个阶段，性器期。其命名源自于古希腊神话，厄勒克特拉与她的兄弟俄瑞斯忒斯一起杀死了自己的母亲克吕泰涅斯特拉。

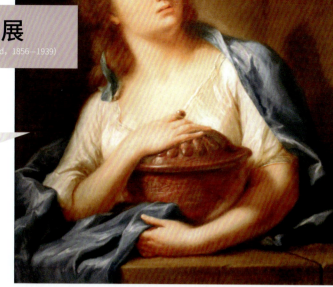

1905 年

西格蒙德·弗洛伊德认为俄狄浦斯情结是个体心理发展的一种正常体验，它具体指儿童渴望占有双亲中的异性而摆脱双亲中的同性。

根据其临床与理论研究，弗洛伊德提出，儿童自出生起就具有从对身体的刺激中获得快感的能力。随着其生理及心理的发展，儿童特定的身体部位会成为他获得快感最为强烈的焦点部位。也就是说，性感带在个体的不同发展阶段会产生变化，这些心理性欲发展阶段依次包括口唇期、肛门期、性器期、潜伏期及生殖期。

在口唇期，儿童主要通过嘴部获得快感。到 2～3 岁时，快感带是肛门。通过学会控制生理排泄，儿童以社会可接受的方式体验快感。到性器期阶段时，快感主要来自儿童自己的性器官。儿童开始对性器官表现出极大的兴趣，并会经历俄狄浦斯情结。对这一心理冲突的处理方式会决定儿童成年后的人格特质。当儿童开始认同双亲中的异性时，这一心理冲突便得到了解决。随后则进入潜伏期，在此期间儿童没有明显的性发展表现。自青春期时始，个体进入性心理发展的生殖期阶段，此时个体的兴趣转向为异性及两性关系，个体会选择与异性结为夫妻，以履行社会习俗关于生育的规范。

弗洛伊德认为，个体在性心理发展的任何时期都有可能对心理冲突解决不当，而这会在其成年后产生严重影响，而心理分析的工作正是要缓和个体长久以来存在的、在性心理发展中出现的问题。正如弗洛伊德所提出的，心理分析的目标是要将病人的极端痛苦减轻为正常的烦恼。（殷融 译）■

比奈-西蒙智力量表

阿尔弗雷德·比奈 (Alfred Binet, 1857—1911)
泰奥多尔·西蒙 (Théodore Simon, 1872—1961)

上图：在 20 世纪 30 年代版本中，斯坦福-比奈量表的拼贴图。
下图：阿尔弗雷德·比奈。

心理测验 (1890 年)，投射测验 (1921 年)，主题统觉测验 (1935 年)，明尼苏达多项人格测验 (1940 年)

1905 年

在 20 世纪早期，法国在工业生产方面已经落后于其竞争对手德国。这种压力落到了学校的身上，政府要求学校为法国儿童提供更好的教育。然而，教师则抱怨学生人数太多，有太多的低能儿童与正常儿童一同接受教育。

为了帮助他们解决这一问题，法国政府向以研究儿童而闻名的心理学家阿尔弗雷德·比奈发出了求助。比奈打算创立一项测验，但初次尝试以失败而告终。之后，比奈与年轻医生泰奥多尔·西蒙合作，西蒙当时供职于一所针对于智力受损者的公共福利机构。通过合作，他们可以将测试结果在正常水平儿童与低水平儿童之间进行比较。

通过比较研究，比奈观察到，虽然儿童都能通过同一种测验，但与低能儿童相比，正常儿童可以在更小年龄就完成测验。比奈和西蒙根据这一发现创建了一套测试。该测试共包括三十个难度递增的任务，测试开头的任务极为简单，如同测试者握手，最后的任务则非常困难，甚至年龄最大的儿童都很难完成，如对抽象词汇的意义进行解释。儿童在测试中逐个完成任务，直到无法解决题目时就停止测试，他们的成绩会被记录下来并与同龄人的成绩相对比，这一结果就反映了儿童的智力水平。测试表现比同龄人落后两年或两年以上的儿童会被评定为低能，他们应被安排在适合其智力水平的班级进行学习。

比奈西蒙量表首次出版于 1905 年，在 1908—1911 年又陆续出现了各种修订版，此外，该量表在 1916 年被修订为适应美国人口特征的版本。比奈相信：人们的智力并非是固定不变的，因此，智力测验不能预测未来的智力发展状况，它只能反映个体在当下这一时间点的能力水平。（殷融 译）■

伊曼纽尔运动

埃尔伍德·伍斯特（Elwood Worcester，1862—1940）
塞缪尔·麦库姆（Samuel McComb，1864—1938）

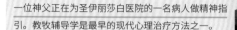

一位神父正在为圣伊丽莎白医院的一名病人做精神指引。教牧辅导学是最早的现代心理治疗方法之一。

心灵治疗（1859 年），心理学原理（1890 年），精神分析（1899 年），认知疗法（1955 年），健康的生理–心理–社会交互（1977 年）

1906 年

在 1906 年 9 月一个寒冷的雨夜，将近二百人聚集在波士顿的伊曼纽尔教堂就心理及医学方面的问题寻求帮助。两位医生和两位牧师向聚众发表演讲，涉及的主题从耶稣的医治事工到关于潜意识的最新心理学研究。教堂的神父埃尔伍德·伍斯特对在场者发出了邀请：如果有人想讨论道德或心理学问题，可以在第二天早晨再回到此处。许多人真的应邀前来，这是宗教、心理学及医学科学在美国第一次成功的结合。

这一事件被迅速冠以"伊曼纽尔运动"（The Emmanuel Movement）之名，其发起人是伍斯特与他的助手塞缪尔·麦库姆。几位波士顿当地的名医是最初的响应者。教堂向人们提供免费的医疗检查及与心理学、医学、健康和心理治疗等主题有关的课程。其中，关于心理治疗的部分最引人注意。在波士顿，很多医生及心理学家多年来一直向公众提供心理咨询方面的服务，但在波士顿之外，心理治疗则并不广为人知。由于这一运动在波士顿的成功，其他城市也开始成立类似的教会诊所与咨询中心。

最初，伍斯特向在诊所工作的业余治疗师提供培训。培训运用了波士顿的心理学研究成果与关于心理及精神治疗的一些本土理念。"教牧辅导学"始于此，而教堂社会服务部的工作则启发人们创立了"匿名戒酒互助协会"。另外，伊曼纽尔运动的成功也为几年后弗洛伊德精神分析思想在美国的传播奠定了基础。（殷融 译）■

马克思兄弟（从上至下）：奇科（Chico），哈波（Harpo），格鲁乔（Groucho）和泽波（Zeppo）。拉尔夫·F. 史迪（Ralph F. Stitt）拍摄于 1931 年。

 婴儿传记（1877 年），性心理发展（1905 年）

为什么成长于同一家庭的儿童他们的性格与能力会有巨大差异？一百多年前心理学家就发出了这一疑问。精神分析学家阿尔弗雷德·阿德勒为此提出了一个关于"出生次序"的理论。他认为，长子会得到父母最大的关怀和爱护。但随着次子的出生，长子受到冷遇，次子可能会体验到自卑感。而最后出生的孩子则可能被双亲所溺爱。根据阿德勒的推论，长子因为承担的责任最多，因此成就会最低。中间出生的孩子心理则最为强大。然而，自 1907 年阿德勒提出其观点后，并没有研究可以支持这些假设。

人格心理学家曾指出，相较于后出生的孩子，先出生的孩子更有可能去保护传统的家庭价值观。在其著作《天生叛逆》（1996 年）中，科学史学家弗兰克·萨洛韦（Frank Sulloway）利用这一观点进一步探讨了出生次序对于个体创造性和开放性的影响。他认为，先出生的孩子在维持家庭关系方面具有优势，而后出生的孩子则更喜欢尝试新想法和新方法，他们其中很多人正是因脱离了家庭传统的束缚而获得成功的。查尔斯·达尔文是证明这一观点的一个很好的例子：他在其家庭六子女中排行第五。

心理学家罗伯特·扎荣茨（Robert Zajonc）提出了一个关于出生次序的汇合模型，根据该模型，家庭的智力资源会随着孩子的增多而减少。因此，在大家庭中，儿童出生顺序越晚，可用的智力资源就越少。

一个世纪以来积累的研究表明，最早出生的儿童会比后出生的儿童有更高的成就。然而，这并不表示只有早出生的孩子才有可能成功。事实上，在取得重大成就的人群中，有的是长子，有的是家中第四个孩子，有的甚至排行第十。（殷融 译）■

1907 年

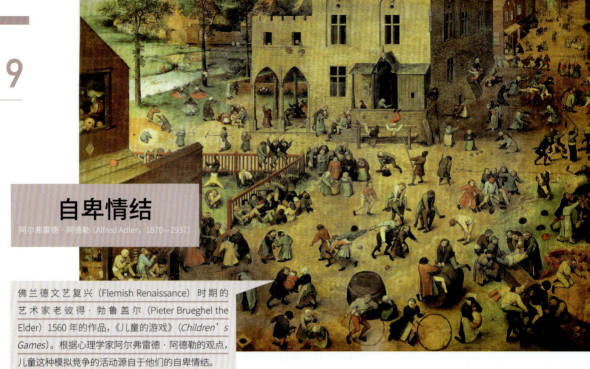

自卑情结

阿尔弗雷德·阿德勒（Alfred Adler, 1870—1937）

佛兰德文艺复兴（Flemish Renaissance）时期的艺术家老彼得·勃鲁盖尔（Pieter Brueghel the Elder）1560年的作品，《儿童的游戏》（Children's Games）。根据心理学家阿尔弗雷德·阿德勒的观点，儿童这种模拟竞争的活动源自于他们的自卑情结。

 精神分析（1899年），心身医学（1939年）

1907年

可能"自卑情结"是英语中使用最为广泛的心理学术语之一。这一术语的创立者阿尔弗雷德·阿德勒出生于维也纳，他在年少时体弱多病，受此影响，终其一生阿德勒对于身体健康的兄长都怀有一种强烈的竞争感。同时，也正由于年幼时的患病及医治经历，阿德勒后来决定成为一名医生。

阿德勒开始行医后没几年，弗洛伊德出版了他的著作《梦的解析》（1900年）。这本书极大地鼓舞了阿德勒，他公开地对书中的观点进行辩护。之后的几年，阿德勒一直是弗洛伊德的追随者，但当他发现自己的观点与弗洛伊德的理论有很大差异，以至于二人无法一起进行研究时，阿德勒就退出了弗洛伊德的小组织。如弗洛伊德认为性欲是人类的基本动机，而阿德勒则认为社会兴趣和能力的作用更为重要。

阿德勒提出的自卑情结概念源自于他对器官自卑感的研究，他指出，个体总有一些身体器官天生较弱且容易感染疾病。在其1907年出版的著作《神经质性格》中，阿德勒将这一结论推广至对人类心理能力的研究，提出了自卑情结的概念。他认为，每一个儿童与自己的兄长相比都会显得身体柔弱且能力不足，这会使其产生自卑感，并导致其为此寻求心理补偿。在成年后，个体依然会设法克服自卑感，正是这种动机会激励其取得成就。然而，如果自卑感太过于强烈反而会限制个体的成长。由于阿德勒强调的是心理对个体成长的帮助，因此他将自己的心理学理论命名为"个体心理学"。（殷融 译）■

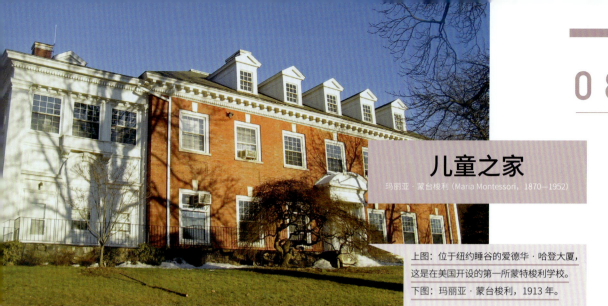

儿童之家

玛丽亚·蒙台梭利（Maria Montessori, 1870—1952）

上图：位于纽约睡谷的爱德华·哈登大厦，
这是在美国开设的第一所蒙特梭利学校。
下图：玛丽亚·蒙台梭利，1913 年。

幼儿园（1840 年），机能心理学（1896 年），最近发展区（1934 年），心理生活空间（1935 年）

1907 年

在 1896 年，一位充满魅力且生气勃勃的意大利年轻博士参加了在柏林召开的国际妇女大会，她就妇女在促进社会卫生及解决智障儿童需求方面的价值发表了精彩的演说。日后，由于其大力推动了女权主义的发展，同时创立了目前依然风靡全球的教育方法，玛丽亚·蒙台梭利成为了在世界范围内最具知名度的女性之一。

1890 年，蒙台梭利在罗马大学开始了她对医学的研究，在当时的意大利，只有五名女性获得博士学位。蒙台梭利早期的医学研究主要针对于低能儿童，但她也是在全球广受欢迎的女权主义演说家。

到了 20 世纪初，蒙台梭利的关注焦点转移到了教育领域。她试图利用新兴的实验心理学推进意大利的教育事业，这与此时阿尔弗雷德·比奈在法国的工作极为相似。1906 年，意大利住宅协会打算在两座新建的劳工社区的公寓中开设学校，蒙台梭利受邀承担学校的组织工作。这些学校即最早的"儿童之家"。第一所儿童之家成立于 1907 年 1 月，蒙台梭利担任教育总监。在此后的两年里，她创立了蒙台梭利教育法。这种教育法在不到五年的时间里就传遍了世界各地，超过两百种刊物发文进行了介绍。

蒙台梭利教育法强调要让儿童有玩乐的自由，并要在摆设有儿童座椅的房间里向他们提供各种可供选择的教育资料。这样做的目的是为了要尊重儿童的独立性与自主性。随着时代的发展，人们对这种教育法进行了很多修订和改良，但是蒙台梭利提倡的"自主性"如今依然是全世界成百上千所蒙台梭利学校的立校之本。（殷融 译）■

耶克斯 – 多德森定律

罗伯特·M. 叶克斯 (Robert M. Yerkes，1876—1956)
约翰·D. 多德森 (John D. Dodson，1879—1955)

上图：一间位于加拿大曼尼托巴省斯坦拜克郡门诺派民俗文化村的教室。耶克斯 – 多德森定律认为，运动员的最佳表现需要高唤醒水平。根据耶克斯 – 多德森定律，学习困难内容的最佳唤醒水平要低于学习简单内容的最佳唤醒水平。

下图：1936 年，柏林奥运会上一张想象 2000 年景象的幽默漫画：电视技术的进步使人们能在家观看比赛，而通过无线传输技术，体育场内的喇叭可以传出人们的加油欢呼声。

 抗焦虑性药物 (1950 年)，情绪表达 (1971 年)

作为当代最广为人知的心理学原理之一，耶克斯 – 多德森定律是以比较心理学家罗伯特·M. 耶克斯与他在哈佛大学的学生约翰·D. 多德森的姓氏来命名的。根据这一定律，当学习动机的强度适中时，人们的学习效果会最好。在最初进行研究时，两名研究者原以为高强度的动机会带来最高的学习效率。他们在实验中使用痛击作为刺激，发现随着痛击强度的增大，个体为了避免遭受惩罚而不断提高学习效率，然而，一旦当痛击超过适中程度，它反而会阻碍个体学习。因此，动机与学习效果的关系可描绘为一条倒 U 形曲线。

自耶克斯和多德森在 1908 年首次发表了他们的研究结论后，人们又进行了数百项研究对此进行验证与探索。在 20 世纪，研究者在描述这一定律的机制时开始使用术语 "唤醒" 以代替 "动机"，并使用 "最佳" 水平代替 "适中" 水平。如今，耶克斯 – 多德森定律被视为唤醒理论的一部分，这一理论强调个体的行为表现会受唤醒水平的影响。人们使用运动测试、应激反应、纸笔考试等多种形式对此观点进行检验。实验结果各异，因此，所谓的适度强度或最佳唤醒水平在不同任务下是有所区别的。相较于脑力任务，体力任务所要求的最佳唤醒水平要更高。而相较于困难、棘手的学习任务，简单、枯燥的学习任务所要求的最佳唤醒水平要更高。因此，相比于不易焦虑者，易焦虑者在测验简单时成绩会更好，但在测验困难时成绩则会更差。（殷融 译）■

1908 年

精神分裂症

保罗·尤金·布鲁勒 (Paul Eugen Bleuler，1857—1939)

上图：荷兰后印象派画家文森特·梵高（Vincent van Gogh）创作于 1887 年冬季至 1888 年的作品，《戴草帽的自画像》。他在 37 岁时开枪自杀，人们认为他患有精神分裂症或躁狂抑郁症。

下图：保罗·尤金·布鲁勒，摄于 1900 年。

疯人院（1357 年），美国精神疾病分类系统（1918 年），抗精神病药（1952 年）

1908 年

精神分裂症的存在几乎贯穿整个人类的历史，然而，直到 1908 年，这一疾病才被精神病学家尤金·布鲁勒以当前的名称命名。布鲁勒当时是欧洲最为顶尖的精神病医院——苏黎世布尔戈霍兹利医院的院长。他从 1898 年起担任这一职务，在其任职期间，许多精神病学领域杰出的人物曾与之共事，包括卡尔·荣格和赫曼·罗夏克。在布鲁勒之前，人们称精神分裂症为"早发性痴呆"，布鲁勒不同意这一概念，原因是他根据临床经验发现：病人的表现与典型的痴呆症有所不同，同时也不总是在年轻时发病。

精神分裂症的临床症状包括产生妄想、幻觉及思维障碍，其可细分为紧张型、紊乱型、偏执型和未分化型等几种类型。而每一种类型都具有独特的病症模式。例如，偏执型的病人可能产生被迫害或者将自我神圣化的妄想，布鲁勒所著的《早发性痴呆》中曾记载一个病人的想法："我觉得自己似乎就是基督，二十六名使徒正在橄榄山上与我相拥。"有时，同一所医院的几个病人会有着相同的幻想，这种情况并不少见。例如，在著名的"伊普斯兰提的三基督"案例中，华盛顿一医院两名年龄相仿的病人都认为自己是约翰·F. 肯尼迪（John F. Kennedy）总统的儿子。此外，病人发明新词或组成无意义词组的现象也较为常见，例如，病人可能会说"笼–天气–果汁"或者"绿色–切断"。

尽管人们对精神分裂的研究已有上百年的历史，但如今依然无法确定其病因，可能是多种因素共同导致这一疾病的产生。关于同卵双胞胎的研究表明，精神分裂症具有一定的遗传性。一份 2012 年的研究报告指出，至少有五种精神疾病都具有共同的基因联系，其中就包括精神分裂症、躁郁症、自闭症、忧郁症及多动症。（殷融 译）■

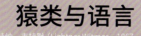

猿类与语言

赖特纳·韦特默 (Lightner Witmer, 1867—1956)
威廉·H. 弗尼斯三世 (William H. Furness III, 1867—1920)

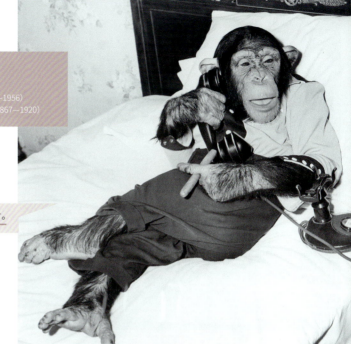

一只猩猩坐在床上边打电话边抽烟的照片。

 物种起源 (1859 年)，语言习得机制 (1965 年)

1909 年

1909 年，费城人们见证了黑猩猩皮特卓越非凡的表演。皮特在舞台上完成了溜冰、骑单车、用道具进食及抽雪茄等一系列行为。这场演出的宣传语称皮特有"猴子的外表，人类的智慧"。心理学家赖特纳·韦特默与探险家威廉·H. 弗尼斯三世非常仔细地观看了这一表演。韦特默当时刚刚建立了一所以儿童为服务对象的心理诊所，他很想知道像皮特这么聪明的猩猩是否可以学会讲话。虽然皮特仅仅学会了说"妈妈"(mama)，但韦特默却教会了另一只猩猩说两个词"爸爸"(papa) 和"杯子"(cup)。

猿类是否可以学习人类的语言？另外它们是否有自己的语言？长久以来，比较心理学家及其他自然科学家对此类问题都十分着迷。探险家及心理学家理查·加纳 (Richard Garner) 对后一个问题作出了解答，他指出，猩猩在野外时发出的喊叫声，似乎正是它们之间的交流方式。心理学家罗伯特·耶基斯 (Robert Yerke) 在 20 世纪 20 年代证实了加纳的观点，他确认，两只黑猩猩之间至少使用过 21 种不同的叫声。

20 世纪 30 年代，心理学家卢埃拉 (Luella) 和温思罗普·凯洛格 (Winthrop Kellogg) 在家收养了一只幼小的母猩猩"古阿"陪同他们的儿子一起成长。古阿无法学会讲话，不过它可以理解很多单词的含义。二十年后，心理学家基斯 (Keith) 和凯瑟琳·海斯 (Catherine Hayes) 也收养了一只小猩猩"维克"。到七岁时，维克学会了讲"妈妈""爸爸"和"杯子"，另外，它也可以明白很多词汇的意思，并教会了凯瑟琳一些猩猩的叫声。到 60 年代时，一只叫"华秀"的猩猩掌握了三十多种手势，并可以理解更多的手语。从那时起，人们开始尝试使用多种方法让猩猩学会用手语进行交流，但目前结论还有待分晓。（殷融 译）■

音乐心理学

卡尔·斯图姆夫（Carl Stumpf，1848—1936）

一幅绘于 1777 年的画作《博洛尼亚的莫扎特》。莫扎特是最伟大的古典主义音乐作曲家之一，生于 1756 年，逝世于 1791 年。

格式塔心理学（1912 年），[B = f（P，E）] = 生活空间（1936 年）

1911 年

在 19 世纪时，柏林是德意志殖民帝国的中心，来自世界各地的音乐研究者在那里得到了最大程度的支持。随后，随着现代心理学及人类学学科的创立，音乐及文化的研究被认为是属于这两个学科的研究范围。哲学家及心理学家卡尔·斯图姆夫建立了音乐心理学并将其看作是一个科学研究领域。当斯图姆夫在 1898 年转向对人种音乐学进行研究时，他已经在听觉领域发表了具有里程碑意义的研究报告。

依据其对心理学、音乐及文化等方面二十五年的研究成果，斯图姆夫在 1911 年发表了他最重要的著作之一——《音乐的起源》。他在其中对音乐的起源做出了解释，讲解了很多音乐理论及乐器的历史，论述了音律组织的心理学原则，并对来自世界各地的音乐进行了跨文化分析。该著作奠定了比较音乐学的基础，同时也为民族音乐学的学科发展铺平了道路。

斯图姆夫从在柏林任职时起开始在世界各地搜集音乐样本，考虑到那个时代的技术限制，其成果可谓十分惊人。在 1900 年，斯图姆夫创建了柏林音响档案馆（Berliner Phonogramm-Archiv）来收藏他搜集到的爱迪生留声机唱筒（最早的音乐录制设备）。该档案馆如今已成为全世界最著名的音乐收藏馆之一。

作为一门科学范畴内的学科，音乐心理学在德国之外的很多国家都得到了较大发展。在美国，作为最早的科学心理学家之一，卡尔·西肖尔（Carl Seashore）创建了一套针对于个体音乐能力的测验。"西肖尔音乐能力测验"成为一些美国顶尖音乐学府的入学考试内容。（殷融 译）■

格式塔心理学

马克思·韦特海默（Max Wertheimer, 1880—1943）
科特·考夫卡（Kurt Koffka, 1886—1941）
沃尔夫冈·苛勒（Wolfgang Kähler, 1887—1967）

 音乐心理学（1911 年），心理生活空间（1935 年），[B = f（P，E）] = 生活空间（1936 年）

格式塔心理学的创始人之一韦特海默与一个速视器，这是那一时期一种非常重要的心理学仪器，用来在限定时间内呈现视觉刺激。

1912 年

1910 年初，个人与国家一体化的意识形态成为德国社会的主流，在这一背景下，一群年轻的心理学家开始创立心理学领域的格式塔理论，包括马克思·韦特海默、科特·考夫卡及沃尔夫冈·苛勒。尽管他们称自己的研究取向为格式塔理论，但人们更习惯称之为"格式塔心理学"。"格式塔"这一词语在英文中没有对应的翻译，不过其含义大致与"形状"与"完形"相同。韦特海默在 1912 年发表了他关于似动现象的研究报告。他认为似动现象就是一个格式塔，由于它无法分解为一个个独立的部分，因此，只有作为一个整体看待时才具有意义。格式塔心理学坚决主张借助于分析知觉及认知现象来研究整体与部分的关系，这使得它与侧重于心理元素、心理结构及心理过程的研究取向有很大不同。

格式塔心理学丰富了心理学的研究内容。韦特海默与其同事及学生将他们的研究扩展到知觉、语言、象征性思维及顿悟等领域，产生了很多新的见解。另外，他们有意利用自己的研究去为哲学服务，特别是解决认知与认识论方面的问题。

关于知觉组织的研究是格式塔心理学最具有代表性的研究成果。人们的知觉机制中最为一般性的规律是"意义生成法则"。根据这一法则，个体会尽可能地将刺激知觉为一种简单易懂的结构。这一法则下包括的具体定律如接近定律、相似定律、延续定律、闭合定律等。纳粹时期，格式塔心理学家们被迫从德国移居到美国，尽管在那里他们没有得到像之前一样的学术地位，但其影响力一直延续到今天，并在社会及认知心理学研究领域有所体现。（殷融 译）■

实验性神经症

玛莉亚·耶罗弗耶娃（Mariya Yerofeyeva，1867—1925）
娜塔莉亚·申格-克列斯托夫科娃（Nataliya Shenger-Krestovnikova，1875—1947）

H. S. 利德尔在很多动物身上验证了实验性神经症，在图片中，他正在对山羊进行研究。

 经典条件反射（1903 年），习得性无助（1975 年）

1912 年

在 20 世纪早期，位于圣彼得堡实验医学研究所中的巴甫洛夫的生理学实验室是一个异常繁忙的地方。这个实验室就像一个大型企业一样，有上百名雇员从事流水线工作。巴甫洛夫的研究证明，在条件反射的作用下，狗可以对非食物类刺激产生唾液分泌反应。

在创立了经典条件反射理论后，巴甫洛夫委派其他的研究者继续探索这种生理机制可能产生的变化。两位女性科学家负责研究条件反射的混乱化。在实验刚开始时，通过建立条件反射，狗会在呈现圆形时分泌唾液（圆形与食物进行了配对），但在呈现椭圆形时不分泌唾液（椭圆形没有与食物进行配对）。之后，研究者向狗呈现的椭圆会越来越像圆形。起初，狗可以分辨标准的圆形与椭圆，并且只在呈现圆形时才分泌唾液。然而，随着任务难度的提高，狗会变得神情沮丧，不停地吼叫并且富有攻击性。巴甫洛夫认为，这一研究成果对于解释人类的精神障碍的病因具有重要启发意义。

约翰·霍普金斯大学的甘特（W. H. Gantt）与康奈尔大学的利德尔（H. S. Liddell）对当时所谓的"实验性神经症"进行了研究。结果在包括山羊、绵羊、兔子、猪和猫在内的很多动物身上都验证了上述反应现象。他们据此对人类的精神障碍进行了很多论述。心身医学研究开始兴起，很多人认为可以将精神分析理论同与实验性神经症有关的研究相结合，以此对精神障碍进行解释。除此之外，实验精神病理学也开始出现，习得性无助理论就是这一研究取向中最具代表性的研究成果之一。（殷融 译）■

优生学与智力

法兰西斯·高尔顿（Francis Galton，1822—1911）
亨利·郭达德（Henry Goddard，1866—1957）

纽约市的埃利斯岛，它是 1892—1943 年美国的主要移民检查站，最早广泛使用智力测验的场所。

 心理测验（1890 年），比奈－西蒙智力量表（1905 年），军人智力测验与种族主义（1921 年）

1912 年

科学家法兰西斯·高尔顿对基因决定智力这一观点极为迷恋，同时，他还痴迷于对各种事物进行测量。因此，当高尔顿决定研究英国杰出的家族时，他这两方面的兴趣得到了很好的结合。高尔顿基于其研究创立了优生学，他指出，通过提高优良血统的遗传几率并降低平庸血统的遗传几率，可以改善人类质量。这种优生学观点鼓励优秀的男女进行婚配并生育后代。高尔顿还发明了一系列测验以鉴别确认那些杰出且年轻（可生育）的血统优异者。

高尔顿并没有真正实现他的积极优生学想法。然而，在 20 世纪早期的美国，消极优生学思潮却得以发展。人们担心过多的南欧及东欧移民会对美国社会的优良血统造成不利影响，而正是这些优良血统创造了这一国家的繁荣昌盛。此外，在解放黑奴政策实施后，大量黑人涌入到美国北方，这也被认为是对优良血统的一种威胁。

通过智力测验，移民与黑人血统的劣质性可得以"证明"。而亨利·郭达德调查报告《柯克里克家族：低能遗传研究》（1912 年）则对血统论作了最形象的说明。柯克里克有两个不同的世系，一脉是柯克里克与一个低能的酒吧女厮混所生的后代，另一脉是柯克里克与一个血统优良的女子结婚所生的后代。调查发现，前者中低能与道德败坏的比率大大超过后者。

美国很多州都颁布施行了限制不良血统的政策，而智力测验则是做出此类决定时常用到的依据。然而，消极优生学对美国的影响远没有达到其对纳粹德国影响的严重程度。在 20 世纪 20 年代，这种思潮的进一步蔓延开始引起人们的强烈反对，优生学所宣扬的错误观点最终被社会大众所摈弃。（殷融 译）■

荣格心理学

卡尔·古斯塔夫·荣格（Carl Gustav Jung，1875—1961）

卡尔·荣格站在苏黎世布尔戈霍兹利精神病医院的门口，1909 年。

 精神分析（1899 年），投射测验（1921 年），主题统觉测验（1935 年），迈尔斯–布里格斯类型指标（1943 年）

1913 年

卡尔·荣格曾说过，他在自己还是小孩的时候就能感受到自己有两重人格，一重来自当下，一重来自过去。天资聪颖的荣格选择精神病学作为自己的毕生事业。在获得医学学位后，荣格于 1900 年开始在世界最顶尖的精神病医院——布尔戈霍兹利（Burgholzli）医院跟随尤金·布鲁勒（Eugen Bleuler）进行研究。在这一时期，他接触到了弗洛伊德早期的论文，并受邀前往维也纳与弗洛伊德会面。他们之间迅速建立了友谊，二人 1909 年同游美国。然而，在这次旅途中发生了一次不愉快的争执，原因是弗洛伊德有一天拒绝透露他前一晚的梦境，但他们之前就协定，每天都与对方分享并分析自己的梦。这一事件最终导致二人友谊的破裂。1913 年起荣格不再与弗洛伊德共事，他将其后半生致力于创建和发展自己所谓的"深层心理学"（depth psychology）。

荣格提出了"个人无意识"（personal unconscious）与"集体无意识"（collective unconscious）的概念。后者包括整个人类历史所积累的重要心理感受及思维观念。集体无意识的载体是"原型"（Archetypes），它具体指人类最基本、最真实生命经验的象征表现形式，这些原型是人们心理结构的基础。例如，大自然（Mother Nature）与圣母玛利亚（Virgin Mary）象征的是母亲原型（mother archetype）。人格结构也都具有原型，如自我（Ego）、人格面具（persona）、阴影（shadow）等。

荣格认为，生命的目标在于实现心理成长，即他所谓的"个性化"（individuation）。由于个体有一种实现自己全部潜力的内驱力，因此，这种个性化过程会持续一生。个体在一生中必须要面对和克服很多自我成长的障碍物，而心理咨询、梦境及亲密关系等则可以帮助我们实现成长。（殷融 译）■

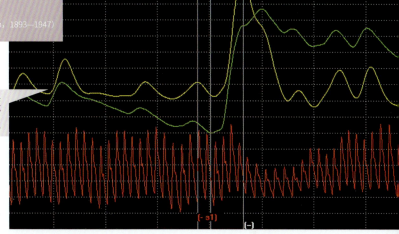

测谎仪

威廉·莫尔顿·马斯顿 (William Moulton Marston, 1893—1947)

测谎仪所记录的个体血压与皮肤电反应的变化，通过这些数据，可以鉴别证言的真实性。

证言心理学（1902 年），误导信息效应（1994 年）

人与人之间的欺骗是司空见惯的事。在 19 世纪末 20 世纪初，西方工业化国家开始进入商业社会，如何有效精确地鉴别欺骗成为一个非常重要的问题。各个新兴学科——心理学、社会学、犯罪学及人类学等都纷纷为此出谋划策。

意大利犯罪学家切萨雷·龙勃罗梭（Cesare Lombroso）于 1895 年时发明了一种警用测谎仪器，然而，该仪器非常简单粗糙且不准确。哈佛大学的学生威廉·莫尔顿在 1913 年发明了一种依据血压变化来鉴别谎言的仪器。到 1917 年时，意大利心理学家维托里奥·贝努西（Vittorio Benussi）发明了呼吸描记器，这种设备则可通过人们的呼吸变化来辨别其证词的真假。

在第一次世界大战后，马斯顿取得了法学硕士学位及心理学博士学位。作为美国第一位法律心理学教授，马斯顿一直在华盛顿的美国大学（American University）从事情绪及欺骗方面的研究。他认为自己是测谎仪（lie detector）的首创者。然而，加利福尼亚大学的约翰·拉森（John Larson）将马斯顿的血压变化测量法与自己的皮肤电反应变化测量法相结合，创造了一种更可靠的设备。而他的一位助手之后又在此基础上发明了便携式的测谎仪。

尽管并非被所有人所信任，但拉森测谎仪还是在警侦事务中被广泛使用。传统的执法取证策略一直是"疲劳讯问"，即通过审讯者对嫌疑人长时间的逼问，以期瓦解嫌疑人的心理防线，迫使其供认。然而，这种方式在法庭上越来越不受欢迎。测谎仪则为鉴别谎言增添了科学的砝码。美国各州都有专门针对于测谎仪取证的法律条文，而在联邦法院，测谎仪是否被允许使用则要由法官来决定。

关于测谎仪还有一件趣事，马斯顿后来创造了一个漫画角色："神奇女侠"（Wonder Woman）。神奇女侠的法宝是"真理之绳"，其功能类似于测谎仪：让人说出真话。（殷融 译）■

1913 年

行为主义

约翰·布罗德斯·华生（John Broadus Watson，1878—1958）

根据华生的行为理论观点，产品和美女一起出现，能起到更好的广告宣传效果。

 新行为主义心理学（1929 年），操作条件反射（斯金纳箱）（1930 年），教学机器（1954 年），代币经济（1961 年）

1913 年

　　1913 年，美国心理学家约翰·布罗德斯·华生发表了一篇名为《行为主义眼中的心理学》的论文，这被认为是行为主义运动宣言。尽管华生并不是第一位提出行为主义的心理学家，但是，他的文章对行为主义的主要问题进行了有力论述，在接下来的几十年里，行为主义心理学观点在美国心理学界占据主导地位。

　　根据华生的观点，心理学必须效仿其他学科，不研究看不见摸不着的意识现象，而要研究实实在在的行为。行为主义心理学研究的目标是预测和控制行为，就这个问题而言，动物行为研究和人类行为研究一样，二者都能发现行为的科学规律。事实上，许多传统行为主义的学术研究都是研究动作行为的，例如著名的小白鼠走迷宫的实验等。华生强调的一个主要问题就是，心理学家应该研究那些能够观察到的行为现象。他虽然不排斥意识，但他认为，意识是一种无法观察到的心理状态，是没办法使用科学的方法来研究的。因此，华生的行为主义有时也会被称为方法论的行为主义。后来的行为主义心理学家相继提出了多种行为主义学说，如目的行为主义、行为主义的环境决定论以及激进的行为主义。

　　20 世纪上半叶，来源于欧洲的传统内省方法式微，以实验为主的行为主义在美国心理学领域独占鳌头。可以这样说，正是由于美国人强调适应、机能以及环境对行为的塑造作用等因素，才催生了这种实用性的、外部环境指向的心理学研究思路。（苏得权 译）■

变异假设

莉塔·斯塔特·霍林沃斯（Leta Stetter Hollingworth，1886—1939）

20世纪20年代被美国人称为"历史上最多彩的年代"。这幅画是美国艺术家罗素·帕特森（Russell Patterson，1893—1977）的作品，画中时尚的摩登女郎对社会和性规范表现出不屑一顾的神情。

物种起源（1859年），性别角色（1944年）

1914年

19世纪初期，变异性假说是人们普遍认同的观点，这种观点认为，生命进化过程中，男性的心理和生理特质比女性表现出更显著的变异性。比方说，从19世纪到20世纪初期，男性的智力表现出显著提高，而女性智力则没有发生太大变化。由于男性智力发展变化的速度较快，他们在整个人类智力谱系的分布相对广泛。女性智力水平发展变化缓慢，因而会一生平庸，碌碌无为，只有男性才能成为真正的天才，成就一番作为。这种带有性别歧视的观点得到了达尔文进化论的进一步印证，从某种意义上讲，自然选择的进化论肯定了男性的优越性。人类的进化过程依赖于遗传变异，雄性个体的优秀变异基因被看作是种族进化的关键。这种观点虽然没有得到经验的证实，但是许多社会科学工作者在评价女性的教育水平和职业技能的时候难以摆脱这种偏见。1914年，心理学家莉塔·斯塔特·霍林沃斯回顾了大量反对男性基因变异优越性的文献，她的研究成果对变异假设提出了严重挑战。

霍林沃斯还曾进行过一个大样本的调查研究，调查对象是来自纽约市妇幼保健医院的1 000名男婴和1 000名女婴。她发现，虽然男性在体格上稍占优势，但实际上女性的结构变异性对她们更有利。她还系统地查阅了相关文献，并没有找到女性智力比男性低的确凿证据。她最终得出结论，认为即使男性的某些心理特质的测试分数比女性更具变异性，也不能说明男性的变异优势是与生俱来的，因为男性和女性的成长环境不同，社会对他们的期望也有差别，测验得分的区别也可能是因为后天因素导致的。虽然霍林沃斯的研究对反思变异性假说有着重要价值，但当代的研究者很少问津。（苏得权 译）■

弹震症
C. S. 梅耶斯（C. S. Myers，1873—1946）

美军士兵在索姆河战役中占领
德军在法国北部的一处战壕。

歇斯底里症（1886 年），托雷斯海峡考察队（1898 年），精神分析（1899 年），创伤后应激障碍（1980 年）

残酷的战争给军人带来了诸多心理问题，军队里的心理医生很难发现造成心理问题的真正原因，也未能找到解决士兵心理问题的有效方法。第一次世界大战期间，参战双方的军队里都出现了"弹震症"的患者，或者称为"战士的心"病症，军医从优生学的角度给出了这样的解释——那些患"弹震症"的士兵都是次等血统。战争异常残酷，成千上万的士兵死于炮击、毒气和炸弹。还有不计其数的士兵奉命突破敌人防线，在泥泞和障碍重重的阵地上中枪身亡。战争结束数月之后，那些接受治疗的年轻士兵开始出现奇怪的症状；有些士兵报告他们看不到东西、听不到声音，或者不能说话了；还有一些士兵没法正常行走，有的甚至完全丧失行动能力。可是，他们的体检报告中没有发现神经受损的情况。

1915 年，英国心理学家梅耶斯把这种症状称为弹震症，在第一次世界大战中，有八千多英国士兵出现过类似症状。刚开始的时候，梅耶斯认为弹震症可能是炮弹爆炸导致的；后来发现，有些未曾到过前线的士兵也会患上这类病。弹震症的表现类似于歇斯底里。在没有认识清楚这类病症之前，有很多士兵患者被移送至军事法庭接受审判，有的甚至被枪决，还有的被强制送回到前线。这些士兵重返战场之后根本无法参加作战，只能被遣送回家接受治疗。里弗斯（W. H. R. Rivers）是英格兰的人类学家、心理学家和医生，他是最早尝试采用弗洛伊德式的谈话法来治疗弹震症的心理医生之一。让他感到惊讶的是，这种方法的治疗效果比当时军队里采用的其他方法效果好，成功率高。他的谈话疗法为战后英国精神分析心理学的迅速发展做出了很大贡献。（苏得权 译）■

印度的当代心理学

博斯（Girindrasekhar Bose，1887—1953）

佛陀的四圣谛（公元前 528 年），薄伽梵歌（公元前 200 年）

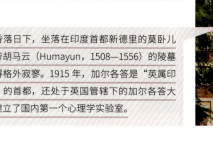

黄昏落日下，坐落在印度首都新德里的莫卧儿皇帝胡马云（Humayun，1508—1556）的陵墓显得格外寂寥。1915 年，加尔各答是"英属印度"的首都，还处于英国管辖下的加尔各答大学建立了国内第一个心理学实验室。

19 世纪早期，心理学才从欧洲传到印度，换句话说，印度当代心理学来源于欧洲。印度杰出的科学家马亨德拉·拉尔·瑟加（Mahendra Lal Sircar）认为，心理学在理解人类心理世界的客观和主观方面都起到重要作用。

1915 年，印度加尔各答大学建立了国内第一个心理学实验室，标志着心理学作为一门学科在印度确立起来。在之后的二十年里，印度国内至少有 100 所学术机构开始开设心理学课程。在印度学者看来，从第一次世界大战直到 1947 年印度摆脱英国的殖民统治的这段时间，印度的心理学一直沿袭西方心理学的传统。所以，从某种程度上来说，印度精神分析心理学的发展也是这个国家丰富文化生活的一种体现。

博斯是印度精神分析心理学的先驱，他在精神分析心理学中强调母子之间的关系，使之能够更加真实反映印度人的家庭生活和人文风俗。博斯认为，母子关系是个体心理发展过程中的重要因素，它的重要性甚至超过弗洛伊德的理论中的父子关系。博斯的观点认为，儿童有成长为男性和女性的倾向，而不是像俄狄浦斯情节描述的那样，孩子会极力争取异性父母的认同。在他看来，由于儿童有向着异性性别角色发展的倾向，这种意愿会受到抑制，从而引起压抑的心理，只有顺利解决这一问题才有希望形成健康人格。从 20 世纪 70 年代开始，印度的精神分析就依照这种思路发展，逐渐把反映印度人生活和人与人之间的关系作为主要研究内容。

第二次世界大战结束以后，德加南德·辛哈（Durganand Sinha）继承了博斯精神分析的思路，发展印度的心理学。辛哈认为，印度人的特点就是注重主要关系，心理学必须关照这个基本要素，才算得上是真正的印度本土心理学。（苏得权 译）■

投射测验（罗夏墨迹测验）

赫尔曼·罗夏（Hermann Rorschach，1884—1922）

《罗夏投射测验》于 1921 年首次出版，它使用内容不明确的模糊墨迹画作为材料，揭示隐藏在精神病人心理中的潜意识，并在美国精神病治疗领域迅速推广开来，成为评估精神病患者心理状况的重要工具。

 精神分析（1899 年），主题统觉测验（1935年），明尼苏达多项人格测验（1940 年）

1921 年

20 世纪 20—60 年代，一种新的心理测验工具十分流行，那就是投射测验。人们希望运用投射测验诱发病人潜意识里的内容。西格蒙德·弗洛伊德（Sigmund Freud）的理论称，人的潜意识包含了许多欲望和冲动，它们是不为社会接受的，常常被压抑起来。然而，这些潜意识正是打开心结的钥匙，缓解焦虑的良药。投射测验采用一些模棱两可的图片、词汇，或者以实物作为材料，要求受试者回答图片中是什么，或者讲述图画中的内容。例如，心理咨询师要求来访者讲述"当我还是个孩子的时候，我的父亲……"。根据来访者对模糊刺激的多次反应，咨询师才能判断他们的心理症结，制订治疗方案。

罗夏墨迹投射技术是第一个正式的投射测验工具，于 1921 年首次出版。瑞士心理学家赫尔曼·罗夏小时候痴迷墨迹画，因此得了一个"墨斑"的绰号，同时，他受到弗洛伊德和荣格思想的影响，编制出了一套投射测验，并以自己幼年时的绰号命名，主要用于精神病患者的心理测试。20 世纪 20 年代，罗夏墨迹测验被介绍到美国，并迅速成为精神病学研究领域使用最为广泛的评估工具之一。此后，一些新的投射测验也相继出现，如主题统觉测验（Thematic Apperception Test，TAT），戏剧创作测验（Dramatic Productions Test，DPT），臧氏投射测验（Szondi Test），布莱克漫画测验（Blacky Test）和洛温菲尔德拼镶测验（Lowenfeld Mosaic Tests）等。这些投射测验都有一个基本假设：行为的决定因素来源于个体的潜意识。正如 TAT 测验的开发者之一亨利·默里（Henry Murray）经常提到的一句话，"每一个人都有一些事情是他知道，并且愿意告诉别人的；也有一些事情只有他自己知道，但不愿意让别人知道的；还有一些事情是他自己不知道，也没法讲给别人听的。"（苏得权 译）■

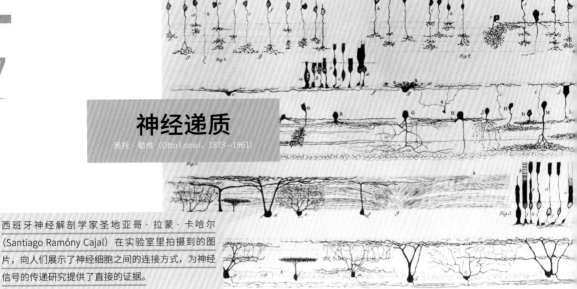

神经递质

奥托·勒维（Otto Loewi, 1873—1961）

西班牙神经解剖学家圣地亚哥·拉蒙·卡哈尔（Santiago Ramóny Cajal）在实验室里拍摄到的图片，向人们展示了神经细胞之间的连接方式，为神经信号的传递研究提供了直接的证据。

 心理排放（1941 年），裂脑研究（1962 年），镜像神经元（1992 年）

1921 年

19 世纪末，神经解剖学家发现了脑细胞，或者称神经细胞是独立的结构单位，它们之间没有直接的连接。生理学家谢灵顿（C. S. Sherrington）发现，神经细胞之间存在间隙，他称之为突触间隙。但是，神经信号是如何通过突触间隙在神经细胞之间传递的呢？人们做出了种种猜测，有人认为，神经信号是一股穿梭在神经细胞之间的电流，而真正的答案来自一场梦。

1921 年，德国药理学家奥托·勒维做了一个梦，在梦里，他萌生了神经细胞可能是凭借释放化学物质传递信号的想法。于是，他立即把这个奇妙的想法记了下来，但第二天醒来的时候，他却辨认不出前一天夜里记下的内容。神经传真相的"苹果"注定要落到奥托·勒维的头上，第二天夜里，他又做了同样的梦，并且他能清晰记得梦里的内容。为了检验梦中的假设，奥托·勒维用蛙的心脏进行试验，心脏上的迷走神经依旧完好。勒维使用微弱电流刺激其中一个心脏上的迷走神经，心跳减慢，他随即收集了这只心脏中流出的液体，并将收集到的液体转移到第二个未被刺激的心脏内。据他推测，这种液体里含有一种化学物质，可以减缓心跳速度；后来证实，这种化学物质就是乙酰胆碱，这是人类发现的第一种神经递质。

现在，我们知道大脑中的神经递质有一百多种，它们由神经细胞合成之后储存在突触前膜。神经细胞接受刺激之后，突触前膜就会向突触间隙释放神经递质，突触后膜上的神经递质受体与之产生特异性结合，神经信号就从一个神经细胞传递到另一个神经细胞了。人类大脑中约有 1 012 个神经细胞，可以想象，每时每刻都会有大量的神经信息在神经细胞之间传递。

每一种神经递质都有它独特的功能。例如，5-羟色胺是调节睡眠、情绪和唤醒水平的主要神经递质之一。但是，任何一种神经递质都无法单独发挥作用，它必须与其他神经递质协同作用才能完成某项功能；从这个意义上，这些神经递质之间的作用更像是一曲交响乐，而不是小提琴独奏。（苏得权 译）■

上图：这是来自 1901 年丹麦杂志《Raven》上的一幅插图：律师丈夫对他的心理学家妻子说："亲爱的！这下你应该高兴了吧，你一直想买一顶新帽子，现在你有了，另外你还得到一件皮毛大衣呢。"

下图：凯伦·霍妮，来自《美国心理治疗杂志》1951 年第 5 卷。

精神分析（1899 年），文化相对主义（1928 年），人本主义心理学（1961 年）

1921 年

　　凯伦·丹尼尔森·霍妮曾在个人生活上和事业上经历过严重的挫折，然而她提出了人们应该如何应对焦虑的观点，具有重要意义。她的研究从女性的立场出发，第一个明确反对西格蒙德·弗洛伊德关于女性心理发展的阴茎嫉妒观点。1922—1937 年，霍妮发表了一系列女性心理学的文章；在她去世之后，人们把这些文章收集起来，并于 1967 年出版了《女性心理学》一书。

　　霍妮在德国汉堡长大，她的家庭影响了她一生的事业发展。在霍妮的记忆里，父母偏爱哥哥，自己却经常受到他们的辱骂。那个时候，霍妮想做一名医生，但家里没有人支持她。医学院毕业之后，她开始在柏林精神分析研究所接受精神分析培训，并留在柏林工作。直到 1932 年，她才迁往芝加哥，担任芝加哥精神分析研究所副所长。两年之后，霍妮和心理学家弗罗姆相恋，两人迁居纽约，成立了自己的研究所，还创办了专门的心理学杂志。

　　早在专业实习期间，霍妮就开始对弗洛伊德的某些理论表示不满，尤其是在女性心理发展的观点上，弗洛伊德坚持认为，女性心理发展是不完全的，从而导致女性产生嫉妒男性的心理，最为典型的就是阴茎嫉妒。霍妮认为，阻碍女性心理发展的原因并非是因为她们与男性身体结构上存在差异，而是她们在男权社会中面临的制约。由于这些制约的存在，女性只有依赖男性才能获得社会和经济地位。因此，无论是健康的女性，还是神经病女患者，她们都会过分重视爱情。

　　亲密关系和家庭关系一直是霍妮研究关注的主题。她写道，家庭环境会影响儿童的成长，在缺少安全感和关爱的家庭，孩子就会形成一种基本焦虑。他们会通过追逐爱情、权力，或者超脱等防御机制缓解焦虑。健康的成年人能够灵活地使用这些防御机制，但是，过分使用某种防御机制的情况也时有发生。例如，那些渴望获得爱情的人会变得顺从，她们为了被别人认可变得过度依赖他人，从焦虑走向了另外一个极端。霍妮指出，这些因素才是阻碍女性心理发展的真正原因。（苏得权 译）■

替身综合症

约瑟夫·卡普格拉（Joseph Capgras，1873—1950）

替身综合症的原型来自 15 世纪初期意大利画家玛尔蒂·巴尔多禄茂（Martino di Bartolomeo）的作品《圣史蒂芬的传说》，画中描绘了魔鬼撒旦用一个低能儿换掉了刚出生的圣子。在欧洲文化里，这种低能儿是指天生畸形，或者先天发育不良的婴儿，他们会经受百般折磨，最终被神秘杀害。

孟乔森综合征（1838 年），H.M. 案例（1953 年），情绪表达（1971 年）

1923 年

替身综合症是一种罕见的大脑异常，患者认为他身边的人被替换，不再是以前的那个人了。例如，一位男性替身综合症患者，认定他的父亲变成了机器人，于是亲手把自己的父亲肢解，目的是为了找到"机器人"体内电池和微型胶卷。替身综合症患者会坚持认为，自己的亲人或朋友与另一个人换了模样，替身和被替换者之间有许多细微的差别。由于别人不会认同替身综合症患者所谓（臆造）的差别，患者也会疑惑为什么没有人相信自己，从而可能导致他们出现类偏执的情况。

1923 年，法国精神科医生约瑟夫·卡普格拉第一次描述了替身综合症患者的症状。之后，精神病学研究者通常从精神分析角度来认识替身综合症，认为对愤怒或者性欲的压抑是替身综合症的发病原因；那个时候，替身综合症患者一般被视为精神分裂。然而，患者并没有妄想，只是头脑中产生了有关替身的信息。

目前的研究认为，替身综合症是负责面孔识别脑区损伤导致的。大脑的前额叶皮层掌管着事实性知识——"站在我面前的这个人就是我的妻子"——而大脑的边缘系统负责加工情绪信息——"这个人长着我妻子的容貌，但我对她没有任何感觉"。

替身综合症障碍的关键在于认知与情绪之间是否协调一致。很多情况下，人们认识某个事件并非基于事件本身，情绪也可能参与到认知过程中，基于事件和情绪的认知判断要比事件本身丰富得多，甚至可能与事件本身大相径庭。（苏得权 译）■

儿女一箩筐

莉莲·吉尔布雷斯（Lillian Gilbreth，1878—1972）

工业心理学家莉莲·吉尔布雷斯发明的脚踏式垃圾桶，可以用脚踏在垃圾桶底部的踏板上，打开垃圾桶盖，大大提高了家务劳动的工作效率。

心理技术学（1903 年）

1924 年

20 世纪初期，心理学家开始热衷于如何提高工作效率的研究。莉莲·吉尔布雷斯在提高家庭管理和工作效率方面做出了重要贡献，她一共养育了 12 个孩子！1904 年，莉莲在欧洲旅行的途中邂逅了工程师弗兰克·吉尔布雷斯（Frank Gilbreth），两人喜结良缘。在他们二人的共同努力下，工业心理学，或者称管理心理学进入了一个新的发展阶段。他们首次采用当时较为新颖的电影摄影技术来研究工人的工作效率问题，另外，他们发明的 Gilbreth 时钟，可以精确记录到不足一秒的时间点，从而更加准确地测量被试完成特定工作任务的时间。

后来，莉莲到吉尔布雷斯咨询公司工作，她几乎把自己全部的精力都放在工作上。当时的同行认为，提高工作效率的方法就是要让工人尽可能地熟悉操作过程，但莉莲并不赞同这种观点，她认为可以通过调整工人的心理动机等因素提高工作效率。1914 年，她向布朗大学提出学位申请，翌年获得该校应用管理学博士学位。

莉莲运用自己提出的管理心理学理论经营吉尔布雷斯咨询公司，在美国取得了巨大的成功。1924 年，丈夫弗兰克去世之后，莉莲独自经营这家由丈夫亲手创办的咨询公司。随着管理心理学理念在实践中得到了进一步验证，她也逐渐成为管理心理学界知名的领军人物。美国政府也向她咨询一些人们普遍关注的问题，包括如何降低失业率，提高女性在国家劳动力中的比重等。

在管理学研究和咨询工作中，莉莲一直密切关注劳动者，包括家庭主顾，也包括工厂工人。她发明了一种脚踏式的垃圾桶，目前仍然十分受欢迎；她还改良了厨房设计，使做饭的效率大大提高；她为残疾人设计了专门的厨房，让他们也能像正常人一样做家务。莉莲·吉尔布雷斯运用先进的管理学理念不仅提高了生产效率，还培养了十二名成就斐然的子女，其中两人合著了小说《儿女一箩筐》，后经改编拍摄成电影（1950 年）。1984 年，美国发行了一套莉莲·吉尔布雷的邮票，纪念这位杰出的管理心理学家。（苏得权 译）■

脑成像技术

汉斯·伯格（Hans Berger，1873—1941）

 神经递质（1921年），裂脑研究（1962年）

PET/MRI 联合成像，不但可以定位病变脑区，还可以显示该区域的脑神经活动。

　　20世纪50年代，脑成像技术的不断革新为神经科学和心理学的发展提供了必要条件。运用脑成像技术，研究者可以探索脑神经活动与行为之间的联系。

　　1924年，汉斯·伯格发现了脑电图（Electroencephalogram，EEG），之后被广泛用来研究大脑的神经活动。脑电图具有较高的时间分辨率，虽然它不能确定某个特定脑神经活动发生的位置，但是它能够告诉研究者这个神经活动发生的确切时间。1963年，X射线断层扫描技术（Computed Tomography，CT）出现了。计算机轴向断层扫描技术（Computerized Axial Tomography，CAT）是借助一组X射线扫描所得的图像，重组大脑某个区域的清晰图像。这是定位大脑损伤部位的有效诊断工具。

　　雷蒙德·达玛蒂安（Raymond Damadian）是一名医生，他一直在寻找能够检测癌细胞的显影技术，经过将近20年的努力，他终于在1972年为他发明的磁共振成像技术（Magnetic Resonance Imaging，MRI）申请了专利。随着磁共振成像技术的不断发展，如今，人们可以利用磁共振成像仪，改变脑神经细胞所在磁场的方向，检测到大脑神经细胞原子核排列的变化。收集到的数据经过计算机处理，可以显示健康或者病变组织的三维结构图像，也可以找到血栓的位置等其他病灶。

　　正电子发放断层扫描（Positron Emission Tomography，PET）是临床医学领域比较先进的检查影像技术，常用的方法是将标记有放射性同位素的葡萄糖注入人体，大脑活动会消耗葡萄糖，显著活动的脑区放射性葡萄糖的浓度就高。通过高灵敏度照相机捕捉放射性同位素的光子，经过计算机处理重构组织图像。

　　功能磁共振成像（functional Magnetic Resonance Imaging，fMRI）是目前最为先进的成像技术，它可以测量血液中氧合血红蛋白的变化。活跃的脑区需要较多的氧分子，神经科学家借助计算机处理由功能磁共振成像仪收集到的脑血流变化数据，找到显著激活的脑区。他们运用这种方法，全面了解大脑的功能。（苏得权 译）■

气质的体型说

艾伦斯特·克雷奇默（Ernst Kretschmer, 1888—1964）
威廉·赫伯特·谢尔顿（William Herbert Sheldon, 1898—1977）

1794 年 12 月，詹姆斯·吉尔雷的一幅漫画有力地讽刺了新古典主义初期的女性服饰，这一时期的女性服饰推崇"短体"和高挑礼服的风格，漫画中两位体型截然不同的女性身着同一款式的服饰。

手相术（公元前 5000 年），面相学（1775 年）

1925 年

古往今来，人们一直认为体格，或者说体型与性格、人格特征，甚至人生成败有着密切联系。五千年前，阿育吠陀（Ayurvedic）医学在印度十分流行，传统印度家庭至今仍在使用。阿育吠陀的医生重视草药的疗效，但是，这种传统逐渐被西方社会的现代科学理念所湮没。然而，到了 19 世纪，切萨雷·龙勃罗梭（Cesare Lombroso）提出"生来犯罪人"概念，他指出，根据罪犯的体格等生理特征可以预测犯罪倾向；20 世纪早期，医学和心理学界提出了一个新的体型说概念，并尝试在实践中加以验证。

第一次世界大战失败以后，德国的一些能人志士指出，机械主义科学观和技术水平是导致战争失败的主要原因，他们开始在医学和心理学领域进行全面革新和有机整合。精神病学研究者艾伦斯特·克雷奇默提出，可以用体型说解释身心健康与人格之间的关系，他把体型分为三种：矮胖型、瘦长型和强壮型。1925 年，英文版《体格与性格》一书出版，克雷奇默在这本书中详细阐述了体型与身体、心理健康以及人格特征之间的关系理论。

美国医生乔治·德雷珀（George Draper），来自纽约哥伦比亚－长老会医院，他就曾把体型说作为理论依据，探讨心理因素与身体健康的关系。德雷珀指出，如果要了解一个人，需要从四个方面进行认识——体型、身体机能、心理素质和免疫机制——这也是构成人格特征的四个要素，它决定个体行为以及应对环境压力的方式。

威廉·谢尔顿从医学和心理学角度重新定义体型与人格的关系。他概括出三种主要体型特征，每种体型的人都具有独特的人格特征。肥胖体型的人性格外向；强壮型的人性格也外向，体格健壮且具有竞争性；体型偏瘦的人身材显得高挑，性格内向，经常压抑自己的感受，具有艺术家的风范。尽管体型说没有赢得科学家的青睐，但是在有些文化传统中，依然有体型说的影子，例如人们常说的"胖子欢乐多"。（苏得权 译）■

发生认识论

让·皮亚杰（Jean Piaget，1896—1980）

图片中的孩子来自位于阿拉斯加海岸的普里比洛夫群岛，根据皮亚杰的发生认识论观点，儿童认知发展是由遗传和成长经历共同决定的。

青春期（1904 年），控制论（1943 年），认知研究中心（1960 年）

1926 年

皮亚杰是瑞士的生物学家和哲学家，尽管不是科班出身的心理学家，但是，他在儿童认知心理发展研究领域做出了突出贡献。皮亚杰堪称科学天才，他 11 岁的时候就发表了自己的第一篇科研论文—— 一项关于软体动物的研究。二十多岁的时候，他开始研究儿童思维的发展。20 世纪 50 年代，皮亚杰发表了数目可观的研究成果，随之在北美地区声名鹊起。可以说，美国心理学从行为主义到认知心理学的转向在很大程度上得益于皮亚杰的研究。

皮亚杰认为，逻辑推理是人类认知的最高体现。于是，他开始研究人类的推理能力是如何发展起来的。为了弄清楚这一问题，他做了一个长期的纵向研究，把儿童作为调查的对象，探索儿童是从何时、通过何种方式获得认知能力的。随着个体的成长，儿童能够解决越来越多的问题，解决问题的速度也有很大程度的提高。并且，不同年龄阶段的孩子，他们的认知能力发展速度也会有差异。皮亚杰把儿童的认知发展分为四个阶段：感觉运动阶段、前运算阶段、具体运算阶段和形式运算阶段。处于不同认知阶段的儿童，他们思考和解决问题的方式也会有差异。只有在形式运算阶段，儿童才能完成抽象逻辑思维。他还发现，虽然儿童认知发展阶段的顺序不变，但认知发展水平却具有个体差异。

根据皮亚杰的观点，儿童认知发展一方面是个体生物因素导致的，另一方面也是儿童积累实践经验的过程，也可称为"渐次生成"。皮亚杰把儿童认知发展过程称为发生认识论，该理论详细地阐述了个体获得知识的过程。虽然存在诸多文化差异，但是皮亚杰有关儿童认知发展的概念还是得到了广泛证实，显示出顽强的生命力。（苏得权 译）■

成长研究

哈罗德·琼斯（Harold E. Jones, 1894—1960）
简·麦克法兰（Jean W. Macfarlane, 1894—1989）
玛丽·科弗·琼斯（Mary Cover Jones, 1896—1987）
南希·贝利（Nancy Bayley, 1899—1994）

1942 年，美国政府下令收容大约 12 万生活在美国西海岸日裔美国人，图中是日裔美国孩子在加州的拜伦等待送他们去收容所的巴士。

 婴儿传记（1877 年），青春期（1904 年），生命的季节（1978 年），生态系统理论（1979 年）

1927 年

两次世界大战间歇，一大批科学家和爱国志士满怀热情，愿尽自己所长为建设国家出一份力。当时，儿童发展问题引起了一些慈善家的广泛关注。在充足资金的支持下，北美国家的儿童发展研究机构如雨后春笋般建立起来了。自 1927 年起，加州大学伯克利分校的人类发展学院启动了一些重大科研项目。

简·麦克法兰是一位心理学家，也是项目研究的领头人，她考察了父母教养方式对孩子成长的影响，如学业表现等。参加调查研究的学生及家长分为实验组和控制组，实验组的家长对孩子的管理面面俱到，从学习到人际交往，都会给出明确的指示；控制组的家长管理相对宽松，家长不会刻意要求孩子要做什么、不要做什么。简·麦克法兰想通过两组对比，寻找家庭教养方式影响儿童人格发展的机制。

伯克利大学的成长研究由心理学家南希·贝利负责指导，她们的研究小组选取了 74 个幼儿，对他们进行了长达 40 年的跟踪研究，观察他们从幼儿到成年心理和身体的发展变化。基于这些研究，贝利编制了幼儿发展问卷，用来寻找个体发展过程中身体和心理之间的关系，至今仍在广泛使用。

奥克兰地区的成长研究是在原来的未成年人成长研究基础上发展起来的，哈罗德·琼斯夫妇是项目的负责人，琼斯是一位医生，他的妻子玛丽·科弗·琼斯是心理学者。1931 年前后，他们一直跟踪调查的未成年人也相继成年，多年的研究积累为评估个体生理和心理发展提供了第一手资料。他们的研究发现，男性未成年人的生理与心理发展表现出较高的相关性。生理发育迟缓的男性，其心理发育水平也会落后于同龄人，但到了成年早期，他们可以达到正常同龄人的心理发展水平。

以上这些研究均是大样本的纵向研究。研究者通过长期跟踪，可以系统地收集到个体成长过程中遇到的问题，以及他们如何解决问题等信息，基于这些数据的研究结果有较高的生态学效度。（苏得权 译）■

霍桑效应

埃尔顿·梅奥（Elton Mayo，1880—1949）

1942—1943 年，美国战时生产委员会应急管理办公室发布的海报，鼓励工人为提高军工生产效率献计献策。

心理技术学（1903 年），儿女一箩筐（1924 年）

1927 年

两次世界大战之间的和平时期，心理学开始在工业生产领域崭露头角。当时的劳动力市场激烈动荡，许多行业需要心理学工作者帮助管理工人，霍桑工厂也是其中之一。它位于现在伊利诺斯州的西塞罗，工业心理学的重大研究成果大多出自这里。霍桑工厂隶属美国西部电气公司，或许称得上是当时技术创新的典范。

一项关于人力资源管理研究的实验场地也选在了霍桑工厂，这次的研究发现就是后来为人熟知的霍桑效应。西方电力公司的管理层为了提高工人的生产效率，决定把霍桑工厂作为试点，提高实验组工人车间的照明，其他车间的照明条件维持不变，作为对照。三年过去了，公司邀请心理学家埃尔顿·梅奥评估车间照明条件对生产效率的影响，结果发现，实验组和对照组工人的生产效率都明显提高了。他认为，实验组和对照组的工人均得到了管理者的更多关注，从而导致生产积极性和生产效率的提高。这就是人们所说的霍桑效应。

梅奥继续在霍桑工厂开展实验，为了检验工作条件（如增加休息时间，减少工作时间）对生产效率的影响，他选择继电器装配车间的六名女工作为研究对象，让她们挑选合作者，要求她们共同完成一项工作。结果发现，这些工人的工作效率都有了显著提高，即使是独自完成装配工作，她们仍保持着较高的工作效率。通过访谈，梅奥发现他人的关注才是提高工人生产效率的主要原因。美国西部电气公司开始重新设计生产流程，让工人能够齐心协力地完成生产任务，其他一些生产行业也纷纷效仿他们的这种生产流程。心理学在生产行业中的应用催生了一门新兴的职业——人力资源管理顾问。（苏得权 译）■

小白鼠的心理学
（新行为主义）

卡拉克·霍尔（Clark Hull，1884—1952）
爱德华·托尔曼（Edward Chase Tolman，1886—1959）

一只来自美国威斯达研究所的小白鼠——这是首批用于实验室研究的纯系品种。挪威白鼠很快成为心理学家们的新宠。

 经典条件反射（1903 年），行为主义（1913 年），操作条件反射装置（1930 年），教学机器（1954 年）

1929 年

在实验室里，研究者可以控制小型啮齿动物（如挪威鼠）的行为，这成为两次世界大战之间和平时期美国心理学界的主流研究方法。根据达尔文的进化论思想，物种进化具有连续性。小白鼠有 98% 的基因与人类是相同的，心理学者认为，人类可以通过研究小白鼠的行为来认识自己。例如，在实验室里，研究者可以改变学习行为发生的条件，寻找学习行为的规律。行为方法在科学心理学研究中占主导地位。有一位心理学史家就称，心理学是"行为的王国"。1913 年，心理学家华生宣称："在行为主义心理学者眼里，心理学是一门纯粹的实验科学，属于自然科学的一个分支学科。心理学的理论目标是实现行为的预测和控制。"

新行为主义是经典行为主义的继承和发展，卡拉克·霍尔和爱德华·托尔曼是新行为主义的代表人物。1929 年，霍尔晋升为耶鲁大学教授，还获得过美国的巴甫洛夫的美誉，"只不过他把大学生作为研究对象，而不是狗。"他采用巴甫洛夫的条件反射模型研究酒精依赖、精神病、未成年人犯罪和暴力行为。他指导学生运用条件反射原理和精神分析理论来研究挫折和攻击行为的关系，为解决工人斗争和种族冲突等问题提供了理论支持。

加利福尼亚大学伯克利分校坐落在美国西海岸，在那里，另一位新行为主义心理学家托尔曼开始反驳霍尔的观点。托尔曼认为，学习行为不是简单的条件反射的连接，它可以分解为独立的动作。例如，在不使用强化的情况下，小鼠也能学习走迷宫。经过多次训练之后，实验者在迷宫中放置食物，小鼠能够迅速找到食物，托尔曼称这种学习为潜伏学习。托尔曼解释说，潜伏学习与他提出的目标导向学习理论是一致的。（苏得权 译）■

操作行为箱——也称为"斯金纳箱"——是好几代行为主义心理学者实验室研究的标准配置。

操作条件反射
（斯金纳箱）
B. F. 斯金纳（B. F. Skinner, 1904—1990）

经典条件反射（1903 年），行为主义（1913 年），教学机器（1954 年），代币经济（1961 年）

1930 年

　　常言道，重金之下必有勇夫，可见，人类的行为是由奖赏诱发的。斯金纳发现了这个规律，并制造了一种装置，可以验证这种奖赏机制的存在。为了弄清楚奖赏与行为之间的关系，斯金纳终日与小白鼠和鸽子为伴，他试图通过严格的实验室实验解决这一问题。他把奖赏与行为之间的关系称为操作性条件作用，以操作性条件反射为核心的心理学思想被称为激进行为主义心理学。（所谓操作是指有机体自身发出的反应作用于环境，产生行为结果。）斯金纳认为，操作性行为产生的结果对行为本身具有强化或惩罚效果，这种机制无处不在。

　　斯金纳还是科学发明家，他在小时候就曾制作出一些机械装置，这些小玩意甚至可以做家务。1928 年，斯金纳到哈佛大学攻读研究生，并立志当一名作家。后来，他发现自己对人的行为了解太少，根本无法完成文学创作，随即转向自己感兴趣的行为研究。1930 年，他在做小鼠的觅食行为实验时，开始设计操作行为反应箱，也就是广为人知的斯金纳箱。经过近十年的改进和完善，斯金纳箱可以用来完成操作条件反射的实验。箱内安装有杠杆，当小鼠按压杠杆时，就会有食物落入箱内的盘子里，箱体上安装的计数器能够记下按压杠杆的次数。为了能研究鸽子的操作行为，斯金纳把杠杆换成了啄键，并把接食物的盘子换成食槽，鸽子啄动按键时就会有食物落到食槽里。这样一来，实验者就可以精确地预测和控制操作行为。直到 20 世纪 60 年代，斯金纳才开始将操作条件原理应用到实际生产生活情境中。例如，老师可以通过适当的惩罚来管教不守纪律的学生，也可以用来帮助人们减肥、减少犯罪、帮助矫正问题行为等。（苏得权 译）■

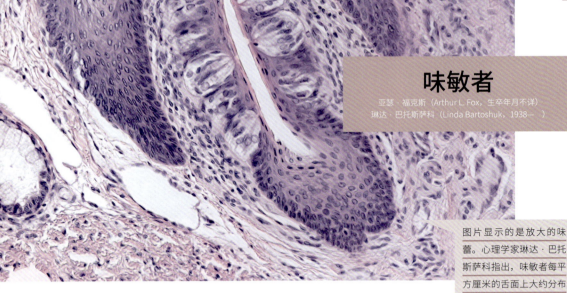

味敏者

亚瑟·福克斯（Arthur L. Fox，生卒年月不详）
琳达·巴托斯萨科（Linda Bartoshuk，1938—）

图片显示的是放大的味蕾。心理学家琳达·巴托斯萨科指出，味敏者每平方厘米的舌面上大约分布着 1 100 个味蕾，而味觉迟钝者只有 11 个。

↻ 感觉生理学（1867 年）

　　根据分辨味觉能力不同，可以将人分为味觉敏感者，中度味觉者和味觉迟钝者。味觉敏感者和味觉迟钝者大约各占四分之一，还有一半的人属于味觉适度者。20 世纪 30 年代，杜邦公司的一名化验师亚瑟·福克斯在合成一种新的化学药剂苯硫脲的过程中，偶然发现味觉分辨能力的个体差异。他不小心把少量的苯硫脲泄漏到空气中，其中有一位同事就开始抱怨空气中充满了苦味，但福克斯一点也没有闻出来。之后，在一次课题会上，福克斯把苯硫脲晶体分发给在场的每一个人，其中有四分之一的人闻不到什么味道，其他人都报告说这个东西闻起来有点苦。

　　20 世纪 70 年代，味觉研究取得了突破性进展。心理学家琳达·巴托斯萨科做过一项关于味觉和嗅觉与身体健康关系的研究，她提出味敏者概念代指味觉神经密度高的人——味敏者舌部每平方厘米大约分布着 1 100 个味蕾。相比之下，那些味觉迟钝者味蕾密度只有 18 个 / 平方厘米。由于每一个味觉神经会同时向大脑传递两个信号，一个是味觉信号，另一个是痛觉、温度和触觉信号，这些信号会影响人们感知味觉的敏感性。巴托斯萨科还发现了灼口症，患者感觉到口腔黏膜有灼痛感，但没有明显的病理性异常，常见于中老年妇女。

　　也许我们希望自己是一个味觉敏感的人，这样就可以尽享天下美味了。其实并不尽然，研究表明，味敏者会感到酒喝起来发涩，会因为冰激凌太甜而感到油腻，也会因为咖啡太苦而无法下咽。（苏得权 译）■

记忆与遗忘

弗雷德里克·巴特利特（Frederic C. Bartlett, 1886—1969）

1916 年，美国种族音乐学家弗朗西斯（Frances Denmore, 1867—1957）正在用美国人类文化局的一台留声机为黑足族酋长录音。这种录音设备记录下的内容要比人类记忆精确得多，可靠得多。人类记忆是对过去经历的重构，随着时间的流逝，记忆逐渐被熟悉的文化内容替换掉。

 鸡尾酒会效应（1953 年），记忆加工层次模型（1972 年）

1932 年

记忆和遗忘是怎么发生的，记忆是由什么构成的？英国心理学家弗雷德里克·巴特利特最早对这些问题进行了实质性的研究。他发现，个体对既往事件的记忆是自己建构起来的，而不是简单地保存和再现。记忆的心理重构是在一定社会文化环境中完成的，所以，个体所处的文化环境对记忆的形成有着重要作用。

1932 年，巴特利特开始尝试运用自然科学的方法设计实验，研究记忆问题。他要求被测试者阅读一个故事，这个故事是一个美国印第安人的传说，名叫"幽灵之战"，故事中有许多超能力的情节，英国人并不熟悉这些。然后，他让被测试者在不同的场合一遍一遍地回忆这个故事。结果发现，这些人只能记住故事梗概，无法回忆出细节，更记不起故事原文。并且，他们讲述这个故事的过程中，加入了越来越多熟悉的内容来描述印第安人的超能力。

巴特利特认为，回忆实质上是记忆的重构。记忆重构遵循一些基本原则，如记忆内容会被以往的经验所替代。根据巴特利特的观点，记忆是分级储存的，意义重大的图式（虽然并不怎么喜欢这个词语，但他还是用它代指意义重大的过去经验或模式）把零碎的经验组织起来，形成一个整体。最高层次的记忆编码故事的要点，它决定着第二层次记忆系统提供的故事细节。巴特利特革新了记忆研究方法。他认为，早期记忆实验使用无意义音节作为刺激材料（如艾宾浩斯记忆研究），这种研究方法是脱离实际的，采用日常生活中的故事和情境作为材料，用回忆和再现的手段考查记忆过程才能找到记忆的规律。（苏得权 译）■

玛瑞萨镇研究

玛丽·亚霍达（Marie Jahoda，1907—2001）

这是占领华尔街运动中的一个标语，或许可以回答 20 世纪 30 年代玛丽·亚霍达的问题：失业是否会导致无产阶级的革命意识？

 [B=f（P，E）] ＝生活空间（1936 年），权威人格（1950 年）

1933 年

　　20 世纪 30 年代初期，维也纳大学的一位博士研究生带着科研小组亲赴奥地利的玛瑞萨小镇，考察当地的失业状况和失业者的心理状态。带队的就是玛丽·亚霍达，当时她还是一位在读的博士生，同时也是一位红色维也纳盛行时期激进的社会民主主义者，具有强烈的革命意识。她在玛瑞萨镇的研究具有明确的政治目的——失业是否导致无产阶级的革命意识。

　　科研小组采用多种方法评估失业给个人、家庭和社会带来的影响。他们为玛瑞萨小镇上 478 个家庭做了详细的调查记录，了解当地失业工人的生活经历；通过问卷调查、收集学生的随笔等方式考察失业者的心理状况；从合作社了解当地人的经济状况，通过公共图书馆了解到当地人借阅图书的情况，以及当地的人口学数据等信息。这些研究者还发起了福民工程，采集到的信息成为研究的第一手资料。

　　1933 年，亚霍达研究团队出版了研究专著《马瑞萨镇的失业者》，报告了调查结果。她们发现，马瑞萨镇的无产阶级失业之后并没有萌发革命意识，只会表现出麻木和顺从，这一结果不符合原来的研究假设。1934 年，纳粹正在肃清红色维也纳组织，这本犹太人的专著一经发行就成了禁书，亚霍达也因她的政治信念被捕入狱，直到她接受被驱逐出境的处罚之后才被释放。之后，她便移民到美国，积极参与社会活动。在纽约生活的日子里，她还钻研了反犹太主义、群际关系、权威人格以及心理健康等问题。

　　四十年后，英文版的马瑞萨镇研究专著《马瑞萨：失业社区的社会学描述》出版了，这本书被认为是研究失业人群的不朽之作。（苏得权 译）■

原型

卡尔 · 荣格（Carl Gustav Jung, 1875—1961）

卡尔 · 安德森（Carl Andersson）创作于 1912 年的"淘气精灵"青铜雕塑，这个源于英国民间传说的形象很好地表现了荣格理论中的骗子原型。

 荣格心理学（1913 年），千面英雄（1949 年）

荣格从宗教、神话、东方哲学、人类学、心理学和民间风俗中汲取营养，提出了原型说，并在此基础上建立了一个复杂的心理学理论体系。弗洛伊德认为，个体心理是无意识的；荣格则提出了集体潜意识的概念，集体潜意识是人类在历史演化过程中的集体经验，个体通过遗传的方式获得集体潜意识。集体潜意识是一种重要的心理机能，它负责指导个体的行为和生活方式。1934 年，荣格在《荣格文集》第九卷中讨论了集体潜意识和原型的关系。他写道，原型是心理经验的先在决定因素，它促使个体按照集体潜意识中已有的方式进行活动，具有多种表现形式。荣格虽然没有给出确切的原型数目，但他提到一些重要的原型，如原始母亲、圣贤、骗子和英雄等。这些原型能够世代相传，虽然它们会随文化和时代的变迁而发生变化，但是每一种文化中都有属于自己的心理原型。荣格认为，宗教、神话和传说都有其真实的成分，这些真实的内容就源于原型。

荣格认为，人类的心理也是有原型的。人格面具（社会角色）、阿尼姆斯 / 阿尼玛（男性气质 / 女性气质）、阴影、自我和自性是个体心理的主要原型，每一个人心理原型的表现各不相同，构成了千姿百态的心理世界。自我是人类意识的核心，它为意识提供一种连续感。自性是人格的深层结构，它是连接意识和潜意识的纽带，它把别的原型都吸引到它的周围，使它们处于一种和谐状态。阴影代表心理被压抑和不被接受的成分。对于荣格而言，个体心理发展就是一个个性化的过程，个性化对于中年人来说十分重要，但问题是自我与自性是如何整合在一起，从而完成心理的完整和自主性的呢？可以说，心理成长是一场没有终点的旅程。

（苏得权 译）■

1934 年

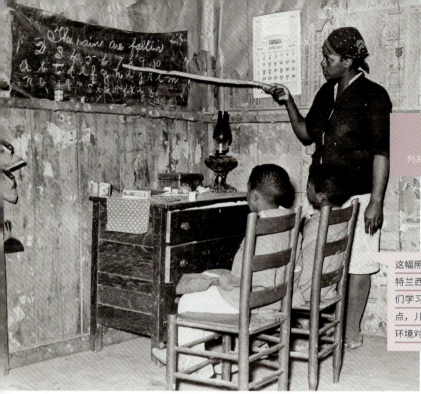

最近发展区

列夫·维果斯基（Lev Vygotsky，1896—1934）

这幅照片拍摄于 1939 年美国路易斯安那州的特兰西瓦尼亚，一位母亲在自己家里教孩子们学习数字和英文字母。根据维果斯基的观点，儿童成长过程中所处的社会文化和历史环境对他们心理机能的发展至关重要。

幼儿园（1840 年），机能主义心理学（1896 年），儿童之家（1907 年）

1934 年

　　十月革命以后，布尔什维克掌握了政权，在此之后的十年间，苏联的心理学走上了唯物主义科学发展道路。1924 年，年轻有为的律师维果斯基回到莫斯科，开始从事心理学研究。他提出要从多层面多角度探索人类心理，在儿童心理发展研究方面，开创了文化–历史学派。他在去世前两年，提出了最近发展区的概念。

　　维果斯基在他的研究中一直强调，儿童成长所处的社会文化和历史环境对他们的心理发展至关重要。他和他的同事、学生们提出了一种振奋人心的研究范式，可以应用到记忆和注意力研究、大脑损伤对认知发展的影响、言语思维、实践智力、少数民族的跨文化研究等领域。并且，他们十分重视研究成果在儿童教育实践中的应用。

　　维果斯基指出，教育工作者不但要关注孩子目前的心理发展水平，而且还要考虑他们可能的发展水平，这两者之间的差距就称为最近发展区。老师和家长应该着眼于学生的最近发展区。从这个意义上讲，智力的发展也是社会过程。据此，维果斯基想要指出的是，高水平的心理加工有其社会和文化的起源。

　　天妒英才，维果斯基在 38 岁的时候因患肺痨去世了，当时，他还正在完善自己的社会文化发展理论。维果斯基去世之后，文化–历史学派学者们继续推行他的研究范式。20 世纪 80 年代，美国心理学家芭芭拉·罗戈夫（Barbara Rogoff）对维果斯基的理论进行了拓展，用来向人们阐释学习的文化蕴含。（苏得权 译）■

主题统觉测验（TAT）

亨利·默里（Henry Murray, 1893—1988）
克里斯蒂安娜·摩根（Christiana Morgan, 1897—1967）

投射测验（1921 年），明尼苏达多项人格测验（1940 年）

这幅插图来自 1919 年出版的《百科全书》，第十七卷上的内容。这些插图可以帮助孩子提高看图说话的能力，如果要求他们根据图画的内容编一个故事，可能每个孩子编出的故事都不一样，这些故事反映出了孩子们内心的渴望。

我们是否能够从不经意的交流中洞悉自己的内心，了解对方的心理？许多人格心理学家对此做出肯定回答，因为人们每天都在说故事。亨利·默里和克里斯蒂安娜·摩根是精神分析学派的心理学家，他们一致认为，潜意识是个体行为和人格构成的动力因素，并根据心理动力学原理提出了叙事方法，用来了解人内心深处的潜意识。他们共同编制出了一套主题统觉测验（Thematic Apperception Test，TAT），于 1935 年首次出版。一位哈佛大学心理诊所的医生和摩根闲聊的时候提到一件事，医生说有一次儿子病了，她就让儿子看着杂志上的图画讲一个故事。这位医生能从孩子讲的故事里看出他对疾病的焦虑和恢复健康的期望。摩根听完很受启发，她立即意识到这种方法的妙处，并选择一些杂志上的图片，亲手绘制到卡片上。摩根和默里发现，在测验的时候，虽然测试者告诉被测试者要看图编故事，如"图画里的人在做什么""接下来会发生什么"等；但大多数情况下，被测试者表达的是自己内心的需要和想法。所以，他们把这种方法称为主题统觉测验。主题统觉测验在多年临床应用过程中逐渐得到修订，他们把这些案例研究报告整理出来，出版《人格的探索》（1938 年）一书，成为后来临床应用的重要参考。

关于摩根和默里两个人的合作还有一段轶事。他们二人是在纽约的一次联谊会上认识的，那个时候，默里还是一位医生，他对心理学一无所知，并且两个人都已经结婚；然而，他们俩却十分有默契，一起工作直至摩根去世。二人合作期间，摩根很有耐心向默里传授心理学知识，最终，默里亦成为 20 世纪心理测验研究领域的权威人士。（苏得权 译）■

这幅画是比利时西部弗兰德地区的画家简·桑德斯·梵·汉梅森（Jan Sanders van Hemessen）1555年的作品，画中描绘的是外科医生做手术的场景。

 疯人院（1357 年），电休克疗法（1938 年）

1935 年

贝基和露西两个小家伙经常打架。贝基会向露西扔食物，冲露西发脾气，如果贝基感到自己吃亏了，还会直接用嘴咬露西。这两个小家伙太不让人省心了。后来，贝基接受了一次额叶切除手术，情况才有所好转。然而，她的行为却发生了很大变化，她的外科医生说，贝基一下子变得十分温顺。贝基和露西是两只黑猩猩。

1935 年，国际神经病学代表大会在伦敦召开，耶鲁大学心理学家卡莱尔·雅各布森（Carlyle Jacobsen）在会上报告了贝基的案例。在场的葡萄牙著名神经外科医生埃加斯·莫尼兹，他和其他与会代表都看到了这种外科手术未来的应用前景。1935 年 12 月，莫尼兹做了第一个前额叶切除手术，之后不到三个月的时间里，他连续为 20 例严重精神病患者做了前额叶切除手术。据称，70% 的患者接受手术之后，精神状态得到改善。

有关莫尼兹用新方法治疗精神类疾病的报道不胫而走。截至 1949 年，美国每年大概有 5 000 例患者接受了这种神经外科手术，后来被称为脑白质切除法。1936—1970 年，神经病学家沃尔特·弗里曼（Walter Freeman）也做了 3 500 例脑白质切除手术。弗里曼和詹姆斯·瓦特（James Watts）是前额叶白质切除术治疗领域的老前辈，他们在实施手术时，首先在病人的颅骨两侧各钻一个小孔，然后把脑白质切断器从洞口深入到前额叶，切断病患部位的神经纤维。后来，弗里曼改进了手术方法，在他的手术中，需要一个类似冰锥的锥子和一个榔头，病人接受电击进入麻醉状态之后，医生将锥子经由眼窝上部插入脑内，破坏相应的神经。临床上有多例儿童患者接受了冰锥前额叶白质切除手术，其中包括一名四岁的小患者。

虽然弗里曼一直积极主张使用神经外科手术治疗精神疾病，但是这种神经外科手术的精度低，手术效果无法预测，随着一些安全性高、疗效好的神经药物的出现，前额叶白质切除术逐渐没落了。然而，20 世纪 70 年代尼克松执政期间，政府曾一度推行前额叶白质切除术，用来控制意见相左的政客。（苏得权 译）■

心理生活空间

玛莎·穆霍（Martha Muchow，1892—1933）

1999 年古巴的哈瓦那，一群孩子在玩棒子球游戏（孩子们在街头巷尾玩的一种游戏，类似棒球）。玛莎·穆霍关注城市儿童所感知的环境对其心理发展的影响，她是最早从事这方面研究的心理学家之一。

 格式塔心理学（1912 年），[B＝f(P,E)]＝生活空间（1936 年），生态系统理论（1979 年）

玛莎·穆霍是最先研究环境与儿童心理发展关系的德国心理学家之一。在她去世两年之后，《城市儿童的生活空间》（1935 年）出版了，这本书主要阐述了儿童所感知到的直接环境能够引导他们的行为，并且指出，一个温馨，并且让他们感觉能够掌控的环境是孩子健康成长的基本条件。

穆霍有着不同寻常的人生经历和卓越的专业修养。她深受进步主义幼儿园运动奠基人弗里德里希·福禄培尔和玛利亚·蒙台梭利教育哲学思想的影响，并于 1913 年走上了教师的工作岗位。1916 年，穆霍协助心理学威廉·斯登（William Stern）从事天才儿童的研究，1919 年，她正式进入德国汉堡大学，继续跟随威廉·斯登攻读博士学位。1923 年，她以优异的成绩获得了博士学位。毕业之后，她开始接触儿童和青少年问题的研究，尝试去阐释城市里的孩子面临困难时的心理，例如患肺结核。

20 世纪 20 年代，穆霍的生活空间理论逐渐成熟。德国生物学家魏克·斯库尔（Jakob von Uexküll）有一本著作专门讨论了生活空间，他所谓的生活空间是指动物在特定环境中的行为。在魏克·斯库尔观点的影响下，穆霍提出，人的行为也是特定文化环境的行为，社会文化影响个体心理发展状况。同时，她又强调，儿童所感知到的环境和现实的物理环境可能有所不同。

穆霍密切关注在城市环境中成长起来儿童，他们在如此复杂的环境下是如何获得掌控与归属的感觉体验的？她采用问卷调查、访谈、制图、时间样本等方法，收集和分析多种情境下物理环境的观察数据，力争还原复杂的社会文化环境。她认为，这种综合的研究方法可以帮助研究者了解每一个孩子的生活空间。

穆霍的研究逐渐开创了一个新的心理学研究领域。但是，他们的研究团队不久就被纳粹解散了，穆霍也选择结束自己的生命。她去世之后，一些心理学家继承了她的思想，继续开展这个领域的研究工作。其中的主要代表人物有库尔特·勒温（Kurt Lewin），罗杰·巴克（Roger Barker）和比阿特雷斯·莱特（Beatrice Wright）等，他们在穆霍的研究基础上建立了生态心理学，现在是一个受人瞩目的心理学分支。（苏得权 译）■

1935 年

防御机制

安娜·弗洛伊德（Anna Freud，1895—1982）

精神分析（1899 年），性心理发展（1905 年）

自从 1939 年父亲去世之后，安娜·弗洛伊德（中）拿出她的大部分时间在美国做演讲。

1936 年

安娜·弗洛伊德是西格蒙德·弗洛伊德和玛莎·伯奈斯的第六个，也是最小的一个孩子。她也是唯一继承父亲衣钵，从事精神分析研究的孩子。1918—1922 年，安娜一直接受父亲的精神分析训练，这帮助她形成了自己的儿童精神分析的思想体系。

作为心理分析领域的学者，安娜十分关注自我意识发展的研究。根据西格蒙德·弗洛伊德的观点，人在刚生下来的时候只有本我（伊底），在伊底的驱使作用下，个体寻求饥饿和性等基本需要的满足。随着个体发展，人格结构中出现了自我的成分，它负责协调本我需求与现实世界之间的冲突。在俄狄浦斯情节解除之后，超我就出现了，它是人格结构中最具道德的成分，代表着善恶观念，按照至善的观念行事。

健康的人格是指本我、自我和超我之间保持一种平衡状态，要求自我能够协调本我和超我之间的冲突。超我抑制本我需求的满足而产生焦虑，个体在解决本我与超我之间的冲突时产生了防御机制。虽然弗洛伊德曾再三提到自我防御机制，但是他从来没有详细地阐述过这个概念。安娜在《自我防御机制》第二卷（1936 年）提出了八种防御机制，进一步完善了精神分析的理论体系。

安娜把这八种防御机制命名为：压抑、否定、转置、投射、合理化、反向作用、倒退和升华。压抑是把导致焦虑的想法或者经历由意识变成潜意识，处于潜意识中的观念会找到一种宣泄的方式，导致神经症。升华是把那些不被人接受的敌意或者性冲动转化为能够被人接受的内容表达出来。比如说，一个攻击性强的人可能成为医生，把他的攻击性行为通过手术宣泄出来。防御机制可以帮助我们维持本我需求和超我之间的平衡状态，也可能引起神经症以及无法高效地处理冲突。（苏得权 译）■

[B=f（P，E）]= 生活空间

库尔·特勒温（Kurt Lewin，1890—1947）

音乐会是团体动力学研究的极好情境。

格式塔心理学（1912 年），蔡加尼克效应（1927 年），心理生活空间（1935 年），从众行为和非从众行为（1951 年）

究竟如何研究人格和行为，是研究个体之间的差异，还是考察各种生活情境中的个体行为？勒温提出了一个行为公式：$B = f（P，E）$，这个公式表示行为（B）是个体（P）和环境（E）的函数（f）。在德国心理学家玛莎·穆霍的影响下，勒温于 1936 年发表了一篇文章，他在文章中指出，这个等式表述的就是生活空间。勒温是格式塔学派的代表人物之一，他习惯把部分放在它所在的整体中进行考察。他经常提到的一句话就是"实用是最好的理论"。

勒温一直是柏林大学心理研究所的研究员，直到 1933 年，因逃避纳粹势力的迫害迁往美国。在柏林工作期间，勒温和他的学生做了一些有意义的实验，其中就包括蔡加尼克记忆实验。当时，因为传统观念的影响，女性在社会上受到诸多限制。勒温收了许多女学生到自己的门下，帮助她们实现女性解放。

在康奈尔大学工作两年之后，勒温应聘到爱荷华儿童福利站工作，并开始了群体行为的社会心理学研究。他让孩子们在专制、民主和放任三种领导氛围下共同完成一项任务。结果发现，民主氛围下的工作效率最高。凭借他在社会心理学研究领域取得的成绩，1944 年，勒温受聘到麻省理工学院，组建了团体动力学研究中心。从此，他的群体行为研究有了新的突破。他提出了团体动力学理论，用来表示行为的真正决定力量。群体情境下领导风格研究还催生了会心团体（以解决问题为目标，结合在一起形成的小团体，团体成员可以通过彼此的分享，提高自我意识）。

勒温的研究成果——团体动力学理论，组织行为研究和社会公正研究——他希望通过这些心理学研究，让世界更加人性化。（苏得权 译）■

1936 年

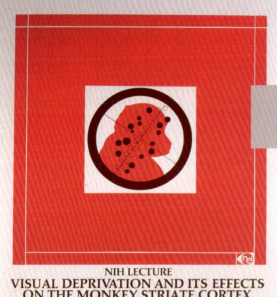

NIH LECTURE
VISUAL DEPRIVATION AND ITS EFFECTS
ON THE MONKEY STRIATE CORTEX
TORSTEN N. WIESEL, M.D.
ROBERT WINTHROP PROFESSOR OF NEUROBIOLOGY,
HARVARD MEDICAL SCHOOL
CLINICAL CENTER, JACK MASUR AUDITORIUM APRIL 9, 1975 8:15pm

感觉剥夺

唐纳德·O. 赫布（Donald O.Hebb，1904—1985）

1975 年，美国卫生研究所一场学术讲座的海报——"视觉剥夺及其对猴子纹状皮层的影响"。

 航天员心理选拔（1958 年）

1937 年

　　20 世纪 30 年代后期，加拿大心理学家唐纳德·O. 赫布开始研究剥夺光明和黑暗对哺乳动物幼崽所产生的影响。1937 年，他因之成为了蒙特利尔神经学研究所的一员。20 世纪 40 年代后期，其他科学家不再单纯控制光刺激，开始针对其他感觉的剥夺实验。许多这些最初的研究都在致力于理解，对于各种不同的生物体，它们早期的生活经验对大脑发展与机体行为产生了什么样的影响。

　　随后，在美苏冷战初期，美国的军政领导们开始担心被俘的美国士兵可能会被敌方洗脑。为了更好地理解洗脑现象，美国军方和情报部门提供了部分资金，资助针对人类的心理学研究，其中就包括感觉剥夺研究。他们希望这些研究能够解释像洗脑这类现象的心理过程，以了解一个正常的成年人是如何被诱导从而产生与其正常意识状态相反的信仰与行为的。

　　应美国与加拿大政府的要求，赫布及其同事与许多其他科学家们一道，努力探究了针对成年人的感觉剥夺及其带来的心理影响。这些研究通过不同形式的感觉剥夺或隔离，揭示了感觉和社会刺激对正常心理机能的重大影响。在研究中，测试者们的感觉以不同方式被隔离或剥夺。他们在感觉被剥夺期间和之后，心理机能都受到了出人意料的损伤。这些损伤包括精神错乱、妄想、思维迟钝、注意力涣散、智力和运动技能受损、幻觉、偏执、抱怨身体不适、时空感错乱及重度焦虑等。而且，许多测试者还会表现出社会功能受损，且这种受损在感觉被剥夺结束之后仍会继续。关于感觉剥夺的实验表明，人类非常需要丰富的感觉与社会刺激，如果缺少这些刺激，心理机能特别容易受到损伤。（彭惠妮 译）■

图灵机

阿兰·图灵（Alan Turing，1912—1954）

第二次世界大战期间，阿兰·图灵发明的美国海军版炸弹机，被英国密码学家用于破译德国密码机"谜-M4"的密文。

控制论（1943年），逻辑理论（1956年）

1937 年

英国数学家阿兰·图灵为现代数字计算的实现做出了重要的贡献。现代数字计算的实现不仅是人类最伟大的进步之一，也为后来的人工智能研究奠定了基础。1936 年，图灵在他的论文《论可计算数字》中提出了一种计算装置。这种装置能够识别可计算数字的范围，证明了任何可数字化的事物都能得到机器的运算，从而为现代数字计算机程序的基础——"计算"下了一个操作性定义。1937 年，图灵的这种假想机器被命名为图灵机。

第二次世界大战时期，图灵利用自己的数学才能，协助盟军破译德国军方的密码。他在早期理论工作的基础上创造了一种计算方法，并发明了一种被称为"炸弹机"的机器。这种计算方法是通过合并所有可能的数字-字母来组合出有意义的信息。图灵向人们展示了如何根据一套系统的规则来表达计算的概念。研究者玛格丽特·博登（Margaret Boden）在她的著作《心灵机器》（Mind as Machine，2006）中写道，这种操作的重大意义在于，说明抽象计算机如何能够以一种符合逻辑的形式进行表达，以及它们如何在所有可能建立的标准算术运算的基础上执行初步运算。

1950 年，图灵提出了一个疑问："机器能够思考吗？"他设计了一个实验，即著名的图灵测试，在这个实验中，人类扮演的判断者分别与一个人和一台机器进行"对话"；对话是通过键盘进行的，所有的参与者们都看不到对方。如果人类判断者不能辨别出人类与机器反应的差别，那么机器就通过了测试。虽然这只是一个实验，但是图灵测试对人工智能的后续发展具有重要的作用。（彭惠妮 译）■

埃姆斯屋

小阿德尔贝特·埃姆斯（Adelbert Ames Jr.，1880—1955）

2013 年 8 月 13 日，位于柏林的阿德列尔肖夫科学馆，卡特琳·克林根贝格（Katrin Klingenberg）和沙卡·克勒（Sascha Koehler）正在节目"感觉的漫游"装置中展示埃姆斯屋错觉。

感官生理学（1867 年），实验心理学（1874 年），视觉悬崖（1960 年）

1938 年

1938 年，小阿德尔贝特·埃姆斯设计了一个独特的房间，来阐述事务型功能主义的原理。事务型功能主义认为，视知觉是视觉刺激、观察者过去的经验、对当前感知世界的假设三者整合在一起的功能。

埃姆斯曾受到哈佛大学心理学家威廉·詹姆斯（William James）的影响。还在巴黎生活时，他就开始对视觉光学感兴趣，并将其作为他研究的主要领域。埃姆斯的这些研究为我们理解视觉的生理和心理机制做出了重要贡献。

第一次世界大战后，埃姆斯来到新罕布什尔州的达特茅斯学院工作，在那里协助创建后来的达特茅斯大学眼科研究所，进行双眼知觉研究，在旋转隐斜（视物时眼睛转向与所视目标相反的方向）、两眼物像不等症（图像在两眼视网膜上放大程度不一）等视觉问题上做出了重大发现。

也许正是由于他研究过两眼物像不等症，他专门创建了埃姆斯屋，来证明他关于视觉的事务性功能主义。埃姆斯屋是一个非矩形的梯形空间，房间里的地板和天花板向一端倾斜，面对观察者的墙一端比另一端要高。通过特制的窥视孔往里看时，房间看起来像一个正常的矩形的房间；然而，一旦有观察对象被置于房间中，就会诱发知觉歪曲，站在房间一端的人或物，看起来不可思议地比房间另一端的人或物要大得多。

埃姆斯屋和其他实验演示形象地描述了经验和期望在我们感知世界的过程中所起的作用。（罗伟升 译）■

电休克疗法

乌戈·克勒蒂（Ugo Cerletti，1877—1963）

1985 年，美国精神卫生研究所关于电休克疗法会议的一则海报广告。从 20 世纪 30 年代开始，电休克疗法一直在道德和实用性上受到质疑。

精神外科（1935 年），抗抑郁药物（1957 年）

1938 年

20 世纪 30 年代，精神病学家和神经病学家开发了新的物理疗法来治疗严重的精神疾病患者。这些治疗方法包括精神外科疗法、强心剂痉挛疗法、胰岛素休克疗法以及电击疗法（现在称为电休克疗法）。这些疗法对患者的大脑和身体进行强烈干预，取得了不同程度的效果，但实际上人们并不理解它们是如何起作用的。

1901 年，精神病学家乌戈·克勒蒂在获得医学学位之后，进入意大利一家精神病机构工作。1935 年，他成为了罗马大学神经与精神疾病诊所的所长。那个时代，在精神分裂症患者身上使用药物诱发痉挛的做法已经得到广泛确认，但克勒蒂认为，与药物相比，通过电击引发病人发生痉挛更为直接、有效。他建立了一种理论，认为痉挛会令身体产生一种物质，从而减轻病人的症状，并使病人变得更加强壮。他在各种动物身上进行了多年的电击研究，但从未在人身上试验过。

1938 年 4 月，一位 39 岁的工程师在大街上喃喃自语、神志不清，罗马警察将他带给克勒蒂进行治疗。克勒蒂对之采取了电休克疗法，通过反复试验，克勒蒂掌握了引起抽搐的正确电压。在短暂的昏迷之后，工程师恢复了意识，且表示感觉良好。接受一个月治疗后，这位工程师被送回家，据说情况得到了很大的改善。电休克疗法在全世界得以迅速传播，其设计也越来越精良。

当然，电休克疗法也有一定的副作用。现在，只有对那些其他疗法都不奏效的重度抑郁或躁狂病人，才会使用电休克疗法。已经有很多报道，电休克治疗后失忆的情况十分常见，且病情复发的概率也高达 50%。（罗伟升 译）■

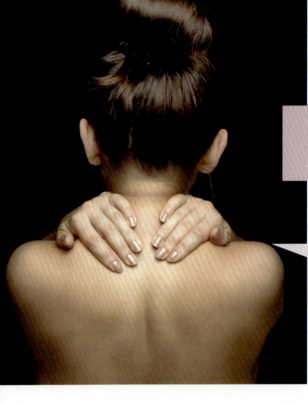

心身医学

弗朗兹·亚历山大（Franz Alexander, 1891—1964）
海伦·邓巴（Helen Flanders Dunbar, 1902—1959）

当医生不能确定身体疾病的原因，如慢性背痛，他们可能会诊断病人患的是心身疾病，心理的压力转换为身体上的疼痛。

心理神经免疫学（1975年），健康的生物心理社会模式（1977年），身心医学（1993年）

1939年

19世纪中叶，铁路开始遍布欧洲，在火车旅行的途中却出现一种令人费解的疾病——"铁路症候群"。旅客们反映感到不同程度的不适，但医生却无法在他们身体中找到病因。一种解释认为这些都是功能性障碍，之所以这样命名，是因为这样不适不是由生理因素而是心理因素造成。

20世纪初，西格蒙德·弗洛伊德用潜意识的理论来解释这些功能障碍，并将称其为转换性障碍。根据弗洛伊德的理论，当心理（潜意识）内容（形象、冲突和欲望）与反映社会习俗的自我不平衡时，心理的压力就会转换成身体的疾病。结果，与心理内容相关的情感被压抑，不能再被人们意识到。与情感相关的能量被转换成身体的功能紊乱，它反映了那些不被接受的心理内容，从而部分地解决了原始的心理冲突。弗洛伊德称之为"从精神到肉体"。

世界大战期间，关于心身疾病的理论传播到美国。回顾海伦·邓巴的大量文献，其中《情绪和身体变化》（1935年）将心身疾病描述为"处理常态与病态的情感生活和身体之间的相互关系"。匈牙利精神分析学家弗朗兹·亚历山大是心身疾病领域的活跃分子。亚历山大认为，在治疗消化性溃疡、甲状腺机能亢进、胃肠疾病、冠心病时，将生理因素和心理因素都纳入考虑是非常有必要的。1939年，海伦·邓巴创办了《心身医学》杂志，成为心身医学领域的权威。

在接下来的很多年里，心身医学被认为是主流的一部分，后来才逐渐淡去。无论如何，心身医学的研究，对诞生于20世纪的健康心理学提供了重大帮助。（罗伟升 译）■

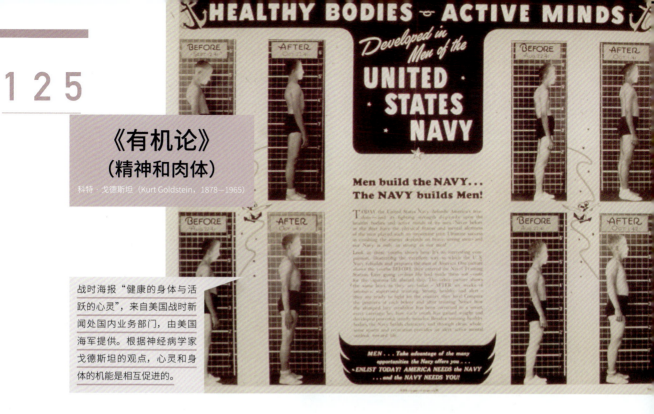

《有机论》
（精神和肉体）

科特·戈德斯坦（Kurt Goldstein，1878—1965）

战时海报"健康的身体与活跃的心灵"，来自美国战时新闻处国内业务部门，由美国海军提供。根据神经病学家戈德斯坦的观点，心灵和身体的机能是相互促进的。

 格式塔心理学（1912年），身心医学（1939年），需求层次理论（1943年），人本主义心理学（1961年）

1933年，由于纳粹的逼迫，神经病学家科特·戈德斯坦只好离开德国到阿姆斯特丹寻求庇护，他在那里住了一年后移民到了美国。在阿姆斯特丹，他完成了巨著《有机论》（1939年）。他认为，每一个器官都存在着一种不能还原为生理过程的本质属性。

戈德斯坦一直是德国最著名的科学家之一，尤其是他工作所在的失语症领域。第一次世界大战期间，他创建了一个研究所，研究和治疗战争对士兵心理的影响。戈德斯坦试图凭借他的临床经验，来解释人类在面对神经或心理上的缺陷时，如何适应世界。戈德斯坦认为，人类不断追求着幸福，反映了人类内心希望生活变得更加美好的动机。这种对自我实现的追求，激发了人类生存的动力。

在心理学关于大脑功能是否功能定位的长期辩论中，戈德斯坦的论点占据着非常重要的位置。戈德斯坦认为，中枢神经系统运行时，各个功能都是相互联系的，就像网络一样。因此当大脑的一个区域受损，不仅会干扰该区域的功能，还会影响到整个大脑的运行。戈德斯坦认为，有机体功能是整体性的。

在两次世界大战之间，和格式塔心理学一样，戈德斯坦的观点基于德国古老的传统智慧，将身体与心灵当作整体的一部分来加以理解，以促进德国人的健康，是德国科学与文化中很重要的一部分。

戈德斯坦的研究带来的影响远远超越了德国，影响了心身医学、心理治疗和人本主义心理学等领域。（罗伟升 译）■

1939年

大卫·韦克斯勒在第一个韦氏智力量表中所使用的测验工具。

心理测验（1890 年），比奈–西蒙智力量表（1905 年），弗林效应（1984 年）

1939 年

20 世纪 20 年代的美国，一位拥有博士学历的心理学家去选择学术界以外的工作是很不寻常的，独自一人进行心理学研究则更不寻常，大卫·韦克斯勒就是这样一个极不寻常的人。

韦克斯勒温文尔雅，才智超群，他决定终其一生来帮助其他人。正是因为他的这个决定，后来他所开发的心理测验，对数以百万计的成年人和儿童产生了重大影响。经过五年的私人试验后，韦克斯勒成为了贝尔维精神病院的首席心理学家，后者可是当时纽约市最著名的精神病院。在那里，韦克斯勒和著名临床心理学先驱伊莱恩·金德（Elaine Kinder）、凯伦·美柯威（Karen Machover）一起工作。他们的主要工作是指导心理测验，将测验得到的数据，来帮助精神科医生治疗病人。

到 20 世纪 30 年代末，韦克斯勒发现，当时使用的智力标准测验尚有许多不足。他反对用心理年龄与实际年龄的比率来决定智力。1939 年，他设计了一种新的测验，当中包含多个子测验，分为语言和操作两个分量表。语言量表的测验包括理解能力和词汇等；操作量表的测验包括图画补缺、物体拼配等。据此，人类智力的细微差别都能被精确地测验出来。举个例子，在信息项目的分测验里，会根据"《创世纪》这本书的主题是什么"这个问题的回答，来评估被试的口语智力。

韦氏成人智力量表（第四版）于 2008 年出版。另两个测验也在不断发展，韦克斯勒儿童智力量表（第四版）于 2003 年修订，韦克斯勒学前和初小儿童智力量表（第三版）于 2002 年修订。多年以来，人们对量表的评分标准提出过很多批判。他们认为，尤其是文化背景的差异，会对测验结果造成很大的影响。（罗伟升 译）■

挫折和攻击

约翰·多拉德（John Dollard，1900—1980）

在瑞士的洛桑，防暴警察正在试图控制抗议瑞士政治家克里斯托夫·布洛赫（Christoph Blocher）的民众。以约翰·多拉德为首的社会心理学家认为，暴乱者的攻击行为总是可以追溯到某种形式的挫折；西格蒙德·弗洛伊德则认为，挫折是因为社会力量和基本需求得不到满足而导致的。

精神分析（1899 年），格式塔心理学（1912 年），小白鼠的心理学（1929 年），心理生活空间（1935 年），[B = f（P，E）]= 生活空间（1936 年）

人类有满足生物本能需要（如性爱、口渴和饥饿）的冲动。这个主题贯穿于西格蒙德·弗洛伊德的精神分析理论。但是，在人们社会化的过程中，这些需要的满足肯定会受到挫折，因为，社会因素可能会阻碍这些需要的满足。弗洛伊德认为，和其他动物一样，人类受到挫折后，会产生攻击性行为。在某种程度上确实如此，这对人类社会的管理有着重要的启示。

1939 年，以约翰·多拉德为首的一群社会科学家，借鉴心理学和精神分析观点，出版了《挫折和攻击》一书。作者们得出的结论是，攻击总是可以追溯到某种形式的挫折，而挫折又会激发包括攻击在内的一系列反应。这个结论，在当时的社会事件中表现得淋漓尽致。德国的反犹太主义、西班牙内战、经济大萧条、美国南部（以及其他地方）的种族主义，都是由现实生活中的挫折而导致攻击行为的真实事例。后来，多拉德修正了他的挫折–攻击假说，认为挫折会导致愤怒，如果有相应的导火索（如武器），愤怒可能会导致人们的攻击行为。

大约在同一时间内，格式塔心理学家库尔特·勒温（Kurt Lewin）的学生塔玛拉·登博（Tamara Dembo），研究愤怒的动力性特征，来探索弗洛伊德的挫折–攻击理论。登博与被测试者一起参加实验，但她会阻碍被测试者去完成那些非常容易的任务。这些情境一开始像是玩笑，但是，当实验者一直坚称每个任务都有一个解决方案时，被测试者会感受到挫折，气氛最终会变得非常紧张。随着挫折感的增加，几乎所有的被测试者都显示出强烈的愤怒。登博用生活空间（lifespace）来解释实验结果。也就是说，她认同勒温的理论，即行为是人与环境的一个函数。（罗伟升 译）■

1939 年

明尼苏达多项人格测验

查恩利·麦金力（J.Charnley McKinley，1891—1950）
斯塔克·哈瑟韦（Starke R. Hathaway，1903—1984）

诺斯罗普中心的鸟瞰图，明尼苏达大学及双城东岸地区。明尼苏达多项人格测验诞生于明尼苏达大学校园内的医院。

另参见：心理测验（1890 年），比奈-西蒙智力量表（1905 年），投射测验（1921 年）

1940 年

第一次世界大战期间，军官们开始考虑，那些在战争中受到过炮弹轰炸等伤害事件的士兵是否受到精神创伤。为了筛选出这些有心理问题的士兵，心理学家罗伯特·武德沃斯（Robert S. Woodworth）开发了武德沃斯个人资料问卷，其中包括这样的问题："接近女人时，你是否会感到受伤"和"你是否觉得没有人理解你"。这一问卷是精神病人鉴定科学的一个开拓性成就。

遗憾的是，直到 20 世纪 30 年代末，另一个精神病鉴定测验——明尼苏达多项人格测验（MMPI）才被开发出来。虽然在这时候，很多其他的人格测验已经被开发出来，但没有一个测验适合精神病院里的病人使用。心理学家斯塔克·哈瑟韦和精神病医生查恩利·麦金力有一个非常明确的目标，那就是寻找一种可靠的方法，来鉴别病人患有哪种精神疾病。

明尼苏达多项人格测验第一版（1940 年）的最终版本包括 550 个句子，如"我相信自己被跟踪""我喜欢玩丢手帕的游戏""我很少有便秘的毛病"和"我是神派来的特使"等测验者需要回答是或否。为了研究这个测验，他们把正常人的回答与精神病人的回答进行大量对比。虽然没有哪个单独的项目可以表明心理是否健康，但综合起来，就可以进行心理健康的判断。根据被测试者回答的模式，可以分为 10 个临床量表和 3 个效度量表。明尼苏达多项人格测验，在识别精神病患者和区别患者的精神疾病方面非常有效。例如，抑郁症病人的回答就不同于精神分裂症病人的回答。明尼苏达多项人格测验很快就得到精神病院的热切关注。

后来，明尼苏达多项人格测验也开始被用于工业、监狱和高等教育等领域。直到 21 世纪早期，明尼苏达多项人格测验已经经历了两次修订（1989 年和 2001 年）。它是历史上被研究得最多的心理测验。（罗伟升 译）■

心理排放（皮层刺激）

怀尔德·潘菲尔德（Wilder Penfield，1891—1976）

怀尔德·潘菲尔德博士（左）和梅特兰·鲍德温博士（Dr. Maitland Baldwin）。作为当时主要的神经病学家之一，潘菲尔德表明，对颞叶进行电刺激，可能产生心理排放（病人描述倒叙和似曾相识的经历）。

脑机能定位说（1861年），脑成像技术（1924年），裂脑研究（1962年）

1939年，在蒙特利尔神经科学研究所的手术室内，一个年轻的心理学家莫莉·哈洛维（Molly Harrower）将要针对进行脑部手术的病人，记录一些有趣的数据。这些患有癫痫的病人都同意参与这个创新手术，手术由神经外科医生怀尔德·潘菲尔德主持，哈洛维要做的就是，一字不差地记录下每个病人的报告。

经过局部麻醉，潘菲尔德让患者的大脑皮层暴露出来，然后用微型电极刺激大脑的各个部分。那些似乎与癫痫病人病发前的症状相联系的部分，就通过手术将其切除。当刺激到关于运动与感觉的区域时，病人产生了预期的相应体验，例如，当刺激到视觉皮层时，病人会报告说看到颜色闪过。

1941年，潘菲尔德首次报告了这些发现。他还表示，进一步刺激颞叶时，会产生意想不到的结果，包括他所说的"往事再现"或心理排放。

当电极刺激颞叶区域时，病人会报告听到儿时听过的歌，或者看到在电影中看过的某个场景。在一个著名的记忆重现中，当触发点被刺激时，病人喊道，"我闻到烧吐司的味道。"潘菲尔德认为这些幻觉是过去经验的准确倒叙。他还发现，病人会产生包括似曾相识的体验、知觉扭曲的情况以及虚幻、兴奋和恐惧的感觉，他称这些为"解释性错觉"。大多数病人都报告，这些体验相当强烈，它们不同于日常生活经历，与真实生活相比，更像是身处梦境。

潘菲尔德原本意图是想通过外科手术来治疗病人。但他发现，通过对大脑皮层的外部刺激，对大脑记忆的功能定位亦有着重要的意义。（罗伟升 译）■

1941年

LEADING BREEDS OF DOGS

行为遗传学

约翰·保罗·斯科特（John Paul Scott，1909—2000）

F. E. 怀特（F. E. Wright）所绘的"主要品种的狗"（Leading Breeds of Dogs），出自《韦氏新词典》，1911 年。遗传学家保罗·斯科特研究了五个品种的狗，他因研究遗传和环境之间的相互作用而闻名，在他的经典著作《狗的遗传学和社会行为》（1965 年）进行了详细阐述。

天性 VS 教养（1874 年），发生认识论（1926 年），成长研究（1927 年），神经可塑性（1948 年）

1942 年

1938 年，年轻的遗传学家保罗·斯科特第一次来到缅因州巴尔港，在杰克逊实验室里待了一个暑假，研究近亲繁殖系列小鼠的攻击性行为。这是他漫长职业生涯的开始，他开创了一个新的科学研究领域——行为遗传学。1942 年，他发表了第一篇相关的科学论文。

尽管斯科特一开始研究老鼠，但后来他却是因为研究狗而闻名。通过他细致、精确的研究，斯科特清晰地展示出，基因与环境的相互作用对发展是多么的重要。斯科特承诺，他的科学研究可以用来解决一些当时的社会问题——尤其是战争问题。

后来，其他科学家继续并拓展了斯科特的研究。使用分离双生子这样的研究方法，试图找出基因对智力等人类特征和能力的贡献。他们发现，把环境与遗传的影响完全分离是不可能的，两者共同发挥作用，这过程也称为表观遗传学（epigenetics）。基因会改变环境，而环境会影响基因的表达。例如，外向-内向这一特征就受到遗传的很大影响。外向父母更倾向于选择生活在充满刺激、社交活动多的社区；内向父母选择的社区可能更加安静、更少的社交活动。基因和行为共同影响着儿童生活的家庭类型，进而导致这些家庭儿童的性格更加外向或内向。

正如伟大的加拿大心理学家唐纳德·赫布（Donald Hebb）曾写道，"发展既归因于百分之百的遗传因素，也归因于百分之百的环境因素。"（罗伟升 译）■

控制论

诺伯特·维纳（Norbert Wiener, 1894—1964）

这是俄勒冈州波特兰市民亚伦·帕瑞基（Aaron Parecki）2008—2010 年的 GPS 日志，这幅图表明我们已经能够实现对自己运动的监控。控制论的理论间接地鼓励了认知科学的出现，详细地收集信息以及用电脑反馈这些信息，可以用来开发更多有用的自动调节系统，帮助我们避免导航错误。

图灵机（1937 年），逻辑理论（1956年），认知研究中心（1960 年）

1943 年

数学家诺伯特·维纳创造了控制论这个词，用来描述自我调节系统的研究。第二次世界大战期间，维纳着力研究飞机导弹的导航和控制的军事项目。为了解决导弹跟踪自我修正的问题，他需要采用反馈的思想，为飞机和投弹手建立一个集成系统。1943 年，他的学术论文《行为、目的、目的论》运用生理学、行为心理学和工程学的观点来解释生控体系统（人类和机器的结合体）。这篇论文成为控制论的宣言，为之召开了一系列的学术会议，对战后认知科学的发展产生了重大影响。

从一开始，控制论就是一个跨学科的研究。心理学家、生物学家、数学家、工程师以及其他领域的学者，都在研究大脑和机器之间的相互作用。控制论三个至关重要的概念是：反馈、信息、目的。它们的关系是：反馈会根据生物体或机器的信息，来达到调节生物体或机器活动的目的。自我调节系统有它的目的，如维持一个恒定的温度。

1952 年，梅西会议上的一件事阐明了这些概念。会上，信息理论家克劳德·香农（Claude Shannon）带来了会走迷宫的机器鼠，它配备电子接触器"手指"，用来探测由 25 个方格组成的迷宫的墙壁。通过这些接触器和程序的反馈，机器鼠能够避开死胡同，顺利通过迷宫。

信息理论与机器系统和人类系统（包括生物和社会）相结合的理论，开创了科学发明的新时代。与此同时，随着计算机和神经科学的发展，认知科学的新领域诞生了，并逐渐改变了整个心理学领域。（罗伟升 译）■

迈尔斯–布里格斯类型指标（MBTI）

凯瑟琳·布里格斯（Katharine Briggs，1875—1968）
伊莎贝尔·布里格斯·迈尔斯（Isabel Myers Briggs，1897—1980）

1629 年，荷兰黄金时代的画家朱迪斯·莱耶斯特（Judith Leyster）创作了《快活的酒徒》。在这个作品中微醉的酒徒看起来可能偏外向，偏好"情感"和享受他人的陪伴。

另参考：心理测验（1890 年），心理学（1913 年），原型（1934 年），主题统觉测验（1935 年），明尼苏达多项人格测验（1940 年）

1943 年

　　1923 年，凯瑟琳·布里格斯已经是一位敏锐的人类观察者。在读到卡尔·荣格的《心理类型》英文译本时，她找到了一种语言来表述她的观察，那就是人们以不同的重要方式去感知世界。

　　荣格把人类基本特质分为内倾和外倾两种。他用这两个术语来阐释人类对世界的基本倾向。内倾是指一个人倾向于关注内心世界里自己的想法和感受，而外倾的人倾向于关注外部世界中的其他人和事物。凯瑟琳和她的女儿伊莎贝拉以荣格式理论为出发点，于 1943 年创造出了如今广为人知的人格测试即迈尔斯–布里格斯类型指标（MBTI）的雏形。1959 年，在进行了进一步的测试与修订后，她们将 MBTI 公之于众。

　　迈尔斯和布里格斯根据四个维度划分了十六种基本人格类型：内倾（I），外倾（E），直觉（I），感觉（S），情感（F），思维（T），理解（P），判断（J）。每一项指标都表达了我们理解世界的方式和偏好。例如，我们感知世界不是通过感觉就是直觉。如果感觉占优势，我们则想要从感觉中获得具体的信息。举个例子，在 1957 年的电视节目《法网恢恢》中："只要真相，女士。"如果一个人的直觉起主导作用，则其更依赖理论和在世界中寻找模型。我们的决策职能是由思维和情感承担的，感觉与直觉则为我们做选择提供了信息。如果我们更偏好感觉功能，做出的决策则可能建立和保持人际关系的和谐。但是那些倾向于思考的人更易运用逻辑和理性做出决定。在了解自己和他人方面，迈尔斯–布里格斯类型指标（MBTI）被证实是一种值得信赖的手段。许多领域中都有它的身影，如大型国际企业、教育机构和宗教团体。（彭惠妮 译）■

孤独症

列昂·卡纳（Leo Kanner, 1894—1981）
布鲁诺·贝特尔海姆（Bruno Bettelheim, 1903—1990）
伊瓦·洛瓦斯（Ivar Lovaas, 1927—2010）

上图：关注孤独症的丝带，由若干个有色拼图块组成，代表着孤独症谱系障碍的神秘性和复杂性。

下图：列昂·卡纳。

性心理发展（1905 年），行为主义（1913 年），操作条件反射装置（1930 年），代币经济（1961 年）

1943 年

虽然安德烈已经 4 岁了，但却很少开口说话。当她的妈妈触碰他时，他会躲开，从来没有情感的反馈。其他人看着他时，他不但不愿意与其进行眼神交流，而且会感到不安。他会不断重复一些行为。照料者必须仔细照看他，因为他容易做出自我伤害的行为，例如用头撞墙。

上面描述的是一个虚构的孤独症患儿案例。仅在美国，政府官方估计每 88 个儿童中就有 1 个患有孤独症或孤独症谱系障碍。这是一种普遍的发育障碍，它会影响到个人生活的各个方面。男孩患这种疾病的概率是女孩的五倍。通常要在儿童两岁半时才能确诊孤独症，但在出生后几周症状就会表现出来。目前尚不清楚引起孤独症的病因。

1943 年，美国约翰霍普金斯大学的精神病医师列昂·卡纳在他里程碑式的一篇论文中首次对孤独症作出了描述。他认为，孤独症的产生在某种程度上与母亲对待孩子的冷漠和不敏感有关系。这一理论被许多心理健康咨询师采用，包括精神分析学家布鲁诺·贝特尔海姆。贝特尔海姆在他称之为"电冰箱母亲"的理论基础上，详细论述了孤独症理论。这一术语指的是母亲不给予孩子爱，表现得好像她不想要这个孩子存在于这个世界上一样。这一系列的行为导致了孩子企图逃离现实，躲进内心世界的保护壳里，把自己包裹起来。后来，行为治疗师如伊瓦·洛瓦斯展示了诸如正强化等一些行为疗法，来教会孤独症患儿开口说话并参与社会互动。动物科学家坦普·葛兰汀（Temple Grandin）就是一个例子，他是一个患有孤独症但非常著名的成功人士。（彭惠妮 译）■

人格与行为障碍

约瑟夫·麦克维克·亨特（Joseph McVicker Hunt，1906—1991）

1913 年，西班牙艺术家胡安·格里斯创作的立体画《烟民》反映了人格的多面性和在约瑟夫·麦克维克·亨特里程碑式的著作《人格与行为障碍》中描述的病理学。

性心理发展（1905 年），投射测验（1921年），明尼苏达多项人格测验（1940 年）

1943 年

20 世纪上半叶，对人格的科学研究是美国心理学界最令人感兴趣和重要的研究领域之一。受西格蒙德·弗洛伊德和卡尔·荣格理论的启发，理论心理学家们力图找到塑造人性的力量。许多关于这一主题的书籍纷纷出版，比如亨利·莫里（Hurry Murry）的《人格探索》（1938年）。如果只能选择一本，权威的《人格与行为障碍》（1994 年）是最佳的选择，它是由约瑟夫·麦克维克·亨特编著，是 20 世纪中叶美国心理学界里程碑式的出版物之一。

这部两卷本的著作以丰富的理论与实践相结合的方式，回顾总结了当时关于人格与精神障碍的著述。作者包括实验心理学家、精神病学家、精神病分析学家、内分泌学家、内科医生、神经病学家、社会学家、人类学家等。这本书提出了一个标志性的研究和理论，即关于人格多面性及其在发展过程中出现的问题。该书选择的主题和所运用的方法预示着美国科学心理学将研究重心转向精神障碍。第二次世界大战后，这本书的大部分作者拓展了大量关于书中所涉及问题的研究。

即使心理动力的方法不是严谨的精神分析法，但其贯穿了大部分的章节。在所有的主题中，得到最充分发展的是心理缺失、实验性神经官能症、童年时期的人格问题、人格评估、大脑活动测量和人格功能的相关性。这部著作被视为当时的研究标准，许多章节都是对当时研究的极佳概述。但是，也许最重要的是，这部著作可作为未来研究的模板。（彭惠妮 译）■

性别角色

乔治尼·苏厄德（Georgene Seward，1902—1992）

1974 年，一位女医生正为一个儿童做检查。在 20 世纪 60 年代至 70 年代，针对不同性别就业机会平等的运动发展加快。该运动始于第二次世界大战，当时女性开始承担部分传统上本由男性承担的工作。

女性的奥秘（1963 年），成功恐惧（1969 年），
女性与疯狂（1972 年），双性化的测量（1974 年）

从 1970 年开始，性角色（sex roles）和性别角色（gender roles）两个术语常被心理学家和其他社会科学家使用，表示不同性别的个体符合社会认可的男性或女性的行为、态度和活动。从 19 世纪晚期至今，性别角色一直是心理学家热衷研究的主题。那时，女性心理学家，如海伦·汤普森·伍利（Helen Thompson Woolley）和利塔·霍林沃斯（Leta Hollingworth）发表的实证研究颠覆了当时由性别刻板印象导致的两性差异观。第二次世界大战期间，许多女性在非传统的领域就业，使得战后人们对于性别角色的兴趣愈发强烈。1944 年，乔治尼·苏厄德担任美国社会问题心理研究协会关于战后社会性别角色研究委员会的主席。她倡导要在战后彻底重构传统的性别角色，使男性和女性在各种工作领域拥有平等的机会。她的主张与探讨当代性别秩序下女性面临的文化冲突的一份分析报告不谋而合，随后于 1964 年被《性别和社会秩序》一书收录。

20 世纪 60 年代晚期至 70 年代，女权运动快速发展。女性心理学家开始探究具有性别刻板印象的信念和行为，探讨它们在不同工作领域产生的影响。其中一种研究方法，就是评估性别刻板印象与对心理状态的知觉之间的关系。结果显示，心理健康的男性常被描述为阳刚的，心理健康的女性常被描述为娇柔的，而一个健康的成年人（未指明性别）在更多时候被认为具有男性特质。1975 年，《性别角色》杂志创刊，用以发表社会学和心理学关于性别问题的研究报告。（彭惠妮 译）■

1943 年

发育迟缓

约翰·鲍比（John Bowlby, 1907—1990）

德国在英国伦敦空投炸弹后，一个身处废墟中的男孩，怀抱一个毛绒动物玩具。照片由托尼·伏立索（Toni Frisell）拍摄于 1945 年。父母死于第二次世界大战中伦敦轰炸的孩子们参与完成了关于发育迟缓的第一个系统性研究。

 （代理）母亲的爱（1958 年），依附理论（1969 年），陌生情境（1969 年）

1943 年

在第二次世界大战期间，成千上万的英国婴儿和儿童由于失去双亲和看护人而住进了医院和孤儿院。这些孩子中大多是消极的、无精打采的，且体型小于正常的同龄孩子。虽然他们得到了充足的食物，但人们发现他们与看护者之间身体接触非常贫乏。早期的解释认为，儿童抑郁的原因是失去了看护者。正是基于这些观察，精神病学家约翰·鲍比开始了一系列强调依恋健康发展的研究。

许多孤儿院儿童的身高体重都低于正常水平，这一现象导致了"发育迟缓"（failure to thrive）这一术语出现。到 1945 年，它被广泛地运用于医学界。然而，与自己家人生活在一起的儿童也可能出现发育迟缓的现象。当时，在北美，精神分析学说正处于全盛时期，心理学和社会心理学的理论都用来解释这一疾病。例如，大多数人都将矛头指向母亲错误的教养方式，认为这些母亲要么不知道如何给予孩子恰当的关爱，要么对孩子怀有敌意。但另一些人却认为，儿童发育迟缓是因为情感低落，或被双亲中的一方或者双方抛弃。由于发育迟缓更多出现于生活水平低于贫困线以下的家庭中，诸如文化剥夺等社会心理学解释也被提了出来。直到 1970 年，行为主义心理学家提出，可以通过激励和奖赏来加强饮食行为。无论父母和孩子身上存在任何潜在的心理问题，都可以运用激励和奖赏来加强饮食行为。更重要的是，健康心理学家和其他研究者们开始认为，引起发育迟缓的决定性因素是热量摄入不足。但是，仍然存在心理因素导致发育迟缓的病例。如今，绝大多数的病例都可通过提供适量的食物而成功治愈。（彭惠妮 译）■

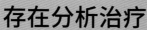

存在分析治疗

维克多·弗兰克（Vicktor Frankl，1905—1997）

 精神分析（1899 年），家庭疗法（1950 年），
认知疗法（1955 年）

柏林大屠杀纪念碑群。维克多·弗兰克观察到纳粹死亡集中营中存在极不人道的状况，产生了极大的怜悯之情，从而启发他创建了存在分析治疗。

1943 年

1942 年，神经病学家和精神病学家维克多·弗兰克以及他的妻子和兄弟姐妹们都被发送到纳粹集中营，最终只有他和一个姐姐幸存下来。弗兰克辗转了四个不同的集中营，包括奥斯维辛和达豪。像大多数在集中营生活过的人一样，弗兰克经历了许多令人感到恐怖的事情，亲眼见证了人类的残忍。但他也感受和注意到，在集中营里同样充满了同情和慷慨。尽管如此矛盾，但弗兰克在脱离集中营后开始深刻地领悟到，一定要去了解对于人类而言什么是最重要的。基于自身的经历，弗兰克认为人生的基本追求就是寻找存在的意义。1946 年，他最著名的并被广泛传播的著作《活出生命的意义》（1962 年），在奥地利首次发行（英文版首次出版于 1959 年，书名为《从集中营到存在主义》）。至今，这本书的销量已经超过 1 200 万册。

弗兰克在维也纳接受教育，并在维也纳大学获得医学学位。在此期间，精神分析学家西格蒙德·弗洛伊德和威廉·赖希对他影响很大。战时的经历促使他创建了继精神分析、阿德勒个体心理学之后的维也纳第三个心理治疗学派。他将存在取向称为存在分析治疗或意义疗法。存在疗法有三个基本原则：意义是人类的基本追求；无论处于多么艰苦的环境，总能找到人生的意义；我们要自由地去寻找存在的意义。

可以从三个主要途径寻找人生的意义：使我们所做的事情变得有意义；从人际关系中找到存在的意义；在面对不可避免的苦难的态度中寻找人生的意义。在更深层次上，弗兰克认为，虽然苦难是不可避免的，但是我们可以让人类的悲剧转化为增加我们人生意义的宝贵财富。弗兰克认为，存在分析治疗是一种正能量，因为它既能改变我们的命运，还能改变我们对待生活的态度。（彭惠妮 译）■

神经可塑性

杰泽·科诺尔斯基（Jerzy Konorski，1903—1973）

研究表明，进入成年期的大脑，神经连接依然能够根据生活经验进行重组。

脑成像技术（1924 年），裂脑研究（1962 年），脑计划（2013 年）

1948 年

小亚历山大在四岁时就能说一口流利的英语、西班牙语和希腊语。自他出生以后，他父亲便对他说西班牙语，而他的母亲则跟他说希腊语，与此同时，他还在托儿所学习英语。因此，亚历山大以及其他有类似经历的孩子能有如此熟练的语言技能真是一点也不奇怪。科学家和父母们经过长期观察发现，小孩子的学习速度是非常快的。这是因为人的大脑在第一个十年左右的时间里具有极高的可塑性，或者说易于适应，它可以根据人的经验不断地重组神经路径，增加神经细胞间的连接。1948 年，波兰神经生理学家杰泽·科诺尔斯基第一次对此进行了描述。长期以来，传统观点认为，神经可塑性会在青春期时结束，而且成人大脑发育完全后，不再会发生重大变化。然而，事实上，自 20 世纪 90 年代以来进行的研究表明，即使是成年人的大脑也有着显著的可塑性。当我们学习新东西时，我们的大脑会发生改变。在我们学习的时候，参与学习的神经连接会随之得到强化。神经学家认为我们的经验可以改变我们的大脑结构以及其重组神经通路的功能。

这是有可能的，因为脑内神经细胞之间的连接是根据它们的使用而不断变化的。另一个关键概念是我们的感觉和运动系统在大脑皮层。来自身体感官的感觉信号输入到脑内一个叫做躯体感觉中枢的区域，与此同时，初级运动皮层输出信号（即我们的反应）。

研究表明，这些区域会根据个体的经验发生改变和重组。一个关于触觉点距离的研究表明，盲人志愿者的视觉皮层有变化，而这种变化通常只发生在对视觉刺激有反应的有视力的个体身上。科学家现在认为，由于我们不断适应变化，人类大脑将终其一生都保持着可塑性。

（刘翠莎 译）■

金赛报告
阿尔弗雷德·金赛（Alfred Kinsey，1894—1956）

 性心理障碍（1886 年），人类的性反应（1966 年），性向流动性（2008 年）

希罗尼穆斯·鲍希（Hieronymus Bosch）的《尘世乐园》（约 1480—1490）描绘了一系列裸体男人和女人交欢的场景。

毫无疑问，美国历史上受到最为广泛讨论的两本书是金赛报告——《男性性行为》（1948 年）和《女性性行为》（1953 年）——正如它们公布人类的激情行为，这两本书也引发了人们的激烈反应。金赛，作为一个训练有素的昆虫学者，献身于性行为的研究中，正如其献身于对黄蜂的科学研究中。

金赛并不是美国第一个系统地研究性学的人。在 20 世纪 20 年代，洛克菲勒基金会悄悄向国家研究委员会注入资金以支持其对于性问题的研究。在超过 25 年的时间里，委员会进行了各种各样的性行为调查，但没有一个研究像金赛报告那样广泛地挑战了美国公众对于人类性行为的传统观念。

是什么让金赛报告如此有争议和令人感到心烦意乱呢？首先，报告表示同性性行为远比人们想象的更为普遍。这并不是说同性恋是正常的现象。更确切地说，随着时间的推移，性行为可能会涉及不同的倾向，其中包括同性恋。在这方面，金赛参与到丽萨·戴尔蒙德（Lisa M. Diamond）《性取向流动性》（2008 年）的研究工作中。在访谈和金赛量表的基础上，金赛得出了研究的结论。其中，金赛量表用等级 0 代表完全异性恋，等级 6 代表完全同性恋。金赛发现介于 20 ~ 35 岁的受试者中，12% 的男性和 11% 的女性将他们的性经验评级为 3，这表明其所经历的异性恋行为与同性恋行为相同。几乎一半的男性报告在他们的一生中对两种性别都有过性唤起。同时，报告还发现手淫对于两性而言都是很正常的行为。

报告使金赛得到了很多的关注，既有积极的，也有消极的。而他的大部分研究加速了 20 世纪 60 年代及其后的性革命运动。（刘翠莎 译）■

THERE'S DANGER
when people tire too easily
when minds are slow to think
when bodies can't fight disease

压力

汉斯·塞利（Hans Selye, 1907—1982）

这是一份 1944 年的海报，出自战时新闻办公室，警告人们当压力损害身心时，可能会出现的危险。

心身医学（1939 年），心理神经免疫学（1975 年），心身医学（1993 年）

1950 年

　　情绪在人的身体健康中扮演着重要的角色这一理念由来已久。从古代的体液说到世界大战期间的身心医学，都可以找到这一理念存在的证据。

　　匈牙利内分泌学家汉斯·塞利在移民到蒙特利尔之后，开发了一个解释压力、健康、疾病之间关系的模型，这一模型被称为 20 世纪最有影响力的医学理论之一。在小白鼠身上对一种新激素进行探索的实验中，塞利发现实验所用的小白鼠出现了一系列症状，包括各种内脏器官受损，而这些受损的内脏器官都与下丘脑-垂体-肾上腺系统有关。他从工程学中借用了一个术语——压力——来描述这种症状的诱因。在他 1950 年出版的《压力下的生理学和病理学》一书中，塞利第一次完整地阐释了压力和疾病之间的关系。

　　在近 20 年的时间里，塞利继续着关于压力如何导致身体崩溃的研究。他提出了一般适应综合症（GAS）这一模型，即为了适应发生的事件和恢复机体正常功能，许多事件都可能成为导致机体综合症状的压力源。动员机体的防御机制，包括下丘脑的及时响应，引起肾上腺兴奋，产生皮质醇；此时，如果机体不能恢复其原有的平衡，就会导致一系列健康问题的发生。

　　就在塞利的研究为人所知后不久，心理因素被证明在压力及其治疗中起到了至关重要的作用。从婚姻大事到像找一个停车位这样的日常琐事，如今都被看做是可能带来压力的事件，同时影响着身体健康和心理健康。与压力相关的研究和治疗行业兴起，而心理学家们在其中起着主导作用。由于压力几乎和所有的疾病和不适相关，因此这一行业的发展深获公众的支持。（刘翠莎 译）■

抗焦虑药物

弗兰克·M．伯杰（Frank M. Berger, 1913—2008）

虽然抗焦虑的药物在最初是面向白领男性的，但到了20世纪60年代，"忙碌的家庭主妇"成为了大多数药物处方的使用者。

 认知疗法（1955年），抗抑郁药物（1957年），
系统脱敏疗法（1958年）

医师和药理学研究员弗兰克·伯杰寻找保存青霉素的方法的过程中，无意间发现他正在使用的一种化学药品似乎对小鼠有镇静作用。1950年，他和化学家伯纳德·路德维希（Bernard Ludwig）合成了这种化学药品，并称之为"安定"；1955年，在一个名为"眠而通"的品牌下首次出售。很快，它便成为当时最畅销的药物。1957年，仅在美国，开出这种药的处方就有3 700万张。

自引进"眠而通"以来，其他制药公司开发和销售自产的抗焦虑药物包括利眠宁、甲丁双脲和安定，通常被称为小镇静剂。现在有多种类型的抗焦虑药物，从苯二氮平类药物（如相呐斯）到巴比妥类药物，都具有镇静效果。这些药物逐渐成了"妈妈的小帮手"。然而，最初，这些药物常常是开给男性的，尤其是那个时代下那些"灰色法兰绒西装"企业文化下的中产阶级男性（The Man in gray-flannel-suit，指为了工作而牺牲人生中其他所有重要事情，且自己并不能意识到这一点的人——译者注）。

这些药物为什么如此受欢迎？焦虑是现代工业和后工业社会的一个特点。当然，纵观历史，人们也经历过焦虑，但从某种程度上说，焦虑却是现代生活的典型情绪。焦虑是一组情绪上的和生理上的反应，这种反应是我们作为人类的一部分，同时我们的反应可能在可以适应到不能适应这一范围间变动。

当焦虑变得不能适应时，就是重大的心理疾病之一了。据美国国家心理卫生研究所研究表明，在任何时候，介于18岁到54岁之间的成年人中，大约13%的人患有焦虑症。与年轻一些的成年人相比，老年人患焦虑症的概率更高，对其健康和身体机能带来了严重的影响。西方社会的心理疾病诊断手册包含有12种焦虑障碍。最为常见的是广泛性焦虑症、惊恐障碍、强迫症、特定恐惧症（如广场恐惧症和对蛇的恐惧）以及社交恐惧症。

抗焦虑药物通常用于治疗这些疾病，但经证明，认知和行为疗法也同样有效。（刘翠莎 译）■

1950年

同一性危机

埃里克·埃里克森 (Erik Erikson，1902—1994)

加拿大温哥华的街头涂鸦，传达了一种许多青少年在他们发展自我统合过程中奋力挣扎的疏离感。

精神分析（1899 年），青春期（1904 年），成长研究（1927 年）

1950 年

莱克萨（Lakesha），13 岁，她看起来完全陷入了对自己的关注中。她花费大量的时间想着自己的外表，担心自己的未来以及谈论自己的活动。她似乎并不认为会有任何不好的事情发生在她身上。事实上，在这方面，她和大多数同龄人非常类似。莱克萨及其朋友对自己的全神贯注，恰恰印证了埃里克·埃里克森提出的心理发展过程中的自我同一性和角色混乱的阶段。

在他 1950 年出版的《儿童和社会》一书中，埃里克森指出同一性的发展是青春期的重大挑战。这个发展阶段的需求以这些问题为中心：我是谁？对于我的生活，我该怎么办？我该怎么适应我的家人和世界？对于青少年来说，这些问题以及随之而来的行动都受到一种需求的驱使——成为个性化的人，或者说使自己与这个世界上的同龄人以及其他人区分开来。积极的同一性使得个体形成清晰的自我意识，并为心理发展的下一阶段（包括婚姻和职业选择）提供了良好的基础。

埃里克森的传记中有一段有趣的部分体现他对同一性的强调：他不知道他的父亲是谁。埃里克森出生在德国法兰克福，他的母亲是一个单身妈妈，在埃里克森三岁的时候嫁给了洪柏格先生。童年期后期，埃里克森发现洪柏格先生并不是他的亲生父亲。因此，在不知道自己身份的情况下，他长大成人。埃里克森作为一名儿童精神分析学家跟随安娜·弗洛伊德学习后，与一位美国女人结婚并在纳粹德国时期移民到了美国。在各种各样的求职面试后，他在加利福尼亚州得到了一份工作。当他迁居到那里时，他决定通过"成为"他的亲生父亲来确定自己的身份：他将他的姓从洪柏格改为埃里克森。（刘翠莎 译）■

权威人格

西奥多·埃阿多诺（Theodor Adorno，1903—1969）
弗伦科尔—布伦斯维克（Else Frenkel-Brunswik，1908—1958）

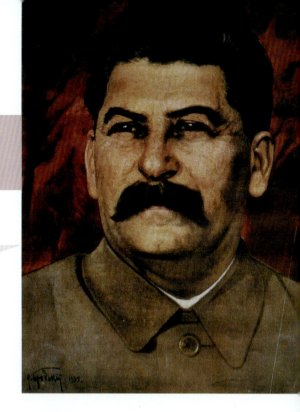

斯大林（Stalin）1935 年，由苏联画家伊萨克·布罗德斯基（Isaak Brodsky）绘制。

 玛瑞萨镇研究（1933 年），文化和人格（1935 年）

　　法兰克福大学的社会学是第二次世界大战前最有影响力的社会理论之一。法兰克福学派在社会学家马克斯·霍克海默（Max Horkheimer）和西奥多·阿多诺（Theodor Adorno）领导下，就资本主义对家庭和人际关系的影响提出了批判。法兰克福学派的成员们在纳粹上台后便离开德国，到纽约度过了战争年代。

　　第二次世界大战后，阿多诺和同伴弗伦科尔—布伦斯维克与加州大学伯克利分校的两名美国人格心理学家合作，研究权威型人格。是否存在一种权威型人格促使人们支持独裁者和压制性的政策呢？为了回答这个问题，阿多诺和他的同事们进行了访谈和问卷调查，并在精神分析和马克思主义的框架内分析研究结果。

　　他们在此基础上，于 1950 年出版了《权威人格》一书。该书成为战后阅读者最多的书籍之一，并且在当时的政治心理学领域产生了重大影响。阿多诺和他的同事总结出：权威型人格是剥削性资本主义经济体系下，严厉惩罚型教养方式的产物。独裁者的父母可能会在他们对传统社会习俗表示出哪怕一点异议或不服从时，对他们进行惩罚。权威型人格的成年人倾向于对外团体的人（比如其他宗教的信仰者和少数民族）抱有偏见。他们的人际交往风格是刚性的，恪守传统规则，对那些违反规范的人带有相应的攻击性。同时，权威型人格的成年人又顺从于权威人物，容易受到彰显权力的行为的煽动。

　　近年来，政治心理学领域一项令人印象深刻的研究，探讨了权威型人格的现代化表述，目前的说法是，它可能发生在意识形态（从非常保守到非常自由的这一范围）的任意一点上。
（刘翠莎 译）■

1950 年

家庭治疗

纳森·阿克曼（Nathan Ackerman，1908—1971）
莫瑞·鲍恩（Murray Bowen，1913—1990）

约 1953 年，在俄勒冈州的尤金镇，约翰·阿瑟顿（John Atherton）站在一个崭新的电视机旁的照片。大约从那个时候起，电视成了家庭娱乐的焦点，与此同时，家庭治疗也作为一种治疗的新形式兴起。

 来访者中心疗法（1947 年），格式塔疗法（1951 年），双重约束理论（1956 年）

1950 年

生活在第二次世界大战后的美国像是一场梦。在经济萧条和世界大战之后，生活开始恢复正常。经济复苏，人们可以以较低的价格在有吸引力的郊区买到新房子，成百上千的省时省力的家具家电产品被发明出来，电视成为了家庭娱乐的焦点。郊区住宅里开始有一个叫作"客厅"的新房间，人们发明了新家具、组合沙发等，以便和家人聚在一起。这都是前所未有的。在这样看似天堂的生活里，家庭治疗作为一种新的治疗方式应运而生。在其发展的过程中，有几个关键人物，其中最主要的是莫瑞·鲍恩和纳森·阿克曼。

然而，在这样一个无情的世界里，尤其是对女性而言，家庭远非一个避风港，甚至是令她们受压迫的地方。家人是违法犯罪和精神分裂症的潜在来源。1959 年，一个受欢迎的电视节目曾警告人们："精神病的种子可能潜藏在你自己的家里。"

家庭治疗，有时也被称为家庭系统疗法，将自身定位为家庭心理健康和社会关系的仲裁者。由于家庭被视为一个连锁的社会关系的系统，因此对待它的唯一方式就是视之为单一的有机体。通常情况下，一个家庭成员之所以被确诊为一个有问题的病人，往往是因为这个人是这个系统的一部分，他的症状反映了整个有机体的健康或疾病。因此，要想帮助家庭恢复其健康的功能，治疗的重点不再是个体；而应该将整个家庭都纳入治疗的进程中。

这种治疗方法完全不同于精神分析或者人本治疗等美国心理疗法。在那些疗法里，往往认为问题是属于个体的，提供的治疗倾向于帮助个体调整以适应世界。而家庭治疗的重点则在于家庭成员间的沟通和互动方式。当这个系统的交流和关系的功能得到改善时，说明该疗法奏效了。（刘翠莎 译）■

洗脑术

爱德华·亨特（Edward Hunter，1902—1978）

感觉剥夺（1937年），航天员心理选拔（1958年）

劳伦斯·哈维（Laurence Harvey）和弗兰克·辛纳屈（Frank Sinatra）在中央公园为《谍网迷魂》拍摄的一个场景。该照片由 Phil Stanziola 拍摄于1962年。

毫不奇怪，现代心理学中最具争议的话题之一就是精神控制，或者称为洗脑术。在冷战期间，出于对这些技术可能会被敌人利用的担忧，美国政府及其盟友做出了秘密的巨大努力，试图了解精神控制是如何起作用的，以及该如何运用它。改编自畅销小说的电影《谍网迷魂》（The Manchurian）讲了一个惊心动魄的故事：一个人被洗脑成为一名刺客。

在朝鲜战争后，美国政府秘密地将资金投入到对精神控制的研究中。"洗脑"一词也被广泛用于大众文化中，"洗脑"一词有时也带有激冷效应（Chilling Effect，又称寒蝉效应，指人民害怕因为言论遭到国家的刑罚，或是由于必须面对高额的赔偿，而不敢发表言论，如同蝉在寒冷天气中噤声一般——译者注），比如南部的种族隔离主义者认为那些支持种族平等的人都是受到共产主义者"洗脑"。

在20世纪70年代到80年代间，精神控制的现象迅速展开，宗教崇拜（如对统一教会的崇拜）的现象增加。心理学家玛格丽特·辛格作为一位主要的研究者，研究这些邪教组织对大多数年轻追随者的这种洗脑实践。然而请她做相关报告的组织——美国心理协会，却在不提供任何理由的情况下，驳回了她对精神控制技术和崇拜邪教组织狂热行为的报告。（刘翠莎 译）■

1950年

格式塔疗法

费伦茨·皮尔斯（Fritz Perls, 1893—1970）

《有机论》（精神和肉体）（1939 年），存在分析治疗（1946 年），人本主义心理学（1961 年）

文森特·梵高于 1888 年画的帆布油画——保罗·高更的椅子（空椅子技术）。在格式塔疗法中，空椅子技术一直是最为广泛使用的技术之一。

在第二次世界大战后的十年，纽约对于心理学而言是一个令人兴奋的地方。精神分析学家凯伦·霍尼（Karen Horney）等活跃主动，莫莉·哈罗尔（Molly Harrower）从事着有趣的治疗过程研究，威廉·赖希（Wilhelm Reich）正在建造他的"自然力储存器"（1939 年，赖希宣布他发现了为生命和性所特有的奥根能量（orgone energy）。如果把它收集在一个特制的储存器中，则可用它来医治从歇斯底里到癌症等许多精神上和肉体上的疾病。——译者注）。在这其中，还有从南非移民过来的费伦茨·皮尔斯（Fritz Perls）和他的夫人劳拉·皮尔斯（Laura Perls）。

第一次世界大战后，费伦茨·皮尔斯完成了他在德国的医疗训练课程。由于对精神分析感兴趣，他决定要接受威廉·赖希的精神分析和教导。在 1933 年，他和劳拉（他们在 1930 年结婚）逃离纳粹搬到南非。就在那里，他们开办了精神分析研究所。

1948 年，皮尔斯一家搬到纽约后，几乎立即吸引了众多年轻的心理学家。这些年轻的心理学家们对皮尔斯夫妇关于心理治疗的新理念感到非常的兴奋。这些理念出现在 1951 年出版的《格式塔疗法》一书中，皮尔斯夫妇也是以此来称呼这一范式的（格式塔心理学和格式塔治疗是不相关的）。在接下来的二十年里，格式塔疗法成为了人本主义心理治疗的一个重要形式。

格式塔疗法的基本取向是整体的：将人视为思想、身体和精神的统一体。在这方面，皮尔斯受到科特·戈德斯坦（Kurt Goldstein）所做研究的影响，同时也受到了他在南非时结识的政治家贾恩·史墨兹（Jan Smuts）整体论的影响。与精神分析不同的是，格式塔疗法并不提及潜意识或童年时期的重要事件，而是要求病人将问题聚焦于当下。病人受到个人责任感的敦促：他或她必须为自己的行为负责，而不是责备别人。"空椅子技术"是皮尔斯开创的一项受欢迎的技术。这项技术要求病人坐在其中一张椅子上，同时想象另一个人（往往是对来访者生活的某些方面有重要影响的人）坐在另一张椅子上，并与之建立友好关系。通常而言，空椅子技术和格式塔疗法的目标是帮助来访者整合他或她的经验以变成有意义的整体。（刘翠莎 译）■

从众行为和非从众行为

所罗门·阿希（Solomon Asch, 1907—1996）

 格式塔心理学（1912 年），顺从（1963 年），斯坦福监狱实验（1971 年）

1935 年，11 月 9 日，在德国纽伦堡，纳粹冲锋队（SA）、党卫队（SS）和 NSKK 队的大规模点名，呈现了从众行为在最为极致时的可怕情景。

第二次世界大战让许多深思熟虑的人为人类自由的未来感到忧心忡忡。许多德国人与纳粹政权合力消除所谓的"不良分子"。在美国，大量的资源被用于国内外的政治宣传，以减轻人们对战争的恐惧，并赢取人们对战争的支持。而对于所罗门·阿希这个年轻的犹太教授而言，这些事情促使他提出了这样一个问题：社会影响是否会改变我们独立思考的能力？

战后，阿希的研究转向共识形成、思想独立和从众行为，所有这些都被认为是在社会背景之中的。1951 年，他发表了他对于从众行为和非从众行为方面的第一项研究。后来，在阿希为《科学美国人》写的一篇广受欢迎的文章（1955 年）中，对其研究的框架进行了阐释："达成共识是在社会上生活必不可少的条件。但是，要使得这样的共识富有成效，还要求每个个体都以其经验和见解做出单独的贡献。"

为了研究社会群体对非从众思想和从众思想的影响，阿希招募了男性大学生进行感性判断的研究。主试首先向每个被试展示一条固定长度的直线，然后让被试从三条长度不等的线段中，选出一条和最开始向他们展示的一样长的线段（只有一条线段是和原始线段匹配的）。当被试们是独自一人的时候，他们几乎总是可以做出正确的选择，但当在有其他"学生"（都是阿希的助手，或者说是"托"）在场时，当其他"学生"选择了不正确的线段，38% 的被试也会做出同样错误的选择。阿希从几个方面改变了实验条件，包括设置一名支持被试选择的"同伴"，这一条件设置大大降低了被试选择的错误率。这表明，在不顾团体"随大流"的压力下，保持个体主见，社会支持在其中起着很重要的作用。

尽管大多数教科书都将阿希的研究描述为从众研究，但事实上，阿希的研究更多只是支持独立思考的证据。他的研究结果也进一步证实了他的理论工作：对个体的理解，应当基于其作出判断的社会环境。（刘翠莎 译）■

1951 年

所罗门王的指环

卡尔·R．弗里施（Karl R. von Frisch, 1886—1982）
康拉德·劳伦兹（Konrad Lorenz, 1903—1989）
尼科·廷贝亨（Niko Tinbergen, 1907—1988）

上图：在德国达勒姆，基督教徒穆莱克（Moullec）和鸟一起在空中飞翔。

下图：1978 年，来自马克斯·普朗克公司协会，康拉德·洛伦茨（左）和尼古拉斯·廷贝亨（右）。

 物种起源（1859 年），依附理论（1969 年）

蜜蜂翩翩起舞，鸟类旋转鸡蛋，鱼儿筑巢和小鸭子将人类认作"母亲"，这些都是科学家团队在第二次世界大战后的动物行为学领域发现的有趣贡献。动物行为学家们在一个进化的框架下研究鱼类、鸟类、昆虫和哺乳动物；也就是说，他们希望知道动物行为是如何组织的，以及动物行为的哪些功能在帮助动物生存。

1952 年

1952 年，奥地利科学家康拉德·劳伦兹发表了《所罗门王的戒指》英文版第一版，他在书中写到了他如何像所罗门王一样跟动物交谈。他的专业是研究母亲与其后代之间的关系。他发现，如果小鸭子在孵化的几小时内第一眼看见的是人类的话，那么这个人就成了小鸭子的"母亲"，对这个人有很深的印记，会跟随他或她到任何地方，就像他或她是母鸭一样。在 20 世纪 50 年代到 60 年代，由于母子关系引起了科学家、政治家和公众极大的关注，劳伦兹的研究变得非常受欢迎。显然，早期生活经历对于塑造孩子有着至关重要的作用。

荷兰动物行为学家尼科·廷贝亨通过研究各种各样的物种，采取了一种不同的策略，但他是因其对棘鱼的创新研究而闻名于世的。他的研究显示了，一条雄性刺鱼吸引配偶、筑巢、使鱼卵受精以及保护后代过程中要经历的一系列复杂的事情。他的报告显示了本能的强大力量。

长期以来，人们一致认为蜜蜂看不到颜色，但是动物行为学家卡尔·冯·弗里施证明了蜜蜂可以看到颜色。后来他还将他的工作延伸至研究在发现食物来源后它们如何运动。冯·弗里施发现蜜蜂会用不同的"舞蹈"来通知在蜂房里的其他蜜蜂食物的位置和距离。

由于动物行为学对健康和人类社会的重要意义，这三位科学家获得了 1973 年的诺贝尔生理学和医学奖。（刘翠莎 译）■

抗精神病药

亨利-马瑞·莱伯利特（Henri-Marie Laborit，1914—1995）

插图由法国艺术家亚伯·费弗尔（Abel Faivre）1902 年所作，画中一位生病老人旁边的桌子上摆满了各种药丸和药水，但他仍在抱怨没有药物能治好他的病。对于精神病患者而言，在抗精神病药（如氯丙嗪）出现之前的很长一段时间，情况一直都是如此。

Et le mien ne drogue pas!

精神外科（1935 年），电休克疗法（1938 年），抗焦虑药物（1950 年），抗抑郁药物（1957 年）

1952 年

关于严重精神病的治疗与护理，其发展过程并不是一帆风顺的。几个世纪以来，采用了从冷水浴到疟疾注射（malarial injections）等各种治疗方法。20 世纪 30 年代至 40 年代，胰岛素休克治疗和精神外科治疗是精神病的首选疗法，但它们的疗效仍然有限。镇静剂、巴比妥类及其他药物，可以缓解精神病的部分症状，但这些药物对于严重的精神病，特别是精神分裂症、双相情感障碍等疾病是无效的。

1950 年，法国制药企业罗纳–普朗克（Rhône-Poulenc）公司合成了氯丙嗪（Thorazine），最初是作为抗组胺药。然而，临床报告结果显示，氯丙嗪对精神病患者有明显的镇静效果，并且没有过度镇静的副作用。第一篇关于氯丙嗪的英文文章报道出现于 1952 年。到 50 年代中期，开始了一场治疗精神病的药理革命。许多制药企业加大了合成氯丙嗪新化合物的投入。大约在同一时间，人们从萝芙木属（Rauwolfia）植物蛇根木（serpentine）中提取出利血平，这种植物几百年以来都被印度人用于治疗精神失常。利血平与氯丙嗪一样，能有效地治疗躁狂症和精神分裂症。20 世纪 50 年代末，一些新的药物被相继开发出来，如单胺氧化酶抑制剂和丙咪嗪，尽管有一定的副作用，但可以有效地治疗许多类型的抑郁症、躁狂症和精神分裂症。20 世纪 60 年代初，抗精神病药物治疗取得良好的效果。

抗精神病药的开发和使用对严重精神病的治疗产生了重大影响。许多大型的公立和私立精神病院的住院人数大幅减少。从 1955 年到 1980 年，精神病院的患者从 50 多万人下降至 15 万人左右。但是，由于许多出院的病人未能维持药物治疗的疗程，因此也有许多精神病患者变得无家可归。（姜醒 译）■

前进中的生命

罗伯特·W·怀特（Robert W. White，1904—2001）

苏格兰艺术家詹姆斯·贝利·弗雷泽（James Baillie Fraser）手绘的《人生的各个阶段——从摇篮到坟墓》（*Stages of Man's Life, from the Cradle to the Grave*），约 1848 年。

 主题统觉测验（1935 年），积极心理学（2000 年）

1952 年

要了解一个人，最好的方式是什么？心理学家们开发了各种智力、人格和能力的测验。当我们看到这些测验的结果或得分时，我们是否真的了解参加这些测验的人？心理学家罗伯特·怀特对于通过纸笔或电脑测验的方法持怀疑的态度。事实上，他的整个职业生涯都在研究人的生命。1952 年，他出版了第一版研究个体生命的开创性著作《前进中的生命》（*Lives in Progress*）；1966 年和 1975 年该书又得以再版。

怀特在新英格兰（New England）长大，曾被形容为"几乎是最后一个血统纯正的新英格兰人"。他出生于一个富裕的家庭，受父母的疼爱，对世界充满着好奇。怀特对人文学科，尤其是历史充满兴趣，但他选择攻读心理学的研究生。怀特在哈佛大学念心理学课程时，非常幸运地遇到了另一位非传统的思想家——亨利·莫里（Henry Murray），后来，怀特成为哈佛大学心理诊所的负责人。接下来的几年里，怀特招募了一群非常有才能的学生和同事，他们中有许多人在人格心理学领域都颇有建树。

怀特专心研究着人的生命——他不在意对当下行为产生影响的无意识因素。他更注重的是人们对生命中重大转折点的看法：他们当前关注的利益是什么？随着时间的推移，这些利益将如何发展和变化？个人能力在生命中起着什么样的作用？怀特对个体生命的重视，也表现在他的个案研究中。他想了解大众关心的问题，想知道他们如何解决这些问题。他的许多个案研究，都属于随着时间推移的回顾性纵向研究，通过这些研究，我们可以了解一个人曾经身在何处，他又将往何处去。也许没有哪一位心理学家，像他一样提供了如此深刻的见解，让我们了解生命，并告诉我们如何研究生命的多样性。（姜醒 译）■

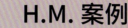

H.M. 案例

布伦达·米尔纳（Brenda Milner, b. 1918）

1986 年，美国神经精神病学家埃里克·R. 坎德尔（Eric R. Kandel）讲座的海报，《学习和记忆的细胞与分子生物学方法》。米尔纳、坎德尔对人们从生物学角度理解记忆做出了很大的贡献。

↱ 短期记忆（1956 年），记忆加工层次模型（1972 年）

1953 年

1935 年的一天，亨利·古斯塔·莫莱森（Henry Gustav Molaison）在上学途中被一辆自行车撞倒。他的头狠狠地撞到地上，一度不省人事。然而，他醒来时，似乎没什么大碍。也许是那次事故的原因，几年后亨利患上了癫痫。他的癫痫发作十分严重，因此在 1953 年他接受了实验性的手术治疗，希望能够减轻癫痫发作的程度。他的部分海马体（将短时记忆转变为长时记忆）和杏仁核（负责加工记忆）被切除。经过一段时间的恢复，他能够完成一些十分简单的任务。从此，他开始了作为"H.M."被试的职业生涯。

作为被试的"H.M."，亨利可能是有史以来最著名的神经病患者。心理学家布伦达·米尔纳的一个课题组，经常评估 H.M. 的记忆和其他认知能力。我们现在了解到的许多人类基本能力（尤其是学习和记忆）的神经基础结构，都来自于她的研究。米尔纳关于 H.M. 的研究中，不仅描述了他特有的记忆障碍，也帮助我们认识记忆的不同类型以及作用。

谈话一旦结束或中断，H.M. 便会马上忘记。这意味着他丧失了形成语义记忆（semantic memories）的能力——一种运用日常知识或取得新知识的记忆。他能记住许多手术之前的事，但手术之后的事却不记得；事实上，他的短时记忆是正常的。亨利还能够形成新的程序性记忆（procedural memories）——也就是"如何做"的记忆。

H.M. 的奇妙故事告诉我们，不同类型的记忆可能在大脑的不同部位进行加工。他的故事也说明了，记忆对我们的日常生活十分重要。（姜醒 译）■

鸡尾酒会效应

爱德华·科林·彻里（Edward Colin Cherry，1914—1979）

两个女人在鸡尾酒会上交谈甚欢。根据彻里的选择性注意理论，如果她们中的一个或两个人的名字被其他人提及，她们更可能会听到另一段对话。

短期记忆（1956 年），记忆加工层次模型（1972 年）

1953 年

假设你身处一个拥挤的聚会中。随着夜色渐深，噪声变得越来越大，为了听到朋友的谈话，你必须靠近他，并且仔细听他讲的内容。然而，即使周围还有其他人在交谈，在诸多干扰中，你仍然能听清你和朋友的谈话。这就是一个选择性注意的例子。1953 年，心理学家爱德华·科林·彻里将此命名为鸡尾酒会效应。

注意力对于人类和许多动物而言，是最重要的能力之一。没有它，我们的记忆将出现极端的错误，并且我们的生存几率将变得很低。在过去的 150 年中，许多思想家和科学家们都在研究注意力。然而，直到第二次世界大战后，才开始注意力的现代实验研究。科林·彻里研究空中交通管制员是如何决定哪些信息是最重要的，尽管他们一次能听到许多飞行员的声音。

20 世纪 50 年代，英国心理学家唐纳德·布罗德本特（Donald Broadbent）提出了他称为注意的过滤器模型理论。他的理论试图阐述大脑是如何同时处理多种感觉信息的输入。他认为在感觉与知觉系统之间存在一个过滤器对信息进行筛选，不需要的信息将被过滤掉。进一步的研究表明，滤波器模型理论不能充分的解释大脑似乎也无意识地注意到其他信息。心理学家安妮·特瑞斯曼（Anne Treisman）提出了一个基于过滤器模型的衰减模型，她认为信息只是减弱了，而不是被完全阻断。例如在嘈杂的鸡尾酒会中，即使你没有刻意去听，有些声音却很容易被察觉，比如自己的名字。（姜醒 译）■

快速眼动睡眠

尤金·阿瑟林斯基（Eugene Aserinsky，1921—1998）
威廉·迪蒙特（William Dement，1928— ）

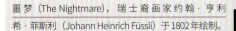

噩梦（The Nightmare），瑞士裔画家约翰·亨利
希·菲斯利（Johann Heinrich Füssli）于1802年绘制。

梦的解析（1900年），荣格心理学（1913年），
心理排放（1941年）

尽管所有温血哺乳动物每天晚上都会做梦，但睡眠与梦的实验研究始于20世纪。20世纪30年代，作为新方法的脑电图（EEG）可以测量睡眠时的脑电活动，并记录节律性。然而，直到1953年生理学研究生尤金·阿瑟林斯基通过脑电波发现，睡眠过程中眼球的快速运动与做梦相关。另一位研究生，威廉·迪蒙特也开始研究快速眼动（REM）睡眠。

科学家们现已明确的是，在正常的睡眠中，人们会经历不同的阶段，每个阶段都有自己特有的大脑活动。在第一阶段，我们的大脑表现出 α 波；在这个阶段我们很容易被唤醒，并且常看到逼真的情景，但那并不是梦。在第二阶段，我们的睡眠加深，脑电活动表现出小型脉冲。在第三阶段，脑波的变化较大，呈现出较慢的 δ 波；当大脑频率只呈现 δ 波时，我们就会处于深度睡眠，即第四阶段，持续约 20 至 30 分钟。随后，我们进入快速眼动睡眠阶段。此时，我们的心率和呼吸加快，脑电波看起来似乎与清醒状态相似；眼球在眼皮下快速地来回移动（故命名为快速眼动期）。虽然所有的这些活动与清醒时相似，但身体仍然是不可移动的，好像我们的骨骼肌瘫痪了一样。快速眼动睡眠会呈现出周期性，第一周期的快速眼动期持续时间最短；每晚出现的睡眠周期数取决于睡眠时长，可多达四个周期。

尽管我们需要各个阶段的睡眠，但研究表明，快速眼动期是最重要的。目前可以明确的是快速眼动睡眠不足将导致免疫功能减弱，尽管尚不清楚具体的原因。从积极的一面来看，有证据表明，在快速眼动睡眠期间，我们的记忆会得到巩固。（姜醒 译）■

1953年

快乐中枢和痛苦中枢

何塞·曼努埃尔·罗德里格斯·德尔加多（José Manuel Rodriguez Delgado，1915—2011）
詹姆斯·奥尔兹（James Olds，1922—1976）

2010 年 5 月 1 日，墨西哥阿瓜斯卡连特斯市的圣马科斯展览会（San Marcos Fair）上举行斗牛活动。生理学家德尔加多在 1963 年著名的实验中，向大家演示如何通过一个简单的按键，来控制公牛大脑的疼痛中枢，阻止公牛向他冲去。

 操作条件反射装置（1930 年），感觉剥夺（1937 年），心理排放（1941 年）

1954 年

　　20 世纪 50 年代，有研究发现疼痛、愤怒以及快乐定位于大脑的特定部位，这让科学家和公众都感到震惊。1954 年，心理学家詹姆斯·奥尔兹发布了关于快乐研究的轰动性成果；同年，生理学家何塞·德尔加多公布，可以通过刺激大脑中枢的某一部位，产生疼痛和愤怒。这些进展表明，可以通过控制大脑来支配内心和行为，从而构建一个美好的新世界。德尔加多还指出"精神文明"（psychocivilized）社会是可以通过这些方法，以及其他直接控制大脑的方法来实现。

　　在他们的成果公布之前，人们普遍认为，快乐和痛苦并不局限在脑内的某一部位，而是分散于全脑中。正如奥尔兹报告的一样，他将极细的电极插入老鼠的大脑，但电极并非插入他原本打算刺激的中脑区域。事实上，他将电极埋入了下丘脑。他注意到，老鼠很快就倾向于待在实验箱中获得电刺激的位置。奥尔兹通过进一步研究发现，老鼠对电刺激的喜爱超过它们对食物奖励的期望。如果每次按压杠杆都能获得一次电刺激，有些老鼠压杆的频率能达到 5 000 次 / 小时！

　　另一方面，德尔加多发现了可以制止行为或激发愤怒反应的痛苦中枢。鉴于奥尔兹通过金属丝连接电极来控制实验动物，德尔加多也开发了一种能远程控制的刺激接收器（stimoreceiver），即一种能从远处控制行为的芯片。德尔加多分别以老鼠、猴子、猫、人以及其他动物作为研究对象。1963 年德尔加多在故乡西班牙演示了一个著名的实验，他将刺激接收器植入一头公牛的大脑，并使用控制器阻止公牛向他冲去。

　　这些发现把许多人吓坏了，因为他们看到了被控制的可能性。但是，这些发现也让我们认识到情绪反应的丰富性和复杂性。（姜醒 译）■

接触假设

高尔顿·奥尔波特（Gordon Allport, 1897—1967）

1963 年 3 月 28 日，在华盛顿特区民权游行（Civil Rights March）上的领导人们，包括全国天主教跨种族正义联盟执行长官，马修·阿曼（Mathew Ahmann）（左起第一）；游行委员会主席，克利夫兰·罗宾逊（Cleveland Robinson）（坐着，戴眼镜）；美国犹太人大会主席，拉比·约阿希姆·普林茨（Rabbi Joachim Prinz）（罗宾逊身后）；协助创立美国劳工联合会（AFL）卧车列车员兄弟会和美国劳工联盟和工业组织代表大会（AFL-CIO）前副主席的劳工党领袖，A. 菲利普·兰多夫（A. Philip Randolph）（坐在中间），组织了这次游行。他们的身体彼此接触，商议着非裔美国人的民权问题，通过不同群体间社会临近性和身体接触的增加，描绘了一幅克服偏见、充满希望的景象。

 玩具娃娃实验（1943 年），自我实现预言（1948 年），罗伯斯山洞实验（1954 年）

在美国社会心理学界，接触假设是一个经久不衰的概念。简单而言，就是不同社会群体在一些重要的方面各不相同，如肤色、种族或社会阶级，在一定条件下，通过不同群体之间的接触可以减少偏见并促进好感。自从著名的社会心理学家高尔顿·奥尔波特在 1954 年提出了这一概念以来，已有 700 多项科学研究验证了这一概念。是什么促进了这一富有成果的社会科学概念的诞生？

第二次世界大战结束后，纽约市社会科学家试图证明他们的学科可以帮助人们解决现实生活中的问题。其中一个迫切的问题是，关于大城市中不同人种的住房问题。战争使得许多少数种族的人们到大城市的工厂工作，但却几乎没有修建新的住房。由于美国通常采用的是隔离住宅模式，战争结束后，紧张的局势转变为人们要在何处居住的问题。社会科学家们认为这是一个值得研究的机会，寻求改变政策的同时，也能揭示如何减少种族歧视、提高群体关系。

在纽约及附近的城市中，房地产开发项目大幅提升，其中同时包括黑人和白人居民的住宅。这为研究创造了一个天然的实验室，有助于回答关于不同种族群体之间接触的问题。这些综合性住房项目的研究人员发现，两个人种居住在一起的住户比其他隔离住宅的住户表现出更友善的关系，并且白人住户对综合性住宅表现出赞扬的态度。因此研究人员得出结论，与其他种族的人密切接触的生活经验使得他们的态度发生转变。这种观点正是奥尔波特提出的精辟短语"接触假设"。（姜醒 译）■

1954 年

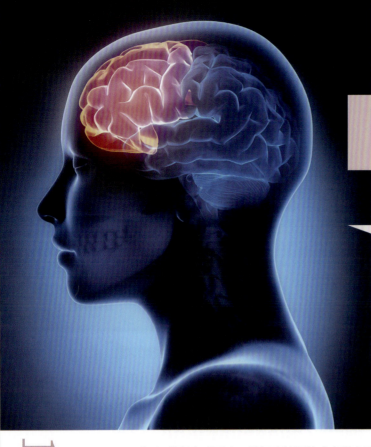

认知疗法

阿尔伯特·艾利斯（Albert Ellis, 1913—2007），
亚伦·T. 贝克（Aaron T. Beck, 1921— ）

认知疗法将大脑的额叶作为观测目标，是因为额叶涉及计划、判断、决策、注意、抑制等执行功能。

精神分析（1899 年），存在分析治疗（1946 年）

1955 年

　　自 20 世纪中叶以来，认知疗法因治疗各种心理问题而得到广泛认可。美国精神分析心理学家阿尔伯特·艾利斯开创了第一个认知疗法——合理情绪行为疗法（REBT）。艾利斯最初选择了精神分析法来理解他童年时期的心理动力，希望帮助别人解除根源于童年的苦恼。然而，到了 20 世纪 50 年代早期，他对精神分析的缓慢效果及其始终专注于童年经验感到不满，并转而关注人们的想法和自述是如何使他们陷入困境的。他指出，人们受困于各种理念上认为必须做的事情，也就是说，他们不合理地关注那些自认为"必须""应该"和"应当"做的事情。例如，年轻人因为必须取悦父母而选择不适合的职业，或因为应该被每个人所认可以及自己应该时刻做出正确的决策而陷入不断的自我批评当中。合理情绪行为疗法使用思维辩论等方法来挑战患者的错误信念。它通常向患者提出如下问题："为什么你必须取悦你的父母"或"怎么可能做到每一个人都爱你"。患者通过练习和家庭作业，能够抑制非理性信念的困扰并构造新的思维模式。

　　艾利斯提出合理情绪行为疗法几年后，亚伦·贝克开始出版关于认知疗法的第一部著作，也开始了他作为精神分析学家的职业生涯，但他并未能找到相关研究来支持精神分析的一些关键概念。后来他逐步提出一种认知方法，患者通过这种认知方法可识别并挑战不正常的无意识思维。贝克认知疗法最初仅仅用于治疗抑郁症，但如今已被证明可以有效地治疗焦虑、婚姻问题等各种心理疾病。（陈翠苗 译）■

安慰剂效应

亨利·K·毕阙（Henry K. Beecher，1904 — 1976）

上图：1980 年，对阿片类成瘾者进行的两次 PET 扫描比较，在吗啡作用下脑部上方活动减少（色调较浅），以及安慰剂（没有药物）下的大脑下方的扫描。

下图：1955 年，亨利·毕阙医生的肖像。

心理治疗（1859 年），身心医学（1939 年），
A 型人格（1959 年），心理神经免疫学（1975年），健康的生物心理社会模式（1977 年），
身心医学（1993 年）

20 世纪医学和心理学中研究最多的一个现象就是安慰剂效应。安慰剂这个词来自拉丁文，意思是"我将安慰"，是指那些不含任何已知或经证明的有效活性成分的药剂。比如，我们告知患者能缓解症状的处方药其实作用并不明显。安慰剂的有益作用源于人们对改善的期待。安慰剂效应被广泛应用于医学和心理领域中的治疗。现代研究人员得出结论，安慰剂效应是患者对治疗的一般或典型性反应。

尽管安慰剂效应已经存在了几千年，但在西方医学的历史记录中，只能追溯到 18 世纪。19 世纪，安慰剂效应被广泛地视为医生治疗效果的一部分。那时候，江湖医生、相士以及假药推销商们广泛活跃于美国乡村和最早开发的地区，他们极力推广各种"灵丹妙药"想必也是依据类似的治疗机制来使服药的患者达到有益的治疗效果。

关于安慰剂和安慰剂效应的缜密研究始于医生亨利·毕阙在美国医学协会杂志上发表的《强有力的安慰剂》一文。该文激发了健康和疾病研究领域对心理学的关注，如汉斯·塞利（Hans Selye）的压力理论、冠心病与 A 型人格的关系等，为健康和疾病研究中身心关系的思考提供了新的动力。安慰剂效应被认为是所有新药物的随机对照试验中的必要组成部分。（陈翠苗 译）■

1955 年

短期记忆

乔治·A.米勒（George A. Miller，1920—2012）

1956 年，米勒在《神奇的数字：7±2》中提出，人类短期记忆中最多可存储的条目（事物）数量为 7。后续研究显示，人类实际上可以记住超过 7 位的数字。比如，我们可以记住分成组块的电话号码或社会安全号码。

 认知研究中心（1960 年），记忆加工水平模型（1972 年）

1956 年

从古希腊时期的亚里士多德，到 19 世纪末赫尔曼·艾宾浩斯（Hermann Ebbinghaus）和玛丽·卡尔金斯（Mary Whiton Calkins），记忆一直是心理学研究的主题。然而，出生于西弗吉尼亚、毕业于哈佛大学的心理学家乔治，以他的短时记忆信息处理理论引导了当代记忆研究的新方向。第二次世界大战期间，试图提高军事信息交流的数学家、物理学家、工程师、语言学家和心理学家组成了大型跨学科工作组，米勒是该工作组成员之一。战争结束后，这些交流经验促使他思考如何将信息理论应用于心理学。他在战后的研究，促使其他心理学家在认知研究中采取信息处理的方法，也使美国心理学从行为主义研究转向对心智的研究。

心智的新模型假设大脑是一台电脑或像电脑一样操作的实体。心智（或大脑）就像电脑一样进行着信息处理。这种模型引发了米勒关于记忆工作原理的思考，也就是说，大脑是如何保存记忆，从而保证信息处理过程的进行？他在 1956 年的文章《神奇的数字：7±2》中写道，那段时间，整数"7"一直萦绕在他心头，因为他发现，人类短期记忆中最多可存储的条目（事物）数量为 7。

后续研究表明，人类短期记忆中可存储的条目数量最大限度并非 7±2 个单独条目，因为将信息分成组块后人类短期记忆条目的最大限度可以远远超过 7。例如，美国社会安全号码是由 9 位数组成的，但是大多数人都能很快记住，就是因为它们被分为 3 个组块后，长度不到一般短期记忆广度的一半。（陈翠苗 译）■

双重约束理论

格雷戈里·贝特森（Gregory Bateson，1904—1980）

 精神分裂症（1908 年），家庭疗法（1950 年）

1900 年，朱尔斯的妈妈帮她擦干身体——美国画家玛丽·凯撒特（Mary Cassat）。贝特森备受争议的双重约束理论提出，孩子若经常接收主要照顾者的混乱信息，将增加罹患精神分裂症的风险。

1956 年

一位母亲去医院探望最近被诊断为精神分裂症的儿子。儿子拥抱母亲时发现母亲身体僵硬，便松开了母亲。母亲问："你不爱我了吗？"这种互动意味着什么？

（a）我是令人喜欢的。

（b）你应该爱我，如果你不爱我，说明你品行不好或犯错了。

（c）之前你是爱我的，但现在已经不爱了。

格雷戈里·贝特森和他的同事们在加利福尼亚州的帕洛阿尔托分析了精神分裂症患者和他们的父母之间的这种沟通方式，并于 20 世纪 50 年代发表了他们的经典文章《精神分裂症理论》。1956 年，文化人类学家贝特森开始对孩子患有精神分裂症的家庭的沟通模式产生浓厚兴趣。他发现，许多这样的家庭把生病的孩子放在易受攻击的环境中，在那种环境中，孩子既不容易解决问题，也不能逃避。贝特森将这种互动模式称为双重约束。

基于自己的观察，贝特森提出，家庭成员之间的不畅沟通可能会诱发精神分裂症。精神分裂症患者受到来自父母或其他亲人的干扰，接受着相互冲突的信息——这些信息既无法忽视，也没有办法作出充分的反应。在上面的例子中，如果一个母亲给出爱和拒绝两方面的信息，那孩子应该做什么？该信息来自不同但力量相当的两个层面——言语和身体。面对如此强烈的冲突，孩子的自然反应就是回到发病状态。

精神分裂症的双重约束假设出现于业界对家庭、对心理健康和疾病影响充满浓厚兴趣的时期。无论其最终价值如何，贝特森的理论都具有激励意义，促使治疗师思考如何以新颖且富有成效的方式对待家庭。（陈翠苗 译）■

逻辑专家

赫伯特·西蒙（Herbert Simon，1916—2001）
艾伦·纽厄尔（Allen Newell，1927—1992）

1989年，墨菲斯托学院国际计算机象棋。1956年，西蒙自信地宣称，计算机将在未来十年内成为国际象棋的世界冠军。事实上，四十年后这一预言才得以实现。

机器可以思考吗？（1843年），图灵机（1937年），
控制论（1943年）

1956年

开发可执行复杂问题、像人一样去解决问题的计算机程序一直是认知科学家们梦寐以求的目标。20世纪50年代，科学家兼研究员艾伦·纽厄尔以及政治学家赫伯特·西蒙建立了良好的合作伙伴关系，并因此距离上述目标更近了一步。他们的一个突破性创新是1956年在新罕布什尔州达特茅斯举行的一个会议上提出了计算机程序"逻辑专家"，这个程序的诞生取决于纽厄尔和西蒙将思考中的人视为信息处理器这一类比。为此，他们开发了所谓的原始记录分析，给被试提出逻辑性问题，让他们在解决问题的同时把思路说出来。然后，他们分析这些原始记录来辨别被试所使用的规则和模式，而这些见解引导着他们的计算机编程。他们将这种方法描述为人工智能与心理学之间的互相借鉴。

阿尔弗雷德·诺夫·怀海德（Alfred North Whitehead）和伯特兰·罗素（Bertrand Russell）的《数学原理》是具有里程碑意义的三卷数理逻辑著作，"逻辑专家"的产生旨在为此书中的一些基本定理提供证据说明。事实上，"逻辑专家"提供的证据比上述两位作者提供的更具说服力。于是，纽厄尔和西蒙试图以逻辑专家的名义把它发表在杂志上（但是编辑不同意）。后来，纽厄尔和西蒙对"逻辑专家"进行了改进，并开发出以手段-目的分析法为基础的"一般问题解决器"程序，该程序是一种启发式策略，会对问题的当前状态和最终目标进行系统性对比分析。在每一个步骤中减少当前状态与最终目标之间的距离，直到两者合二为一。那时，西蒙自信地宣称，电脑将在未来十年内成为国际象棋的世界冠军。虽然历时四十年，但1997年深蓝程序在通过卫视进行全世界直播的比赛中最终击败卫冕冠军卡斯帕罗夫（Garry Kasparov）。（陈翠苗 译）■

抗抑郁药物

罗兰·库恩（Roland Kuhn，1912—2005）

抗焦虑药物（1950 年），抗精神病药物（1952 年）

多种西番莲属植物被发现含有生物碱，图中这种植物含有抗抑郁成分的单胺氧化酶抑制剂。

1957 年

1952 年，一种正在开发用于肺结核患者的药物——异烟酰异丙肼，被发现能有效地治疗抑郁症。1958 年，该药获准使用，但三年后其因导致严重的肝损伤而被撤回。1955 年，丙咪嗪在瑞士精神病医院被用来治疗精神分裂症患者，但结果并不乐观。精神病学家罗兰·库恩决定将该药物用在四十位抑郁症患者身上，效果都很显著。病人变得活跃，说话声音变大了，能够进行有效交流，而且忧郁的抱怨几乎消失。他在 1957 年发表了该结果。

丙咪嗪以盐酸丙咪嗪（Tofranil）的品牌名称进入市场，并成为三环抗抑郁药（因其三环化学结构而得名）的第一个成员。三环抗抑郁药通过抑制神经递质去甲肾上腺素（若用量较少，则抑制 5-羟色胺）的再吸收来发挥作用，因此从一开始该类药物大多数都用于大脑，但也会出现副作用，如口干、便秘、体重增加和性功能障碍。

发现丙咪嗪后不久，又发现了另一种通过抑制起作用的抗抑郁药物。这种称为单胺氧化酶抑制剂（MAOI）的药物防止了酶、单胺氧化酶的活动，分解了诸如如 5-羟色胺和去甲肾上腺素等一些神经递质。单胺氧化酶抑制剂的副作用比其他三环抗抑郁药更危险，所以目前不允许开出这种处方药。

1987 年，商品名为百忧解的第二代抗抑郁药由美国食品和药物管理局批准使用。百忧解和其他类似药物是选择性 5-羟色胺再吸收抑制剂。正如它们的名字所暗示的，这些药物可抑制 5-羟色胺在突触的再吸收。结果是显著的：发布后三年内，百忧解在精神病医生所开处方药中居于首位，到 1994 年，成为全世界第二大畅销药物。它避免了其他抗抑郁药物所具有的许多副作用。实际上，成千上万没有患精神疾病的人使用该药物来增强他们的个性、减肥或提高他们的注意力。（陈翠苗 译）■

认知失调

利昂·费斯汀格（Leon Festinger，1919—1989）

1879年，伊索寓言中"狐狸和葡萄"的雕刻作品说明了认知失调的概念。利默里克版本的寓言写道："这只狐狸一直非常想吃葡萄。它跳上去，但始终摘不到。所以它便说这是酸的，并宣称自己不喜欢葡萄。"

 一致性与独立性（1951年），基本归因误差（1958年）

作为20世纪重要的社会心理学家，利昂·费斯汀格在如何管理自我意识，如何维护信念和态度的一致性方面做出了巨大贡献。得益于他的研究成果，美国社会心理学领域越来越多地以内部、认知状态来解释社会现象。当时，这种情况在其他国家十分罕见。他对社会心理学认知领域的主要贡献是由他撰写并且引用率很高的一本书——《认知失调理论》。

费斯汀格在纽约长大，在纽约城市大学获得了本科学位，该校的心理系强调实际应用。接着他获得了爱荷华州立大学的硕士学位，后来又深受移民而来的格式塔心理学家库尔特·勒温的影响。第二次世界大战后，费斯汀格作为勒温的团体动力学创新研究中心的成员，在麻省理工学院与勒温共事。费斯汀格的社会心理学成果很大程度上要归功于勒温的完形法，尤其是生命体在社会和认知中维持平衡的原则。

认知失调理论提出了三个基本假设。第一个假设，认知（信仰或态度）可能与其他信仰有关联。例如，"我是虔诚的"与"我定期去教堂"有关联。第二个假设是相关的信仰可能是矛盾的，这是认知失调提出的基础。第三个假设是，人类具有减少失调，重获认知平衡和恢复完形的动机。

当失调程度较大，涉及重要的信仰或自我意识时，我们将产生减少失调的强烈动机。费斯汀格建议我们改变不和谐的信仰或态度，从而与其他相关的重要认知一致。例如，你爱篮球，你相信你是一个很优秀的球员，但是当你去参加高中球队的选拔时，你未能获得进入后两场比赛的资格。这就产生了不和谐。你将告诉自己，篮球毕竟不是那么好，以此来减少不和谐。（陈翠苗 译）■

1957年

心理学时代

欧内斯特·哈弗曼（Ernest Havemann, 1912—1985）

保存在新罕布什尔州朴茨茅斯的斯卓贝里·班奇博物馆内 20 世纪 50 年代房屋室内物，它们是那个时代"美好生活"的主要象征之一：电视机。

精神分析（1899 年），来访者中心疗法（1947 年），完形治疗法（1951 年）

1957 年

1957 年，就在艾森豪威尔的第二次总统就职典礼之前，《生活》杂志推出了以"心理学时代"为专题的一系列文章。文章由自心理学家转行为新闻记者的欧内斯特·哈弗曼所撰写，并于当年编册成书。为什么美国人最喜欢的杂志会对心理学投入如此多的关注呢？

第二次世界大战的结束带来了经济繁荣和生育高峰。至少对中产阶级的白人家庭来说，郊区生活成为常态。所谓的"好生活"就是所在社区拥有自家房屋，且房屋内充满了各种小玩意：烤面包机、真空吸尘器、搅拌机、蒸汽熨斗、过滤器、电煎锅、收音机、颜色惊艳的冰箱和冷冻箱、适合 DIY 的电动工具（尽管实际上很少用到），以及最重要的电视。

后原子武器时代，居住在这些飞地的现代（白人）家庭生活中，对未来有着强烈的焦虑和恐惧。面对与邻居攀比所带来的压力，美国人患上"郊区恐慌"。20 世纪 50 年代的父母很关注青少年犯罪，十分担心他们的孩子会因为电视传递的信息、摇滚、提倡消费的理念而成为社会不良青年。

正是此时，精神治疗进入中产阶级的生活。心理健康，或至少是希望身体健康，成为了一种可购商品。起初，精神分析是首选的治疗方法，但其高昂费用和对人类状况所固有的悲观情绪减弱了它的吸引力。那些寻求心理帮助的人发现诸如人文主义、完形治疗法等新的心理疗法，与周日在教堂听到的没有根本性的差异，且充满着美国式乐观主义。随着宗教影响的减弱，心理学家提供的疗法成为走向美好生活的指南。这就是心理学时代。（陈翠苗 译）■

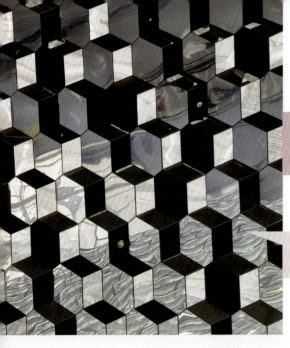

阈下知觉

詹姆斯·M. 维卡里（James M. Vicary，1915—1977）

这面墙的镜子挑战我们辨别真正的方向，如一堆三维立方体可以视为不同方向下的二维图像。

心理释放（1941 年）

1957 年

电视卡通人物荷马·辛普森为了减肥，购买带有潜意识信息的磁带来帮助自己。荷马没有意识到的是，这些磁带其实只有扩充词汇的效果。几天之后，荷马和他的妻子玛姬之间进行了如下对话：

玛姬：荷马，减肥磁带降低了你的食欲吗？

荷马：啊，可悲的是，没有！我的美食贪婪没有得到满足。

玛姬：我不知道磁带是否起作用。今晚你吃了三个甜点。

荷马：忍耐只是口号而已。三个夹馅面包已经击败了我的决心。

我们可以通过阈下信息来减肥或者提高词汇量吗？ 1957 年，营销人员詹姆斯·维卡里声称他能够在电影中插入低于意识阈值的信息来影响消费。据说这些广告信息增加了阈下意识呈现的产品的销售。尽管维卡里的言论被曝光是一种欺诈，从没听过阈下知觉这个词的数以百万计的人们从那时起开始认为此类广告实际存在着，且确实起作用。

阈下知觉是无法意识到的知觉，但一直很难证明它的存在或以任何一种有意义的方式发挥作用。一个科学性问题在于，尽管被试可能报告没有看到或听到据说是阈下意识呈现的某信息，但要证明他（她）真的没有察觉到几乎不可能。

荷马和提高他的词汇水平的自助录音又如何呢？目前，有很多这种媒体致力于帮助人们提高记忆力、戒烟、减肥等。一般来说，一个人能在沙滩上听到间歇的海浪声和蟋蟀柔和的鸣叫声，但是声音传递的真正含意是隐藏在外显的声音之"下"的。这种内隐的方式有效吗？ 令人遗憾的是，答案是否定的。心理学的实验没有证据可以显示这种方式会有效。也许撒旦会跻身于事实之中，但是它却不能藏身于奥齐·奥斯本（Ozzy Osbourne）的黑色音乐之中。（陈翠苗 译）■

同性恋不是一种疾病

伊芙琳·胡克（Evelyn Hooker，1907—1996）

2009 年雅典的同性恋游行，彩虹旗帜反射到路面。

投射测验（1921 年），DSM-III（1980 年）

1957 年

　　心理学家伊芙琳·金特里·胡克被誉为同性恋解放运动的先驱。美国同性恋解放运动的开始起源于 1969 年纽约市发生的石墙事件。早在该事件发生的 15 年前，胡克便开始了相关研究。其研究表明，同性恋者与异性恋者在心理调整方面没有区别。这一研究发现对改变社会和科学界对同性恋"病理学"的态度起着关键性作用。

　　自称为"无可救药的异性恋"的胡克在 20 世纪 50 年代早期担任加州大学洛杉矶分校的导师，直到遇见她的学生山姆·弗朗（Sam From）。山姆觉得可以信任她，便向她透露他和身边许多朋友都是同性恋，并恳求她做一些科学研究来证明他们没有异常。她同意了，并在获得研究资助后，通过与同性恋者组织联系招募了 30 个同性恋者被试。她组织了面试和测试，其中的罗夏测验和主题统觉测验都是当时临床医师所广泛使用的。接着她招募了异性恋者的匹配样本进行相同的测试。两个组的原始测试记录都是按照双盲法则进行的，并邀请一组杰出的临床医生参加。每个临床医生负责 30 对配对被试，并要求医生评定哪些是同性恋参与者的原始测试记录。专家们无法区分这些原始记录。

　　胡克在 1955 年召开的美国心理协会上介绍了她的成果，并于 1957 年出版。她的研究成果对 20 世纪 70 年代将同性恋从《精神疾病诊断与统计手册》中删除是很有帮助的。她一生都在积极参与同性恋的权利运动。（陈翠苗 译）■

道德发展

劳伦斯·科尔伯格（Lawrence Kohlberg，1927—1987）

在这张 20 世纪年代末的照片中，甘地（达到了科尔伯格的道德发展的最高阶段）正在使用纺车。

发生认识论（1926 年），生态系统理论（1979 年）

1958 年

在生活中，我们都必须做出道德选择。对道德判断发展过程做出清晰研究的心理学家劳伦斯·科尔伯格，曾帮助犹太难民偷渡到英国控制的巴勒斯坦领土内。这样做的理由是因为他相信，帮助建立犹太国家要比遵守英国的法律更具有道德高度。

科尔伯格一生致力于了解道德原则的发展。他在 1958 年的博士论文中首次报告了人类如何解决道德两难问题的研究，之后便一直在探索这一理论的启发意义。他向不同年龄阶层的人提出了道德两难问题，然后分析他们的反应。他的经典道德两难问题情境如下：

海因茨的妻子即将死于癌症。当地的药剂师发明了一种药物能救他妻子的命，但收费是 2000 美元，是其制药成本的十倍。海因茨是应该偷药救他妻子的生命还是遵守法律，让妻子无药而亡呢？请说明原因。

通过对参与者反应的分析，科尔伯格认为，道德发展要经过六个阶段。儿童使用的是强调规避惩罚、获得奖励的道德成规前期的推理模式。第一阶段是以惩罚和服从为导向，其最重要的含义在于服从，从而避免惩罚。第二阶段，基于照顾自己的需求进行推理。青少年和大多数成年人已形成强调社会规则的习俗道德推理方式。接下来的两个阶段分别是指将道德行为定义为帮助他人阶段（阶段三）和成为一个遵守法律的好公民阶段（阶段四）。最后，一些成人形成了道德成规后期的道德判断：包括两个阶段，第一个阶段以通常可协商的社会契约为基础的道德（阶段五）；普遍的道德原则是最高形式的道德判断的基础（阶段六）。阶段六中，人的价值观超越了法律和社会公约的限制，甘地和小马丁·路德·金是最高阶段的两个例子。尽管科尔伯格的最后阶段并不被所有同事认可，但它推进了道德推理最高水平的进一步研究。（陈翠苗、肖珊珊 译）■

航天员心理选拔

乔治·拉夫（George E. Ruff, Jr. 1928— ）

投射测验（1921 年），主题统觉测验（1935 年），感觉剥夺（1937 年），压力（1950 年）

1984 年 2 月，宇航员在挑战者航天飞机的外面，演示了载人机动装置。

1957 年 9—10 月，苏联接二连三地发射飞船把宇航员送至外太空。这一系列举措令美国深感震惊，并以前所未闻之势在全国学校重点加强科学教育。苏联在载人航天事业的成功刺激了当时正处于计划准备阶段的美国太空项目。时任美国总统艾森豪威尔建立了美国航天航空宇航局（The National Aeronautics and Space Administration，NASA）。艾森豪威尔通过法令规定只有军事飞行员才有资格选作航天员，这个积极的行动被称为水星计划。

怎样选拔航天员？ 1958 年初，选拔的基本标准是驾驶飞机时长 1 500 小时以上，110 名飞行员达到门槛。同时，NASA 决定所有候选者需要接受严格的医学和心理学测验。精神病学家乔治拉夫负责该项目。药物试验在新墨西哥州进行，心理测验在俄亥俄州西南部城市代顿航空医学实验室完成。

拉夫与他的团队决定有四项基本任务：建立工作要求，决定与工作相匹配的人格，采用何种评估工具，最终验证选择结果。他们把每个候选者分为 17 种心理类型；例如，从适应性、防御性与冲动性测试飞行员处理压力的能力。

如何对这些类型的性能进行测量？拉夫与他的同事决定采用 31 种评估外加 2 种精神检查。人格与动机用混合测试评估，包括罗夏墨迹测验、主题统觉测验、明尼苏达州多项人格测验与其他 10 项测验。用韦氏成年智力量表、米勒类推测验、空间定位测试与 9 项额外测试测量智力与特殊能力倾向。同样，每个候选者需要在包括感觉剥夺、加速与心跳在内的压力测验中表现优异。

NASA 在该套测试的基础上，从 110 入选者中只选出了 7 名男性，他们具备航天员必备的心理素质。（肖珊珊、陈翠苗 译）■

1958 年

系统脱敏疗法

玛丽·凯文·琼斯（Mary Cover Jones, 1897—1987）
约瑟夫·沃尔普（Joseph Wolpe, 1915—1997）

系统脱敏疗法利用交互抑制法让人们逐步克服恐惧，如恐高症。

经典条件反射（1903 年），操作条件反射装置（1930 年），代币经济（1961 年）

1958 年

1924 年，美国发展心理学家玛丽·凯文·琼斯发表了关于用各种尝试策略去减轻一名儿童害怕白兔的症状。她发现直接调节方法最为有效。该方法提供一个舒适的、放松的刺激（如食物）与白兔同时出现。随着将白兔越来越近的放在儿童最喜欢的食物旁边，儿童慢慢变得放松下来，不再紧张，并最终克服恐惧可以抚摸白兔。很多年过去了，人们渐渐遗忘了琼斯的工作。

20 世纪 50 年代，南非医生约瑟夫·沃尔普开创了系统脱敏疗法去治疗焦虑症患者。刚开始，沃尔普采用的谈话疗法进展非常缓慢，并毫无疗效。沃尔普思考可以通过对抗条件反射作用，即配给一种刺激或活动是与此焦虑不同的焦虑感。最初，沃尔普把这种疗法称作"交互抑制心理疗法"，1958 年，他出版了同名图书。但是当今，我们称它为系统脱敏疗法。

系统脱敏疗法运用交替抑制法帮助人们逐渐克服恐惧。1938 年，艾德蒙·雅各布森（Edmund Jacobson）医生率先采用渐进肌肉放松法来对抗条件反射作用。病人训练学习放松并保持放松的状态。令病人感到害怕的物体、想法或环境随后以最温和、最无害的形式出现。随着病人可以继续保持放松状态，下一个对恐惧与焦虑最无害的形式出现。这种方式通常持续许多阶段，直到人能够在遇到先前最具威胁的恐惧或焦虑的刺激时仍可以保持放松，病人就已经克服了恐惧。

在沃尔普开创这一方法之后，他与其他行为治疗家发现，实际上系统脱敏技术是由琼斯最早构想出来的。因为琼斯早期的工作成果，她被誉为"行为疗法开创者"。（肖珊珊、陈翠苗 译）■

恒定的时间紧迫感，A
型人格的一个关键特征。

压力（1950 年），健康的生理–心理–社会交互模式（1977 年），身心医学（1933 年）

1959年

1959 年，两位心脏病学家报告发现：许多男性病人在医生办公室内表现出了一些相似的行为。这些男性不耐烦、焦急、迫于追求并在工作室非常集中精力，有人会认为，这是一种典型的企业文化。促使森曼与弗里德曼把注意力转移到这些男性行为表现的原因是，由于这些男性强加的损坏行为，他们要经常重新添置办公室的家具。心脏病学家关注的这些男性都与冠心病相关联，于是，研究者怀疑这些行为与心理层面的因素是否是导致心脏问题的因素。最终，这些共同的行为表现被冠以 A 型人格的标签，在 20 世纪 70 年代早期，人们开始广泛研究 A 型人格的机制。

该发现正好发生在美国文化开始关注生活方式与健康的新时期。在 20 世纪 60 年代，死亡与疾病主要源于冠心病、癌症、中风和事故，这些疾病在个人和公共方面都是代价高昂的。健康研究开始指出很多疾病有着重要的行为方式与心理层面的因素。如果不健康的行为方式可以改正，人格可以塑造，那么国家也会受益。冠心病成为转移到全面的健康观点和需要心理专业知识研究与治疗的典范。A 型行为引发了公众对心理与健康关系的思考。

研究最初揭示了心脏疾病与 A 型行为（时间观紧迫、有闯劲与焦虑）的联系。进一步研究把行为与心理因素缩小到只有敌对状态，心理治疗可以管理这种敌对状态，从而提供了心理学家对治疗冠心病的另一个角色。（肖珊珊 译）■

日常生活中的自我表现

尔文·戈夫曼（Erving Goffman，1922—1982）

1956 年 9 月 16 日，在纽约记者会上，前任第一夫人埃莉诺·罗斯福与媒体会面。

↳ 同一性危机（1950 年），社会认同理论（1979 年）

1959 年

　　伍迪·艾伦在 1983 年电影《泽利格》（Zeling）中扮演勒纳德·泽利格（Lenard Zeling），该角色在向他周围的人展示自己时拥有不可思议的能力。无论电影里艾伦的想法源于何处，他的这些论点都来自于一位名叫尔文·戈夫曼（Erving Goffman）的社会学家 1959 年出版的《日常生活中的自我表现》书里。戈夫曼借鉴早期关于自我理论，如社会学家乔治·贺伯特·米德和查尔斯·库利就曾争论过自我是社会互动的产物，戈夫曼提出了他所谓的社会生活中的戏剧模式。在这种模式下，我们的社会身份由我们扮演的各种角色所构成。我们每个人用不同的方式展现自我，其目的之一为了帮助管理我们给他人形成的印象，尤为重要的是想要他人相信的社会印象方面。这一点，戈夫曼提出是什么指导社会互动？生活好比一个舞台，社会互动好似一场表演。我们或许希望他人认为自己是谦逊的、智慧的，或者是我们有成千上万其他属性中的任何一个，无论我们是否真正做到。这变成了我们的面具，一种我们希望他人相信的印象。因为它是一种互动，他人必须与我们合作，使我们的要求真实可信，就像我们在别人展现自己的面具时与他人合作一样。

　　戈夫曼的论点引人注目并影响了一大批学者。例如，文化历史学家们就研究了意大利科学家是怎样在文艺复兴时期的佛罗伦萨在美第奇家族进行细致入微的印象管理，从而为科研项目获取赞助。从戈夫曼时期到我们所处的时代，心理研究已经发现戈夫曼的许多理论含义在自我意识、自我限制与印象管理中有所提及。（肖珊珊 译）■

职业倦怠

格雷厄姆·格林（Graham Greene，1904—1991）
赫伯特·弗罗伊登伯格（Herbert Freudenberger，1926—1999）

职业倦怠是工作生活超负荷和过度劳累的结果，在服务行业里最为常见。同样，在强烈紧张的人际压力下也会发生，如照顾年老的父母或配偶。

 压力（1950年），恢复力（1973年），注意力（1979年）

1960年，英国作家格雷厄姆·格林在他的小说《倦怠》一节中讲述了一位建筑师遭受压力和丧失宗教信仰后，试图通过照顾麻风病人的工作找到意义；小说发表十四年之后，心理学家赫伯特·弗罗伊登伯格借此标题来描述，尽可能来自在职业生活中超负荷工作和过度劳累的疲惫状态。在这个对压力及其与健康的关系关注急剧上升的时代，倦怠成为健康专家和大众广泛使用的术语。它在服务行业最为常见。虽然倦怠通常产生于工作当中，但是它在强烈紧张的人际压力下也容易发生，比如在照顾身患绝症的人。倦怠出现在《疾病和有关健康问题的国际统计分类》第十次修订本的名单中，但它并没有得到美国精神病学协会联合署名的认可。

科学家和心理健康专家对职业倦怠进行深入研究和讨论。从20世纪70年代开始心理学家克里丝蒂娜·马丝拉参与了最早的对职业倦怠系统的学习。她和她的同事们发现，职业倦怠的体验包括情绪耗竭、人格解体和无效。第一个维度是指，意识到情感的资源已经耗竭；第二个维度反映了一个新兴的犬儒主义（cynicism）和对同事或客户麻木不仁；第三个维度表示，在某种意义上不再能够在专业或个人功能上保持一个适当的水平。

研究表明，每当一个人对绩效有着不切实际的期望，同时缺乏上级或客户适当的支持和积极的反馈时，职业倦怠最有可能发生。此时，有效的干预措施包括提高社会同行的支持、增加需求资源、运动锻炼、爱好和可以倾诉的朋友。职业倦怠是现代生活的一种状态，需要有效的应对政策。（肖珊珊 译）■

1960年

视觉悬崖

埃莉诺·杰克·吉布森（Eleanor Jack Gibson，1910—2002）

这张照片展现的是一名婴儿在"视觉悬崖"顶部爬走，埃莉诺·吉布森和理查德·沃克于1960年在康奈尔大学设计了该试验。

 成长研究（1927年）

1960年

我们感知深度的知觉是天生的吗？还是通过经验后天习得的呢？运动或方法会影响动物知觉世界吗？通过一系列简洁的实验，心理学家埃莉诺·吉布森为当代知觉科学的发展奠定了基石。她最具代表性是视觉悬崖的研究，作为当时受欢迎的文章发表在1960年的美国《科学》杂志上。

吉布森与同事理查德·沃克（Richard Walk）一起设计了一个实验，用来测试经验是否对深度知觉起作用。她制作了平坦的棋盘式图案，图案以一英尺的高度差异摆放着，并在图案的上方覆盖一层玻璃板，这样就可以营造出一个深度的视觉感，就像一个悬崖一样。

吉布森和沃克用该设备测试婴儿是否会像其他小动物一样爬出或者越过视觉悬崖。她们测试了36个从6个月到14个月的婴儿，全部婴儿都会爬行。婴儿被放在玻璃板的中心，母亲从悬崖的"浅"侧或"深"侧招呼孩子。大部分婴儿听到母亲的呼叫时会从中心位置移动，但只有三个婴儿向深度错觉的方向移动。许多婴儿选择凝视着深度错觉的一边，甚至轻拍玻璃，但却不愿意爬过看起来像悬崖的一边，吉布森和沃克认为婴儿学会爬行的时候就已经具备了深度知觉，但这种经验可能对深度知觉的作用微乎其微。研究其他物种的科学家证实出深度知觉与移动性有联系。（肖珊珊 译）■

认知研究中心

杰罗姆·布鲁纳（Jerome Bruner，1915—　）
乔治·米勒（George A. Miller，1920—2012）

发生认识论（1926 年），控制论（1943 年）

位于马萨诸塞州剑桥市伊荣街 95 号认知
研究中心，也是威廉·詹姆斯的旧居。

1960 年

在 20 世纪中期，两位从哈佛大学心理系获得博士学位的心理学家杰罗姆·布鲁纳与乔治·米勒勇于思考怎样从古板且墨守成规的哈佛大学心理系跳出条条框框的约束。布鲁纳留在英格兰，米勒则留在斯坦福大学的行为科学高等研究中心。另一个共同点是，两个人都是第二次世界大战时为美国军队做跨学科科研团队的一分子。

1960 年，在卡纳基基金会提供的资金支持下，布鲁纳和米勒联手在哈佛大学建立了认知研究中心。该中心坐落于曾是心理学家威廉·詹姆斯的家宅中，布鲁纳和米勒的跨学科经验在中心重新出现。来自不同子领域的心理学家们，包括发展与实验心理学、人类学、语言学和人工智能的新领域代表出席了会议，就像法律、历史、艺术史和社会学那样。将他们聚在一起的是对理解人类的共同兴趣。每周的座谈会都吸引了一些来自世界各地该时代领先的思想家们。

认知研究中心的主要贡献在于，它推动了心理学向研究心灵方向发展。在美国心理学里，尤其排斥并已经不再通过过分强调行为研究来获取人类经验。在中心成立的十年之内，就出版了认知心理学的第一本教材，除此之外，这群美国人重新发现了皮亚杰关于开创性人类推理研究的重要意义。可以说，布鲁纳和米勒首创了圈外思考的做法。（肖珊珊 译）■

丰富环境

大维·克雷奇（David Krech，1909—1977）
马克·罗森茨维格（Mark Rosenzweig，1922—2009）

两个女孩在美国联邦安全局弹钢琴的照片。研究表明，在这样的"丰富"环境下，大脑神经连接数量会增多。

行为遗传学（1942 年），开端计划（1965 年）

1961 年

儿童成长的环境对智力发育有影响吗？今天大多数人会说肯定有，但是在 20 世纪的中期，大多数心理学家认为环境不影响智力，智力主要来源于遗传因素。到了 20 世纪 50 年代，一小群研究人员开始挑战这个关于智力的古老信仰。

加拿大心理学家唐纳德·赫布（Donald Hebb）曾撰文指出，对于同样的测试，在他家里标准实验室里的老鼠要比实验室的老鼠表现更加优异。赫布的报告引起了两位年轻科学家的兴趣，大维·克雷奇与马克·罗森茨维格。他们于 20 世纪 50 年代开始了一项研究项目，证明丰富环境对大脑神经连接的影响。克雷奇和罗森茨维格邀请生物化学家爱德华·贝内特（Edward Bennet）和神经解剖学家玛丽安·黛蒙德（Marian Diamond）加入他们的队伍。

基于赫布的"家庭教育"鼠记录，克雷奇和他的同事在两种环境下对老鼠进行实验。对照组接受标准实验室的照顾，只是在任何实验之前把它们关在一起而已。在进行标准问题解决测试之前，实验组老鼠被置于一个有很多玩具和可玩耍的丰富环境的笼子里。尸检后，对两组老鼠的大脑进行切片，以检查神经连接的数量。

1961 年他们发表了硕果累累的研究结果。他们指出与只经历过标准实验室的老鼠相比，生活在丰富环境中的老鼠大脑中有更多的神经连接。这项研究正好与同时期其他研究一起证明了，环境与经验（或后天）可以在智力的发展上起到关键的差异作用。克雷奇和他同事的研究为随后的"开端计划"奠定了基础。（肖珊珊 译）■

代币经济

特奥多罗·爱龙（Teodoro Ayllon，1929— ）
内森·阿兹林（Nathan Azrin，1930— ）

20 世纪 60 年代，在精神科病房里，扑克筹码和卡片成为交换玩具、食物或特权的强化物，以促进积极的行为。

小白鼠的心理学（新行为主义）（1929 年），操作条件反射装置（1930 年），教学机器（1954 年）

1961 年

几个世纪以来，代币经济的基本原则一直占主要地位。人们为获得纸质钞票或金属硬币工作，然后换取商品或服务，其本质就是代币经济。然而，在 1961 年，由伊利诺斯州的安娜州立医院里的爱龙和阿兹林最早落实代币经济并推动其系统的具体、积极行为变化。

爱龙和阿兹林接受了由斯金纳（B. F. Skinner）开创的操作性行为心理学的系统培训。两人实施的第一个代币经济是帮助接受住院治疗的精神分裂症患者在精神病房里发展更多功能性行为。简单来说，代币经济是一种有意识的使用代币作为获取需要行为强化剂的一个系统。这种代币强化剂可能采取的是积分或者扑克筹码的形式，虽然从本质上讲毫无价值，但是它可以成为如玩具、实物或特权的一个初级强化物。

代币经济迅速蔓延，它不仅适用于医院，而且适用于教室、监狱和许多其他机构。代币经济主要用于囚犯和精神病患者等弱势群体，到 20 世纪 70 年代，它受到了严格的审查，尤其在美国的联邦监狱系统。批评的原因是，它将囚犯每天沐浴和户外运动等基本权利变成了可以通过良好行为获取的特权。虽然代币经济在这一时期发展到顶峰，随后它的广泛应用逐渐下降，但是在当今，特别对于儿童，它们仍然适用于多种行为困难和挑战。（肖珊珊 译）■

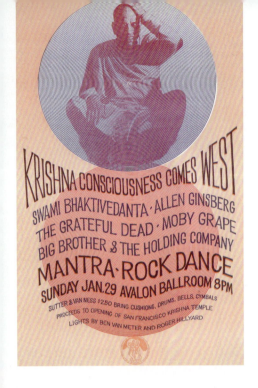

人本主义心理学

卡尔 R・罗杰斯（Carl R. Rogers，1902—1987）
亚伯拉罕・马斯洛（Abraham Maslow，1908—1970）

1967 年，促销海报"诅咒的石头"舞曲反文化事件。在这一时期，人本主义心理学蓬勃发展。

 需要层次理论（1943 年），来访者中心疗法（1947年），超个人心理学（1968 年），福流（1990 年），积极心理学（2000 年）

1961 年

人本主义心理学是 20 世纪 60 年代在美国兴起的一个心理学流派，在 1961 年以创建《人本主义心理学》月刊首次登上了历史的舞台。它既反对精神分析只研究性的无意识与防御机制，不考察正常人心理，又批评行为主义把人等同于只会强化与惩罚的机器，只研究人的行为，不理解人的内在本性，因而被称之为心理学界的"第三势力"。

致力于研究个人独特的世界观与怎样过得更有意义的现象学和存在主义哲学，为人本主义心理学的产生与发展提供了灵感。但是现代人本主义心理学家摒弃了欧洲哲学家的悲观思想，取而代之的是人类在心理层面上的发展具有潜在先天的积极性。卡尔・罗杰斯以首倡患者中心治疗而闻名，其主旨在于帮助人们成为一个全能真实的个体。亚伯拉罕・马斯洛的需要层次理论鼓舞了大批心理学家，大家响应他的号召去研究怎样达到"高峰体验"，即体验自我实现最高点的过程，其中自我实现的需要是超越性的，对真、善、美的追求将最终导向完美人格的塑造，高峰体验代表了人的这种最佳状态。创造"第三势力"的心理学家们当时正处于一个高压下的麦卡锡主义年代，与此同时，美国弥漫着强烈的消费主义，拜金主义思想，是一个物欲横流的社会。人本主义心理学家谴责这一现象，指出物欲蒙蔽了人们追求真正需要与实现自我价值的双眼。人本主义心理学家呼吁人们应该将注意力转移到那些使我们成为真正人的品质上，如创造性、自由意愿、意向、自我决定、想象力和价值。

在整个 20 世纪 60 年代，人本主义心理学发展迅速，尤其在私人精神治疗师的办公室里得到广泛应用，人们学会如何去追求有价值、有意义的生活。在公共范围内，人本主义心理学家倡导人类本能实现，这与当时出现的反主流文化产生了共鸣。（肖珊珊 译）■

裂脑研究

罗杰·斯佩里（Roger W. Sperry，1913—1994）

这幅图描绘了大脑的左边主要具有分析、结构和逻辑思维功能，而右侧则主要具有发散、创造性思维功能。

 脑机能定位说（1861 年），脑成像技术（1924 年）

1962 年

20 世纪 60 年代早期，脑科学家罗杰·斯佩里开始了一项对癫痫症患者的研究。在此之前的几年，为了减少癫痫症状的发作，神经外科医生切除这些患者的胼胝体以及连接两半球大脑的神经纤维。但是没有人研究过手术给患者带来什么影响。实际上，大部分患者术后的行为与人格表现正常，严重的发作也得以缓解。斯佩里认为这些"裂脑"患者可能对理解意识心智有所帮助。大脑的两个半球是否存在不同的能力和功能呢？如果确实不同，那它们的区别点是在哪里？它们又有着怎样的不同？ 1962 年，就这些问题，他在《科学》杂志发表了"大脑组织与行为"一文，该文描述了他对胼胝体的研究成果。

斯佩里已经在"裂脑"猴上得出了相似的结果，大脑两个半球的功能不同且是独立的。在人类患者中，他设计了一个聪明的方法去刺激大脑的一侧以诱发该侧的行为，同样的刺激作用于另一侧会诱发出不同的反应结果。例如，他让病人左眼看一个钱的圆形，右眼看一个问号，然后请病人用右手蒙住右眼，让左手来拿左眼看到的东西。这个病人很快就把钱的圆形拿到手，然而问病人你看到的是什么？这病人却马上回答说是问号，因此可知左手与左眼为右脑所控制，而语言通常是左脑的功能之一，进入左脑的讯息是右眼所看到的东西。因此，斯佩里的研究证明了人类有两个大脑，每一个都拥有独立的意识和一些独一无二的功能。对于大多数人来说，左侧大脑擅长语言和数理分析，而右脑与非语言功能即情绪、空间关系及对艺术、音乐的鉴赏有关。（肖珊珊 译）■

顺从

斯坦利·米格兰姆（Stanley Milgram，1933—1984）

审判大屠杀组织者阿道夫·艾希曼（Adolf Eichmann）（耶路撒冷，1961年）。审判过程中，艾希曼坚持认为，他将大量犹太人驱逐到贫民窟和集中营中只是执行"命令"而已。

从众行为和非从众行为（1951年），斯坦福监狱实验（1971年）

1963年

第二次世界大战结束之后的许多年，美国社会科学界一直为从众和顺从问题所困扰。为何有这么多的德国人默许纳粹分子屠杀犹太人？为探索其中的奥秘，心理学家斯坦利·米格兰姆在社区招募了一些普通成员参与"教与学"的一项研究，并于1963年发表了引起了很大争议的论文。实验被试都为男性，在实验中扮演教师角色，他们中的每一位到达耶鲁大学米格兰姆的实验室时，会有一位科学家接待他并让他稍等几分钟，等第二位被试过来；第二位与第一位未曾谋面，但其实已经跟米格兰姆待在一起了。操作图中一般显示米格兰姆的帮助者为学习者的角色。教师观察到学习者被捆绑在椅子上，身上戴有电极，若学生回答问题时犯了一个错误，则必须对该学生施加冲击惩罚。教师坐在冲击电压发生器的前方，发生器上装有显示15～450伏安逐步递增冲击的按钮。

实验开始后，学习者每犯一次错误，教师都会按下按钮，对该学生施加冲击惩罚。实际上，该学生并未真正接收到冲击惩罚，但随着电压逐渐增强时，仍会呻吟、哭喊、尖叫、完全沉默。教师若警告学生不能喊叫时，实验被试则拒绝停下来，并告诉教师"您必须继续增强电压"或"您必须按照实验要求继续增强电压"。几乎有63%的教师一直在增强电压，最终的平均电压为360伏安。

难道这些男性（后来为女性）是邪恶、没心没肺或潜在的精神病患者吗？证据显示，他们只是普通的男性和女性。通过这个实验可以发现，我们任何人都可能像这些"教师"一样遵守、顺从，除非我们懂得情境的力量以及抵抗情境的方法。（邱实 译）■

旁观者效应

比伯·拉坦纳（Bibb Latane, 1937—　）
约翰·达利（John Darley, 1938—　）

吉姆·皮克雷尔（Jim Pickerell）1974 年
拍摄的纽约市地铁乘客看报纸时陷入沉
思的照片。社会心理学研究表明，与身
处群体相比，独自一人更容易帮助他人。

从众行为和非从众行为（1951 年），顺从（1963 年）

1964 年

人类，至少是西方社会中的人在何种情况下最可能帮助另一位处于悲伤当中、受到伤害或需要帮助的个体？美国社会心理学最著名的一项研究成果表明，与身处群体相比，独自一人更容易帮助他人，这就是所谓的旁观者效应。研究人员的结论是依据 1964 年纽约市大街上发生的一起真实谋杀案件而得出的。被害人是珍诺维丝小姐，案发现场有几位目击证人。刚开始，有一位目击证人朝袭击者大叫，但当珍诺维丝小姐站稳后又失足绊倒时，没有一位目击者继续喊叫了。于是，这位女士又遭到致命袭击。

社会心理学家比伯·拉坦纳和约翰·达利对袭击事件中的零干涉感到困惑不已，于是尝试着在实验研究中复制这一案例（但研究中未使用谋杀或暴力行为）。他们认为，他人的在场——群体——可能会抑制人们的行动。这样的观点表明，研究人员对群体或人群作为群体暴力等消极行为的可能源头这一由来已久的社会心理学传统提出了质疑。对拉坦纳和达利而言，群体压力效应会使人无作为，可能会削弱社会价值，扰乱社会秩序。

该研究向广大读者传递的关键信息在于，繁华拥挤的城市中危险系数很大，若受到威胁，没有人愿意提供帮助。然而，最新研究对珍诺维丝小姐案例的关键点（包括目击者数量和行为）提出了质疑。或许更为重要的是，一些社会心理学家已开始指出个人在群体中所具有的积极作用以及如何激发他们代表他人做出行动。（邱实 译）■

人类的性反应

威廉·霍华·麦斯特（William H. Masters，1915—2001）
维吉尼亚·伊诗曼·强生（Virginia E. Johnson，1925—2013）

奥地利象征主义画家古斯塔夫·克里姆特（Gustav
Klimt）的作品：《吻》（1907—1908）。

↪ 性别角色（1944 年）和金赛报告（1948—1953）

1966 年

　　妇科医生威廉·麦斯特和心理学家维吉尼亚·强生为人类性行为实验研究做出了里程碑式的贡献。在他们之前，也有其他人研究过性，但他俩的开创性研究扩展了人们对性行为的认识，更为重要的是，有助于创建性行为科学研究这一活跃领域。他们的第一份主要研究报告《人类的性反应》发表于 1966 年。

　　19 世纪初开始，已经有多位科学家和医师发表过性行为相关文章，例如，理查德·冯·克拉夫特–埃宾（Richard von Krafft-Ebing）的性病理学研究《性精神病态》（1886 年）以及医师哈维洛克·艾利斯（Havelock Ellis）撰写了六本性行为书籍，书中对性行为进行了详细的描述。在美国，社会改革家和犯罪学家凯瑟琳·比门特·戴维斯（Katherine Bement Davis）在大学女生性行为方面的研究、精神病医师吉伯特·哈密尔顿（Gilbert Hamilton）对 20 世纪 20 年代后期纽约市已婚夫妇性生活的案例分析，以及阿尔弗雷德·金赛（Alfred Kinsey）根据 20 世纪三四十年代的大量采访而撰写的两本性行为书籍等都具有开创性意义。

　　实验室研究的发展使麦斯特和强生的研究成为可能。他们改装了诸如生殖器体积描记器等现有测量设备，还在实验室仔细观察了性行为过程，以记录、描述人类的性反应。得益于他们的研究，我们才能够了解女性产生性欲时的表现；同时，他们还证明了通过兴奋达到的高潮可能来源于阴蒂和阴道。其研究表明，女性在一次性行为循环中可产生多次高潮。此外，麦斯特和强生还对性行为和老龄化的关系、同性恋交互及性功能障碍做了大量研究。

　　麦斯特和强生根据研究成果将人类的性反应循环分为四个阶段：兴奋期、持续期、高潮期、消退期。他们在性反应方面的研究发现虽然有些存在文化歧视，但多年之后仍在心理学领域占有一席之地。（邱实 译）■

心理学与社会公平

小马丁·路德·金（Martin Luther King Jr., 1928—1968）

1967 年，美国心理学会大会上的小马丁·路德·金。

黑人心理学（1970 年），黑人文化同性智力测验（1970 年），解放心理学（1989 年）

1967 年 9 月，小马丁·路德·金遭遇暗杀前一年，曾在美国华盛顿特区向五千多位美国心理学会（APA）会员发表了一次慷慨激昂的演讲。金先生在 APA 的出现前所未有；事实上，种族和社会问题一直都是 APA 领导阶层未能有效解决的问题。

尽管美国的民权运动一直以来都很兴盛，但要将其心理组织原则及相应的实践做法与社会问题联系起来，则多表现为保守。然而，作为 APA 附属机构之一的美国社会问题心理学研究会却邀请金先生在 APA 年度大会上发表演讲。他的演讲题目是"行为主义科学家在民权运动中所发挥的作用"。该演讲触动了众多心理学家，促使他们更加关注社会问题。第二年，APA 邀请著名非裔美国社会心理学家兼金先生的朋友肯尼斯·B. 克拉克（Kenneth B. Clark）担任 APA 最高领导人。迄今为止，他是 APA 所有会长中的唯一一位非裔美国人。

担任该职务之前，克拉克并未积极参与 APA。他与妻子玛米·菲利普斯·克拉克（Mamie Phipps Clark）合作开展了种族认同研究，即玩偶研究。1954 年，最高人民法院判决布朗诉堪萨斯州托皮卡教育局案件时引用了其研究成果。自此，他便成为一名公众人物，影响远远超出社会心理学领域，但他对远离种族歧视的公正社会的实现却越来越悲观。在写给朋友的一封信中，他曾写道："我们国家若继续因种族歧视而浪费大量人力资源，试问它还能维持多久？"

金先生的演讲改变了这一切。到了 20 世纪 70 年代，美国社会有各种积极力量在创造更多的机会为有色学生提供心理学毕业培训。（邱实 译）■

超个人心理学

亚伯拉罕·马斯洛（Abraham Maslow，1908—1970）

德国画家约翰·卡斯帕·弗里德里希（Johann Caspar Friedrich）1818 年的作品《雾海上的流浪者》。

人本主义心理学（1961 年），福流（1990 年），积极心理学（2000 年）

1968 年

为更好地理解自我实现的含义，即全面发挥个人天赋，挖掘全部潜能，心理学家亚伯拉罕·马斯洛对亚伯拉罕·林肯等历史人物和阿尔伯特·爱因斯坦（Albert Einstein）等当代巨匠进行了研究。他提出假设，我们关注整体的、健康的人性比聚焦个人缺点能学习到更多的东西。通过研究，他发现这些著名人物中每一位都至少经历过一次"高峰体验"。马斯洛指出，"高峰体验"是指产生非常强烈的感情或非常愉悦体验的时刻。

这些高峰体验中有一些特别罕见的时刻，如诗人和圣人非常神秘的体验。随着研究的推进，马斯洛逐渐相信的确存在一些个体，他们能够体验超越，并感觉到与所有事物神秘特性之间的关联，从而感受到与所有生命的结合。

20 世纪 60 年代末，马斯洛确信人本主义心理学之外还存在一种心理学，存在一种超越自我实现的生活方式。于是，他开始撰写并讨论人性所能达到的最远极限并称之为超个人心理学。1968 年，《存在心理学探索》问世，这为未来心理学的发展奠定了基础。他与同事们都认为，超个人心理学的任务是对作为人的精神领域的科学进行研究和描述。然而，不幸的是，提出这一概念后仅两年，他在加州海滩散步时因心脏病发作而去世。

马斯洛逝世后，几位心理学家继续研究超个人运动，并为证明其可能性而笔耕不辍。与人本主义心理学相比，超个人心理学接受非西方文化的精神传统和实践做法，因此相对来说更具有丰富性，更能吸引全世界的关注。到了 20 世纪末，超个人心理学被定义为："与研究人类最高潜能有关。"（邱实 译）■

依附理论

约翰·鲍比（John Bowlby，1907—1990）

母女俩在日本六本木大道散步，2012 年。

发育迟缓（1945 年），所罗门王的指环
（1952 年），陌生情境（1969 年）

1969年

第二次世界大战即将结束之际，伦敦和其他英国城市遭受空袭，数千名婴儿和幼童与其父母失散，并因此出现了严重的心理问题。1946 年，年轻的精神病学家约翰·鲍比担任伦敦塔维斯托克儿童家庭诊所的所长，专门研究儿童家庭经历对个人性格发展所产生的影响。当时，精神分析理论认为，儿童的焦虑情绪与他们和父母的分离有关，但鲍比对此并不认同。同时，他开始渐渐熟悉研究各种物种亲子行为的动物行为学家尼古拉斯·廷贝亨（Niko Tinbergen）和康拉德·劳伦兹（Konrad Lorenz）的作品。

对比研究方法为鲍比研究儿童与其主要照顾者之间的关系带来了新框架。通过使用动物行为框架，鲍比提出理论，认为婴儿依附于其照顾者有利于实现其逐渐适应的保护功能，也能提高儿童存活的可能性。鲍比及其同事通过研究验证了该理论的早期构想。发展心理学家玛丽·爱因斯沃斯（Mary Ainsworth）进行了大量研究，并提出了目前的安全型依附、逃避型依附、模糊型依附和紊乱型依附四种依附类型，这一研究成果发挥了更为重要的作用。鲍比和其他人将该理论扩展到青少年和成年人当中。尽管 20 世纪五六十年代鲍比等发表了众多文章，但鲍比 1969 年发表的《依附与失落》一书中则提出了较为全面的依附理论。

该著作奠定了夯实的研究基础，有助于我们阐述对个人发展的理解及个人发展误入歧途时的临床启示。简而言之，该理论认为安全和保护是依附的核心。儿童一旦确定周围安全，才可能探索周围环境。这种安全性一旦内化，便会在儿童的生命历程中为其认知、社会、情感和人格方面的发展创造最佳条件。尽管鲍比认为这种依附模式适用于整个人类的各种经历，但最近有研究表明仍存在重要的文化差异。（邱实 译）

陌生情境

玛丽·爱因斯沃斯（Mary Dinsmore Salter Ainsworth，1913—1999）

这幅充满爱意的互动图画完美诠释了母子间的安全型依附类型。

依附理论（1969 年），生态系统理论（1979 年）

1969年

约翰·鲍比提出并完善依附对个人正常发展重要性的理论过程中，发展心理学家玛丽·爱因斯沃斯因协助了鲍比的工作而积累了大量相关经验。1954 年，玛丽·爱因斯沃斯与丈夫在乌干达旅游时观察到了亲子互动，这使她相信，母亲与孩子之间的依附对人类生存而言是一个重要的进化、适应过程，因为依附纽带似乎提供了儿童探索周围世界时所需的安全感。爱因斯沃斯观察到，儿童与照顾者分开后自然会产生焦虑，一旦相聚，焦虑会慢慢减少。

依附理论是否能在实验室中进行研究呢？ 1969 年，为实现依附理论的实验室研究，爱因斯沃斯设计了一个 20 分钟的被称为陌生情境的实验室测试。陌生情境中，母亲与婴儿都处在一个陌生房间内，房内摆满了各种玩具。婴儿安定下来后，会有一个陌生人进入房间，母亲则离开。该陌生人轻轻靠近婴儿，然后离开房间，母亲则跟着进入房间。实验关注的焦点在于婴儿对整个房间的探索——母亲在场时和离场时——最重要的是母亲回来时，婴儿对母亲的反应。

根据婴儿的这些行为，爱因斯沃斯假设有三种依附行为：安全型依附、不安全－逃避型依附和不安全－模糊型依附。安全型依附的特征在于，婴儿会探索周围环境，与母亲分开时产生的焦虑最小，但会因母亲的回来而倍感安慰；不安全－逃避型依附是指母亲离开房间时会产生一定的忧虑，等母亲回来后却逃避母亲；不安全－模糊型依附是指母亲离开时产生明显的烦闷，但母亲回来时却出现各种反应，有时候逃避，有时候黏着母亲。

陌生情境模式是发展心理学整个发展过程中使用最为频繁的一种模式，制定公共政策、预测成年人亲密关系的本质时都会用到其研究结果。（邱实 译）■

悲伤的五个阶段

伊丽莎白·库伯勒-罗斯（Elisabeth Kubler-Ross，1926—2004）

法国雕塑家厄娜斯特·胡琳（Ernest Hulin）的作品《痛》（1908 年）。

 成人认知阶段（1977 年），生命的季节（1978 年），生态系统理论（1979 年）

1969 年

面临死亡，或经历了身边亲人或朋友的逝去时，我们必须找到应对这一经历的处理方式。精神病学家伊丽莎白·库伯勒-罗斯在这方面很有造诣，她在《论死亡与临终》（1969 年）一书中提出了一种容易理解的悲伤模式，即悲伤分为五个阶段——否认、愤怒、讨价还价、抑郁、接受。

第一阶段为否认。当我们第一次被告知患有危及生命的疾病或得知爱人去世时，第一反应可能是否认事实，拒绝相信。否认是一种有用的处理机制，让我们有时间去慢慢适应这个消息。不久，我们会意识到否认还无法抚平内心，继而产生愤怒。为什么是我呢？为什么是我的朋友逝去呢？但愤怒也只是一个短暂的应对机制。

慢慢地，我们意识到否认和愤怒都无法改变这残酷的现实，便开始讨价还价，且伴随着对更高力量的一种全新信念。我们尝试通过祷告或乞求的方式说服这更高力量允许我们的爱人能再多活一阵子，或多陪伴我们几年时光。

一旦接受了死亡这一事实，我们可能会陷入极度的悲伤，随之而来的是一段抑郁、消极的时期。这段时期内，我们拒绝像平常那样生活。

最后，我们慢慢开始接受。在这一阶段中，我们接受失去或即将失去的事实，于是内心也开始走向平和，并开始重新认识这个世界。

库伯勒-罗斯最开始提出的模式只与死亡有关。但随着时间的推移，它也可作为理解离婚或失业等重大挫折的一种有力方式。虽然普通大众发现该模式具有很强的实用性，但科学界则认为它缺少科学的严谨性。（邱实 译）■

罗伯特·威廉姆斯博士和迈克尔·康纳（Michael Connor）。威廉姆斯博士是ABPsi的创始人之一、BITCH测验的发明人和黑人英语的创始人。

军人智力测验与种族主义（1921年），黑人心理学（1970年）

1970年

20世纪60年代，在经历了心理学界数十年的压制后，美国的有色心理学家的人数终于迎来了不断攀升。这些心理学家进入心理学界后感受到了一种强烈的敌意，尤其是使用智力测验等心理测验来维持种族压迫和不公平待遇的传统。

黑人心理学家学会（ABPsi）成立于1968年，非裔美国心理学家通过该学会表达了对使用测验来支持歧视性政策的不满。ABPsi出版的作品以黑人心理学家当代经历为基础，还吸纳了赫尔曼·卡纳迪（Herman Canady）、阿尔伯特·贝克汉姆（Albert Beckham）和乔治·桑切斯（George Sanchez）等非裔美国心理学家和芝加哥心理学家20世纪二三十年代的作品。这些心理学家及其同事们巧妙地揭露了以智力测验结果为基础的种族优越感的实质。

60年代末，黑人心理学家的态度显得更白热化。ABPsi的共同创始人兼第二任会长罗伯特·威廉曾受到过歧视性心理测验的负面影响，后来开始创建具有文化特色的测验，即黑人文化同性智力测验（BITCH Test），并于1970年发表。威廉当时写道，"具有文化特色'的测验可用来测定参加测验者在其自身文化和环境下履行职能或思考的能力。"该测验可确定文化对参加测验所产生的影响。与当时使用的标准智力测验相比，该测验结果体现了黑人儿童更大范围的智力水平。威廉及其同事，尤其是非裔美国心理学家哈罗德·登特（Harold Dent），继续对歧视性测验提出质疑。70年代后期，上诉法庭在审理拉里诉讼莱乐案件中指出，智力测验不得用于将种族儿童或少数民族儿童划分为精神智障等级的目的。（邱实 译）■

发现无意识

艾伦·伯格（Henri F. Ellenberger, 1905—1993）

表层与深层关系。这幅水中叶子倒映图表达了意识的不同层面，同时还告诉我们，通过表层事物不一定可以了解到事物的全貌。

 萨满教（约公元前 10 000 年），精神分析（1899 年），伊曼纽尔运动（1906 年），荣格心理学（1913 年）

精神病学家艾伦·伯格的著作《发现无意识》一书出版于 1970 年，它的出现具有里程碑的意义，至今为止它仍是"精神动力心理学"（psychodynamic psychology，指解释人类行为无意识因素的一系列心理学理论）方面的最佳入门书。该书详细、清晰地介绍了精神疗法在人类历史进程中的发展过程，这是任何其他书籍所无法比拟的。

艾伦·伯格是法裔瑞士人，在法国接受教育。就读医学院时，他专修精神病学专业，当时精神动力学（psychodynamic 一词在此既包括弗洛伊德的精神分析方法，也包括卡尔·荣格的深度心理学）方面的培训和实践也逐渐盛行。20 世纪 50 年代，艾伦·伯格在美国梅宁哲（Menninger）诊所工作了六年，期间，他首次开始撰写关于精神动力学发展史的著作。

在其所属领域内，《发现无意识》一书成就显著。艾伦·伯格认为处于不同时空的思维及实践之间具有多层连接。他的阐述令人信服，并构成了现代心理学关于心理障碍治疗方法的基础。相比于将历史直接分为前科学阶段和科学阶段的观点，艾伦·伯格更倾向于认为，我们对无意识的理解是数千年来人类医疗与宗教实践积累的产物。因此，包括巫师、治疗师、神秘主义者、催眠师、唯心论哲学家、牧师和诗人等在内的实践者，与医学家、精神病学家、教牧辅导者以及心理医生等人一样，都为此做出了贡献。

艾伦·伯格在书中详细而全面地论述了西格蒙德·弗洛伊德的生活和工作背景。他将弗洛伊德置于 19 世纪的犹太人历史中，并追溯了影响弗洛伊德临床和学术研究发展的众多因素，如政治、社会及经济等因素。另外，艾伦·伯格还强调了当代其他几位重要贡献者（如皮埃尔·热内）的作品。

这本巨著可帮助我们了解现代心理治疗的发展历程。（李忠励 译）■

1970 年

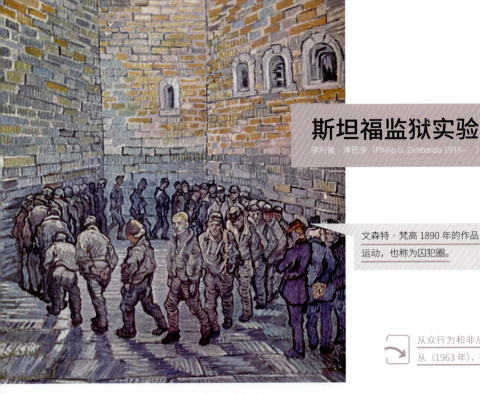

斯坦福监狱实验

菲利普·津巴多（Philip G. Zimbardo 1933— ）

文森特·梵高 1890 年的作品，囚犯运动，也称为囚犯圈。

从众行为和非从众行为（1951 年），顺从（1963 年），社会认同理论（1979 年）

1971 年

我们应该更加关注影响行为的个人因素还是环境因素？这个问题在美国社会心理学界争议已久。美国斯坦福大学心理学家菲利普·津巴多开展的实验发现，环境具有巨大的影响力。

1971 年夏天，警察突然逮捕了斯坦福大学的十名学生，给他们铐上手铐，扫描指纹，并将他们单独关押在不同的房间。监狱长向大家宣读了监狱管理条例，并严厉警告他们，违反条例将要受到严惩，之后便将他们转交给了警卫。这些"囚犯"和"警卫"全部是这个实验的参与者，该实验探讨的是环境在塑造人类行为中所发挥的作用。

这所"监狱"是斯坦福大学心理学系的一个地下室，这里没有窗户，人们在里面无法辨别白天、黑夜。对囚犯而言，这样的环境使他们瞬间感到紧张。此外，警卫禁止他们洗澡，不让他们正常睡眠，经常向他们嘶吼，挖空心思做出各种不人道行为。五名犯人由于几近崩溃而被释放了。剩下的其他五人则盲目顺从警卫们的权威，并且靠攻击同伴取悦警卫。警卫们在扮演自己角色时越来越狠毒，他们滥用职权，十分凶残。津巴多将自己定位为监狱负责人，后来他承认自己甚至忘记了这是一个实验，忽略了扮演囚犯的学生所承受的痛苦。五天后，津巴多叫停了这个研究项目，并且为这个实验所造成的失控状况致歉。

2004 年，伊拉克阿布格莱布监狱的虐囚事件被曝光后，津巴多又重新回顾了斯坦福监狱实验的价值。他在《路西法效应》（2007 年）一书中讨论了人类行为中个人-环境因素的作用，并指出，斯坦福监狱实验和阿布格莱布监狱事件提醒我们，普通人在一定压力状态下也可能会做一些可怕的、令人感到不寒而栗的事情。（李忠励 译）■

情绪表达

保罗·艾克曼（Paul Ekman，1934— ）

威尼斯狂欢节面具显示了人类的各种基本表情。

爱情三元论（1986 年）

查尔斯·达尔文在《人类与动物的情绪表达》（1872 年）一书中讨论了人类情感在视觉表现上存在的共性。他论述了人类情绪表达是如何起源于动物行为。20 世纪 60 年代，心理学家保罗·艾克曼阅读了这部著作，他表示这本书给了自己很大的启发。1971 年，艾克曼和同事华莱士·法尔森共同发表了一篇题为"面部表情与情绪在不同文化中的相同体现"的著名研究报告。从那时起，艾克曼便成为情绪面部表情研究方面的权威。

艾克曼曾是情绪与人格研究者希尔文·汤姆金斯的一名学生，他当时正在加州实验室研究情绪表达的通性。有一天联邦资助机构找到他，问其是否愿接受数十万英镑的经费，这使得艾克曼足以支付他原本无法承担的实验费用。艾克曼依靠这笔资助来到新几内亚一个几乎与世隔绝的叫福雷（Fore）的部落。他想了解当地居民是否能识别他制作的一组表情标准图片。艾克曼此前已向数百名生活在不同文化背景下的人展示过他制作的图片，结果发现有几种情绪表达的确存在共性。但也有反对者指出，艾克曼的实验参与者已经通过大众媒体而接受了同样的图片刺激，所以他们对情绪的辨别能力可能是共同文化体验的产物。新几内亚的这个部落则为情绪表达的相通性理论提供了有力的支持。

艾克曼发现福雷部落居民可以识别大部分情绪表达。后续研究发现，以下 7 种基本情绪：伤心、快乐、恶心、恐惧、愤怒、惊奇以及蔑视的表情相同。其中，快乐的表情相同系数是最高的。（李忠励 译）■

1971 年

马萨诸塞州康科德瓦尔登湖，2010年。斯金纳的乌托邦小说《沃尔登第二》（1948年）是《超越自由和尊严》这本书中众多观点的基础，其中描述了超验主义者亨利·大卫·梭罗（1817—1862）所倡导的简单、自给自足的社区生活。

 小白鼠的心理学（1929年），教学机器（1954年），代币经济（1961年）

1971年

斯金纳是20世纪最负盛名的心理学家之一。1968年，他被授予美国国家科学奖章，成为第二位获此殊荣的心理学家（尼尔·米勒［Neal Miller］于1964年第一次获得该殊荣）。在1970年四月版的《君子》杂志（美国权威男性杂志）上，斯金纳荣登"影响世界百位人物"的榜单，榜单上还出现了诸如菲德尔·卡斯特罗、毕加索，以及尼克松总统等不同领域的杰出人物。1971年，斯金纳凭借在行为矫正领域的卓越成就而获得肯尼迪国际奖，理由是他的研究成果有助于改善残障人员及其他类似人群的生活状况。

同年，斯金纳出版了富有争议的著作《超越自由与尊严》，该书一出版便连续26周在美国纽约时报畅销书榜单上。斯金纳在书中强调，我们的所有行为都是由环境决定的。同时，他还认为，否认这一事实而去追求自由意志和貌似无可厚非的独立人的尊严，只会阻碍人们解决人口超载、环境恶化及核毁灭威胁等重大社会问题。当时美国的主流价值观是资本主义和民主文化，倡导"白手起家"的人生理念，而斯金纳否认自由意志，赞成极端行为主义。他的观念与这些主流理念背道而驰，与人类行为具有可塑性的观点不谋而合。

斯金纳在此书中的观点引起了激烈的争议，并且他遭到了疯狂的人身攻击。一些人质疑他这种疯狂的想法，甚至有人将他与希特勒相提并论。这样的争议很快风靡各大媒体，这让斯金纳成为家喻户晓的名人。他的头像登上了《时代》杂志周刊封面，而他也在电视的访谈节目中频繁登场。尽管有这么多的争议和关注，斯金纳还是顾虑他的主张没有得到很好地理解。毕竟，他的观点不仅冲击了美国人的价值信念，也深刻影响了人对于自身的认识。（李忠励 译）■

记忆加工层次模型

弗格斯·克雷克（Fergus I. M. Craik，1935—　）
罗伯特·洛克哈特（Robert S. Lockhart，1939—　）

斐济岛妇女图，诸如此类的怀旧照片能够有效
地唤醒关于早期照片风格的记忆。

 鸡尾酒会效应（1953 年），短时记忆（1956 年），认知研究中心（1960 年）

1972 年

认知科学家开始探讨人类大脑是如何储存、加工信息时，正值北美心理学界的由关注行为研究而转向关注认知研究。因此各种关于信息记忆、储存以及提取的模型应运而生，克雷克和洛克哈特于 1972 年提出的记忆加工层次模型是其中影响最为深远的长时记忆模型（LTM）。克雷克和洛克哈特假设记忆是正常认知过程（包括知觉、理解及范畴化）的一部分，他们运用深度隐喻来解释为何记忆维持时间会因为刺激对象的不同而产生巨大差异。

简而言之，他们认为长时记忆模型可说明事物或事件的加工深度，也就是由浅入深的加工过程。以语言感知为例，表层细节与字母形状是记忆形成的基础，这些属于表层加工。表层加工的事物记忆不深，容易忘记；但若进入更深的加工层次，如单词发音等，记忆效果可能稍有增强；而单词意义分析则是最深的加工层次，记忆效果也就更好，个体能快速提取这一加工层次下的单词。克雷克和洛克哈特认为，初始加工水平越深，长时记忆效果就越好，这一观点得到一系列实验研究的证实。

加工层次模型对众多心理学研究分支都具有重要启示意义。例如，人们关于自我信息的加工层次最深，非常容易提取，因此，我们关于自身生活的记忆总是多于关于他人生活的记忆。（李忠励 译）■

女性与疯狂

菲莉丝·契斯勒（Phyllis Chesler，1940— ）

英格兰西约克郡斯托尔教堂的西尔维亚·普拉斯墓碑上写道："即使是在激烈的火焰中，金莲也可以成长。"这位著名诗人倾其一生都在与抑郁做斗争，最终于 1963 年自杀，享年三十岁。

 歇斯底里症（1886 年），美国精神疾病分类系统（1918 年），性别角色（1944 年），性别认同（1963 年），当正常人在不正常的地方（1972 年）

疯狂为何带有性别意义？哪些人被贴上了以及为什么会被贴上疯狂的标签？譬如，19 世纪中后期，中上层贵妇的社会角色是特定的、受限制的，她们由此会表现出很多身心病症，这些病症是她们对这些限制进行抗议的唯一方式。20 世纪末，女性患抑郁症的概率是男性的两倍，这在当时广为人知。

1972 年，心理学家、女性活动家菲莉丝·契斯勒出版了一本具有重要意义的女性主义书籍——《女性与疯狂》，书中评述了精神治疗机构治疗女性的方式。她在书中指出，当时西方社会女性面临着双重束缚。传统的性别形象总是被用作诊断女性疾病类别（诸如戏剧性人格障碍等）的标准。符合这一形象的女性正常无恙，符合这些性别形象的女性则被视为异常、有障碍的。总而言之，太过女性及不够女性都可作为精神病理诊断的依据。

契斯勒还在书中指出，女性在以男性为主的精神治疗机构中的经历只是男女不平等关系的一个复现，也是"主导"该领域的男性施舍女性"帮助"的机会。至今，这本书依然是一部影响巨大的、从女性主义角度评述精神病理及心理学的经典作品。（李忠励 译）■

当正常人在不正常的地方

大卫·罗森汉 (David L. Rosenhan，1929—2012)

华盛顿特区圣伊丽莎白精神病院，
曾参与罗森汉实验。

美国精神疾病分类系统（1918 年），新教徒的自我
（1959 年），女性与疯狂（1972 年），DSM- Ⅲ（1980 年）

1972 年

我从未进行过精神治疗，也没有过心理疾病史，但当我出现在精神病医院的入院登记处，并告诉他们自己听到一些诸如"空白""凹陷""砰砰"等语音时，他们便会诊断我患有精神分裂症，即我得了一种与现实脱离的严重心理疾病。

这是心理学家大卫罗森汉和七名同事为获准住进精神病院而采取的策略，他们旨在研究非精神病患住进精神病院后所发生的情况：非精神病患与被诊断为精神患者之间是否具有显著差异？

罗森汉团队共八人：三名心理学家、一名画家、一名家庭主妇、一名儿科医生、一名精神病学家和一名研究生。他们获准住进精神病院时没有遭受任何质疑。他们都带着处方药，但没有吃。被问及个人病史时，他们都坦言相待。住进医院后，他们都表现得非常正常，就像平时在医院之外生活一样。尽管许多病患怀疑他们是假装的，但精神病学家和护士们都没有发现这一点。最后八位假装病患都在"接受"诊断结果后出院。

1972 年，这项研究结果发表之后，罗森汉又做了一个对比研究：先通知一家医院，未来三个月内会有一名假病患想住进医院。结果发现，193 名住院患者中有 85 名被怀疑是假病患，但他们其实都是真病患。

这项研究引起了很大争议，精神病医学行业竭力证明这项研究结论是不成立的。罗森汉则认为，对精神病进行诊断的模糊性及不确定性会为前来就诊的患者带来长久的负面影响。让人感到可怕的是，在很多案例中，心理健康从业人员根本无法准确判断对方是否真患有精神疾病。（李忠励 译）■

恢复力

诺尔曼·加梅齐（Norman Garmezy，1918—2009）

一些动植物可在艰难的环境中生存、繁衍，而三代心理学研究发现，人类亦是如此。

压力（1950 年），黑人心理学（1970 年），健康的生理–心理–社会交互模式（1977 年），意志力（1979 年）

恢复力（resilience）这个词语源于工程与材料科学，是指材料在受压之后恢复原形或原位的能力。如今，这个词是指成功克服困难的能力，该含义的由来可追溯到 20 世纪 60 年代后期。

20 世纪 60 年代，对美国人日常生活的研究分为两大流派，一派关注人们行为与生活方式等因素对健康状况的影响，如吸烟与肺癌之间的关系，这一取向相对较新潮；另一派关注诸如种族歧视之类的社会问题及这些社会问题给公众健康带来的影响。恢复力的重要作用在两大流派相互碰撞中被发现。

这两大流派的碰撞应归功于诺尔曼·加梅齐 60 年代末的研究。加梅齐对那些容易患精神分裂症的儿童（例如，家境贫穷或父母患有精神分裂症的儿童）进行调查发现，其中有许多儿童从未患上精神分裂症。加梅齐尤为关注美国社会中居劣势地位的儿童，如住在大城市中的黑人儿童。1973 年，他发表了关于这些儿童的第一项研究结果，并引发了当代心理学对恢复力的研究。与此同时，一些非裔美国心理学家也正在研究黑人家庭及黑人社群的心理优势，而恢复力正是其中之一。

自此，很多研究逐渐揭示了恢复力所具有的特征。有人称恢复力为"日常魔法"，也就是说，人们为适应可能存在危险及威胁的环境而逐渐形成的一些心理因素共同构成了恢复力。（李忠励 译）■

不确定状况下的判断

丹尼尔·卡尼曼（Daniel Kahneman，1934—　）
阿莫斯·特沃斯基（Amos Tversky，1937—1996）

上图：1962 年 10 月 29 日，古巴导弹危机结束后的一天，约翰·肯尼迪总统与国防秘书罗伯特·麦克纳马拉在白宫西翼柱廊商议大事。1961 年，肯尼迪政府入侵古巴猪湾，该事件考虑不周，被认为是"群体思维"的产物。而在"群体思维"中，群体维和的愿望导致决策时没有适当考虑一些关键评价或其他任何策略。

下图：1962 年，古巴导弹危机期间，八百名妇女在联合国纽约总部附近的四十七号街道罢工呼吁和平。

 精神分析（1899 年），认知失调（1957 年）

朋友向你介绍了一位长相迷人、安静、体贴的异性朋友，并建议你跟这位朋友相亲，你会如何决定自己是否赴会？认知心理学家认为，你可能会通过多种启发法或心理捷径来帮助自己做决定。

1974 年，心理学家丹尼尔·卡尔曼和阿莫斯·特沃斯基在《科学》上发表了一篇文章，文中阐述了人们如何运用启发法来帮助自己做决定。得益于该论文，我们现在可以更好地理解造成人们决策错误的原因。这两位心理学家的研究表明，人类并非是科学所设想的那样绝对理性。他们在该文章及后续刊物中阐明：不管智商有多高，人类还是容易受到直觉的影响。这篇文章为哲学、心理学及认知科学开辟了新的研究领域。后来，两位心理学家转向决策研究并提出了前景理论（prospect theory）。该理论认为，人类运用启发法不是计算最后结果，而是计算损失和收益并据此做出决定。当代行为经济学在该理论的基础上应运而生，卡尼曼也于 2002 年获得诺贝尔经济学奖（特沃斯基于 1996 年逝世，而诺贝尔奖不会死后追授）。

我们可以举例说明其中一种启发法。有时候我们会思考：高峰时段走市区街道快，还是走高速公路快。思考时，我们会启动开车上班的记忆经验来帮助我们决定哪种策略更好。如果"走市区街道可更快到达工作地"这一想法迅速在脑海闪现，我们可能就会认为市区街道行驶是最好的策略。这是可得性启发法（availability heuristic）但仅仅依靠快速回忆做出选择不是每次都对，因为现实生活中沿高速公路可能更快。（李忠励 译）■

1974 年

双性化的测量

桑德拉·贝姆（Sandra Bem，1944— ）

阿尔达纳里希瓦拉（Ardhanarishvara）是一位具有双性化特征的印度人形象，是男性神湿婆和他配偶帕尔瓦蒂的结合。阿尔达纳里希瓦拉形象最早可追溯到贵霜帝国时期的公元一世纪。

 性别角色（1944 年），性别认同（1963 年）

1974 年

"双性化"一词的使用可追溯到 17 世纪早期，它指那些同时具有男性和女性身体及行为特征的人。1974 年，桑德拉本在心理学理论的基础上对双性化人格进行了定义和讨论。她指出，社会上习以为常地将女性化和男性化视为两种互相排斥的特质，但事实上，人类是可以同时呈现出这两种特质的。此外，她还提出设想：与那些严格遵守性别特征的个体相比，拥有此类人格结构的人可能在行为上有更大的灵活性和可变性，心理体验也可能更健康。

1974 年，为实现双性化测量，桑德拉发表了贝姆性别角色量表（BSRI）。施测这一量表时，主试会向受测者呈现描述社会理想型男性特征（如：雄心勃勃、理性、自信），社会理想型女性特征（如：深情、轻声细语、善解人意）及中性化（如：认真、诚实、友好）的词语。受测者如果在此量表测验男性化和女性化维度都表现为高分，则被视为具有双性化特征。传统观点往往认为男性化和女性化是一个连续体上的两极，贝姆对这一看法发出了挑战。然而，也有人认为这一量表强化了她尝试挑战的男性化和女性化结构；此外，一些研究人员在使用该量表时发现，自己的研究结果有时不具有可重复性。

尽管如此，心理双性化理论促成了大量实证研究的开展，也彰显了如下观点：社会性别和生理性别是不同类别，健康个体无须保持两者的完全一致。（李忠励 译）■

心理神经免疫学

罗伯特·阿德（Robert Ader, 1932—2011）
甘德斯·柏特（Candace B. Pert, 1946— ）

巨浪翻滚中的冲浪者。自 20 世纪 70 年代以来，各项研究已逐渐揭开心理学与生理学因素（如我们的免疫系统）在保持健康中的交互作用。

心身医学（1939 年），压力（1950 年），恢复力（1973 年），健康的生理-心理-社会交互模式（1977 年），意志力（1979 年），身心医学（1993 年）

1975 年

免疫系统是人体内的监测和防疫网络，可保护身体免受感染及其他"外来物"的入侵，免疫失调会导致关节炎等病症。心理神经免疫学（PNI）是一门研究免疫系统、神经内分泌过程及心理因素三者之间关系的学科，目的在于对探索人体健康与疾病的关系。

1975 年，心理学家罗伯特·阿德做了一项研究，结果发现心理因素会影响免疫系统。实验最开始，主试准备了既反胃又会降低免疫系统的药物，将药物与糖水匹配在一起给老鼠喝，让老鼠逐渐学会拒绝糖水。后来，阿德研究团队发现，只提供糖水也能降低老鼠的免疫系统，这说明免疫系统与学习等心理过程具有相关性。大约十年后，神经学家和药理学家坎迪斯帕特发现，神经递质与免疫系统有直接的交互作用；其他研究结果也表明，情感状态与免疫系统之间存在微妙关联；临床焦虑、抑郁和身体健康之间也存在潜在的重要关联。

研究发现，从更广范围来看，无论是像寻找停车位这样的日常琐事，还是重大自然灾害，这些压力源都会对我们的免疫能力或正常的免疫反应产生负面影响。由此延伸出一个问题：这些压力源对免疫系统所产生的心理影响是否会影响人体健康？如今已有大量研究表明，处于压力中的人们更容易得感冒、流感、水痘等传染性疾病。因压力而导致免疫系统功能变化时，冠心病等慢性疾病也可能随之恶化，而抑郁则更有可能大大降低人体的免疫力。PNI 已成为 21 世纪最能说明身体-大脑关联的学科之一。（李忠励 译）■

习得性无助

马丁·塞里格曼（Martin P. Seligman，1942— ）

1801 年，法国画家康斯坦斯·玛丽贝作品：忧郁。

忧郁的解剖（1621 年），认知疗法（1955 年），积极心理学（2000 年）

1975 年

自人类有历史记载以来，忧郁症或抑郁症就是影响人类健康疾病。关于这些心理疾病的起因说法不一，最开始人们将其原因解释为人体四类体液中的某一类不均衡，后来精神分析理论认为，外在伤害转向自身导致抑郁。20 世纪末，心理学家马丁·塞里格曼指出，抑郁症多发于那些认为自己没有能力或无法改变生活中某些状况的人。抑郁患者会产生一系列消极信念及行为，例如：面对挑战时态度消极、感到无助。而之后负面状况就像预言一样如期而至，从而进一步加深了他们的无助感。

塞里格曼是一位实验心理学家。他在职业生涯早期通过研究动物来探讨非人类精神障碍，其中，关于狗的实验研究则促成了其习得性无助理论的形成。实验者将狗放在地面有电网的特制笼子里面。当电网通电后，在笼子中间会有一个障碍物以防止狗跑到安全地带。多次重复电击之后，即使笼子里没有出现障碍，这些动物也不会再尝试跑到安全地带。塞里格曼指出，将无法逃离的经验泛化到有可能逃离的情境中时，便是产生了习得性无助。

动物的习得性无助实验类似于临床抑郁案例。1975 年，塞里格曼出版《习得性无助》一书，书中提出了将其动物实验和人类抑郁联系起来的理论。后来，塞里格曼及其同事修正了他们的理论：经历本身并不是不可控制的，而是抑郁患者他们解释经历的方式引发了抑郁。这一观点在帮助抑郁患者改变他们的信念中发挥了很好的效果。（李忠励 译）■

菲律宾心理学

(Alfredo Lagmay，1919—2005)
(Virgilio Enriquez，1942—1994)

社区成员共同帮忙把房子搬到新位置——菲律宾依然践行着志愿者精神。该图说明菲律宾心理学中文化与心理建构之间存在紧密联系。

 儒家心理学（公元前 500 年），文化依存症候群（1904 年），文化相对主义（1928 年）

1975年

菲律宾被西班牙统治了三个世纪之久。1898 年到 1946 年间，菲律宾又被美国政府统治。美国将主权还给菲律宾后，许多菲律宾人为反映本土文化、信念及价值观而进行努力。阿尔弗雷德·拉格梅和维尔吉利·奥恩里克斯是开创菲律宾本土心理学的代表。奥恩里克斯完成博士学业从美返菲时，拉格梅正在马尼拉菲律宾大学心理学系担任领导。他们两人共同创立了"菲律宾心理学"(Sikolohiyang Pilipino)，其目的主要在于帮助实现菲律宾人的心理去殖民化。1975 年，奥恩里克斯负责主持菲律宾第一次全国心理学大会，并由此正式开启了这项运动。

拉格梅和奥恩里克斯建立了菲律宾心理学研究和培训中心，数百名学生参与了菲律宾心理学的创建工作。菲律宾心理学最为独特的创新是开创了与菲律宾文化相适应的研究方法。奥恩里克斯创立了摸索（groping）技术，这项技术中认为，应在研究进程中提出适当的方法，而不是在最开始便制定策略、提出问题，以适应先前的方法。菲律宾心理学植根于菲律宾的历史文化，强调心理学知识并非来源于个人的心理发展，而是来源于共同的关系需求。参与者不应当被视为数据，而应该被视为人，研究者在数据收集之前应当与被试建立信任和真诚的关系。

奥恩里克斯和拉格梅坚持认为：菲律宾人的价值观必须作为菲律宾心理学的核心。因此，研究的重点应当是知礼仪（你好），懂感恩，会团结，以及最为重要的身份认同感。例如，身份认同感告诉我们，对待他人需像对待人类同胞一样，要尊重对方；互动者是局内人还是局外人的身份，决定了双方互动的类型和层次。如今，菲律宾心理学仍是菲律宾充满活力的一股力量。（李忠励 译）■

健康的生理－心理
－社会交互模式
乔治·恩格尔（George Engel, 1913—1999）

著名的移民－母亲图（1936 年），图中描述的是贫困工人欧文斯·汤普森及其家人。图片展现了美国大萧条对普通美国人所产生的影响。

心身医学（1939 年），压力（1950 年），身心医学（1993 年）

1977年

20 世纪初，盛行于欧美的关于健康与疾病的理论主要关注影响疾病的生物化学及生理因素。尽管如此，整个 20 世纪内仍然有人从社会和心理因素来研究治疗方法。1977 年，内科医生乔治·恩格尔提出了健康与疾病的生理－心理－社会交互模型。这一模型的提出得益于如下因素：恩格尔与精神病学家约翰·罗马诺的长期合作，内分泌学家汉斯·谢耶所开展的压力对人体影响的研究，以及生物学家路 L.V. 贝塔朗菲创建的一般系统理论。

得益于严格的医学培训，恩格尔对 20 世纪 30 年代末出现的身心医学概念提出了质疑，并认为其非常"可笑"。然而，与罗马诺多年的共事经历让他不得不承认心理学因素在某些疾病中所发挥的重要作用。他提出了自己的第一个原始理论，并在此基础上又于 20 世纪 50 年代提出了保护－后退模型。这个模型认为，个体所遇到的威胁，尤其是如失去某些人际关系等人际威胁，可能会引发退缩行为，进而导致抑郁。人际关系瓦解的破坏力极强，会引发严重疾病。

尽管该模型存在欠缺，恩格尔依然继续探索人际关系对健康的重要意义。他不再限于思考患者的个人关系，而将医生和患者纳入其中，而后又思考宏观层面的关系，如医院、邻里关系、城市关系，等等。他认为这些关系都会影响一个人的健康问题。1977 年，恩格尔在《科学》上发表了他的这个模型，并立即引起了广泛争议；但最后还是得到了很多健康护理专业人员，尤其是健康心理学及行为医学等新领域的心理学家的认可。（李忠励 译）■

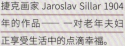

成人认知阶段

K. 华纳·沙伊（K. Warner Schaie，1928— ）

捷克画家 Jaroslav Sillar 1904
年的作品—— 一对老年夫妇
正享受生活中的点滴幸福。

→ 道德发展（1958 年），生命的季节（1978 年），生态系统理论（1979 年），信仰的阶段（1981 年）

1977 年

发展心理学在 20 世纪时主要关注婴儿和儿童。随着美国婴儿潮出生的那批人逐渐步入老年，成年人的心理发展问题也引起了很多人的兴趣。20 世纪末，认知、情绪和社会关系领域的研究已说明，人的不同阶段中存在发展差异。心理学家、社会老年病学家华纳·沙伊 1977 年的研究成果是其中的典型范例，他阐释了个体生命全程思维方式的变化。成年人的思维方式与青少年的不同，并且随着年龄增大，我们的认知也会发生变化。引申来说，我们的思维方式会从"我该知道什么"变为"我应当如何应用我所知道的"再变为"我为什么要知道"。

青少年早期阶段，我们都在获得知识；随着成年阶段的到来，我们的思维方式也发生了变化，沙伊提出了成人认知的六个阶段。成人早期，我们处于实现阶段，会运用智力帮助自己达到目标，如成为大型公司的经理。

随着成年中期的到来，人的认知会发生变化，此时个体可能将职业目标及家庭、社会责任融合入其中，这是成人认知的责任阶段，此阶段个人会承担起各种责任。到成人认知的执行阶段时，个人会更加关心宏观社会系统，如管理学校或者巨头公司。

成年晚期重整阶段中，个人可能去尝试理解人生意义。在此阶段，人们会思考人生起起落落的意义和内涵。随着年龄增长，个体会进入重整时期，心智随着身体及退休后生活方式的变化而进行调整。最后是遗留阶段，是我们生命的最后时期，个人会将心思集中在遗产分配问题上，可能会撰写回忆录，会建立信托基金，或将他们的遗体进行捐赠以用于科学研究。沙伊他们的研究引起了美国关于老龄化社会政策的改变。（李忠励 译）■

生命的季节

丹尼尔·莱文森（Daniel Levinson，1920—1994）

坐在红色敞篷车里的中年男子，
是美国文化中中年危机的象征。

 成年阶段的认知（1977年），生态系统理论（1979年）

1978年

"我在一生中做了什么？我的核心价值观是什么？它们如何在我的生命中反映出来？"心理学家丹尼尔·莱文森在他具有里程碑意义的《一个人生命的季节》（1978年）中向读者们提出了很多类似的问题。莱文森对40个男人进行了纵向研究，发现当他们接近40岁时，就会开始思考关于人类存在的问题。后来的研究也发现，到了这个年龄的女性同样存在这种情况。莱文森认为，正是因为思考这些问题和潜在的心理变化，使美国人在中年的时候，会在他们的生活中做出重要的改变，有时候甚至是戏剧性的改变。有些人辞去原来的工作，到新的领域去发展，有些人离婚然后再婚，有些人调整他们的生活，希望寻求更深层次的精神价值。

莱文森等心理学家科学地研究了成人的发展变化。这一理念得到媒体的热捧，比如，盖尔·希伊（Gail Sheehy）就出版了他的著作《人生变迁》（1976年）。对于一些美国成年人来说，中年更常被形容为中年危机。到了20世纪80年代，越来越多的科学文献描述了美国在经历婴儿潮后发生的改变。研究表明，只有12%的美国人把中年当作生存危机去对待，认为自己需要做出重要的改变；大约30%的人不满意他们的生活，但将导致自己不满意的原因指向了其他人。

令人意外的是，对于女性来说，她们并没有把中年当作危机时期。相反，随着儿童接近成年、家庭责任的减轻，许多美国妇女发现中年充满着新的机遇。

近年来，心理学家们建议成人的发展还有许多其他的选项。许多人认为成年人面临四种发展选择：积极的发展、未知的变化、停滞或下降。这些结果是不可避免的，但人们丰富的一生正是这些决策的结果。（罗伟升 译）■

金色牢笼

希尔德·布鲁克（Hilde Bruch，1904—1984）

自 20 世纪 50 年代以来，包括厌食症在内的进食障碍的患病率在西方国家急剧上升，这在很大程度上要归咎于媒体把营养不良描绘为女性的理想身形。

 家庭治疗（1950 年），认知疗法（1955 年）

在中世纪，厌食症常与宗教相联系，苦行者不吃东西是为了更加接近上帝，锡耶纳的凯瑟琳（Catherine of Siena）就是最著名的厌食症患者。但是，现在厌食症的动机似乎仅仅是为了有一个理想的身型。神经性厌食症和暴食症是最常见的现代饮食失调病，在女性身上更常出现。典型的发病年龄是 15—24 岁。自 20 世纪 50 年代以来，西方国家进食障碍的患病率急剧上升。

厌食症的特点是对体重的痴迷控制，常见的有过度节食、过度锻炼、滥用泻药和灌肠剂、自我诱导呕吐等，结果是导致体重低于最优的健康水平，体型扭曲。暴食症的特点是周期性的暴饮暴食和使用泻药、自我诱导呕吐和其他极端措施。暴食症患者们感觉自己失去控制，无法停止暴饮暴食。在西方国家至少有 4% 的女性患有严重饮食失调，需要得到专业的治疗。

目前还不知道是什么原因导致饮食失调，但媒体把"瘦"描述成女人的"理想"状态，而且把女性仅仅看成性的角色。德裔美国医生希尔德·布鲁克，首次提出要从心理的角度去解释和治疗饮食失调。她有一个著名的描述，患有进食障碍的年轻女性就像黄金笼子里的鸟。这个短语来自她的一个病人，病人说自己是"在一个金色笼子里的麻雀"，配不上她富裕的家庭。布鲁克认为导致厌食症的重要原因是病人错误的信念，他们认为辜负了自己和父母的期望。

布鲁克基于她的临床研究表示，当存在相对独立的内部或家庭期望时，个性顺从的女童很容易患上饮食失调。如果她们觉得自己的努力失败了，那么她们就可能会控制自己的饮食。因为她们觉得这是可以表达自己独立的唯一方法。

布鲁克的心理治疗方法，试图帮助病人和她的父母了解家庭动力学，并开始逐渐形成健康的家庭功能。只有这样，小鸟才可以离开金色笼子。现已证明，认知疗法和家庭疗法对饮食障碍的治疗同样有效。（罗伟升 译）■

1978 年

心理理论

大卫·普里马克（David Premack，1925— ）

> 正常的儿童四五岁时就知道，一个人的行为和他们的感觉和想法相联系，这是共情能力和社交能力发展至关重要的一步。

 发生认识论（1926 年），镜像神经元（1992 年）

能够想象别人的感觉或想法，然后相应地应对，这是社会发展最重要的成就之一。现代发展科学已经深入研究这种能力，对婴儿、儿童、黑猩猩甚至啮齿动物进行了大约三十年的研究。发展心理学家们把这种能力称为心智理论。这一理论在几大主要宗教中都提到过。但在心理学中，直到 1978 年，大卫·普里马克和盖·伍德乐夫（Guy Woodruff）才提出的第一个表述完整的心理理论。

一般来说，心理理论是指儿童能够理解他人也有自己的思想、信仰、目标和情绪。如果没有心理理论，儿童将无法获取社会线索或他人的意图。这种情况在患有自闭症的儿童身上非常常见。心理理论是一个逐渐发展的过程，正常发展的儿童，通常在四五岁左右就能得到完整的发展。科学家已经发现了心理理论发展的重要前兆，比如，七到九个月的婴儿就已经学会通过简单的动作（如指向或伸手）来吸引他人的注意。

快到一岁的时候，婴儿开始理解人的意图。但直到四五岁左右，儿童们才真正明白，他人的感受或思考和他们所做的事情是有联系的。神经科学家利用脑成像技术发现，这个年龄正是大脑的前额叶皮层迅速成熟的时间段。对于自闭症儿童来说，情况并非如此。当然，现在也有一些干预措施，可以帮助改善自闭症儿童大脑的反应。

心理理论在表达共情和照顾别人方面是至关重要的，它使我们有能力进行社交活动。心理理论的研究极大地促进了我们对包括情绪、认知等儿童社会性发展的理解。这个理论促进了人们对镜像神经元的理解。（罗伟升 译）■

生态系统理论

乌尔·布朗芬布伦纳（Urie Bronfenbrenner, 1917—2005）

乔治·布什总统和孩子们一起玩耍，艾米丽·哈马斯提前教育中心，马里兰州。1992 年，他在那里宣布了一项提议增加 6 亿美元的资金计划。1965 年启动，启智计划阐释了生态系统理论中不同的影响对儿童发展的密切关系。

 心理生活空间（1935 年），开端计划（1965 年），成人认知阶段（1977 年），生命季节（1978 年）

　　美国发展心理学曾经被描述为"在有限时期内，儿童与陌生的成年人在陌生的场景下表现出奇怪行为的科学。"提出这种描述的人是布朗芬布伦纳，他为这种不自然的方法提供了一个替代方案。作为 20 世纪美国最杰出的心理学家之一，布朗芬布伦纳出生在俄罗斯，后来来到美国"发展"。

　　到 20 世纪 60 年代末，他不能接受美国发展心理学狭窄、人为的研究方法。为了建立他所谓的儿童生态学，他借鉴了系统理论。该理论认为，研究任何现象，都必须考虑与其相关的更广泛的情境。

　　在 1979 年出版的《人类发展生态学》中，布朗芬布伦纳提出了他详细的理论。他认为，人类发展发生在四个嵌套的系统，每个系统既要单独考虑，也要与其他系统一起考虑。

　　微系统是儿童的个人环境，包括父母、同龄人以及儿童直接接触的机构。中间系统是指微观系统的各个部分之间的联系与相互关系，比如父母和老师，父母和儿童的同龄人，或者家庭和宗教机构。下一个复杂的层次是外层系统，这里的因素影响儿童的发展，但儿童并未直接参与。例如父母的工作情况，这可能会影响儿童的白天照顾，或者父母经常会为工作到处奔波。最后，宏观系统是儿童生活的文化环境或国情，如政府对高等教育的支持程度等，均会影响到儿童的选择。

　　生态模型提供了一个人类发展的丰富视角。它让人们知道塑造我们生活的因素是如此的复杂和丰富。（罗伟升 译）■

1979年

社会认同理论

亨利·泰菲尔（Henri Tajfel，1919~1982）

1944 年 10 月，看不到头的德国战俘队伍正经过城市的废墟。社会心理学家亨利·泰菲尔在大屠杀期间身为战俘的经历，激发了他对群际行为和偏见的研究。

 从众行为和非从众行为（1951 年），接触假说（1954 年）

偏见产生于个体的人格因素吗？社会群体在偏见产生过程中有何重要作用？社会心理学家亨利·泰菲尔认为，当个体作为某一群体的成员时，他／她就与偏见的产生有重大联系。

泰菲尔出生于波兰的犹太家庭，后来离开波兰到巴黎读研究生。那时候，第二次世界大战爆发，他加入了法国军队。他被捕后，直到第二次世界大战结束前都在纳粹的集中营度过。战争结束后，他发现自己的家人已经都被纳粹杀害。这段经历使他开始研究群际行为和偏见是如何产生的。

基于战时的经验，泰菲尔认为，偏见和仇恨的产生受到他们所属群体的影响。在早期的分类研究中，他把对象分类标记为 A 和 B，结果发现，各个组里对相似性判断出现错误，且容易夸大两组之间存在的区别。在这些研究的基础上，泰菲尔发现，即使仅仅是将人分成两组，参与者都会开始不自觉地宣称自己组的优越性和贬低另一组。

1979 年，泰菲尔和他的学生约翰·特纳（John Turner）在《群际冲突的综合理论》一章中发表了完整的社会认同理论。1982 年，泰菲尔去世后，特纳为泰菲尔的研究补充了新的内容，并于 1986 年发表了著作《群际关系的社会认同理论》。

泰菲尔用他的研究说明我们从群体中获得社会认同感。然后，我们又因为是群体的一员，而增强对自己的积极看法。一种方式是，去加入一个可以带给我们好身份的群体；另一种方式是，主张我们所属的群体本来就是最好的。这将进一步促进我们对自己的积极看法，因此倾向于夸大我们所属群体的独特性，认为它与众不同。作为某一群体的成员，会对我们的自我看法有积极影响，但它也可能使我们对其他群体的成员产生歧视和偏见。（罗伟升 译）■

意志力

苏珊娜·可巴萨·韦莱〔Suzanne Kobasa Ouellette, 1947—　〕

1993 年，种族隔离时代的最后一位南非共和国白人总统弗雷德里克·威廉·德克勒克（左）和他的继位者纳尔逊·曼德拉（挥手者）正准备对在宾夕法尼亚州费城的公众进行演讲。世界上也许没有任何一个人能像纳尔逊·曼德拉那样出色地诠释意志力这一概念。

 心理复原力（1973 年），心理神经免疫学（1975 年），健康的生理–心理–社会交互模式（1977 年），心身医学（1993 年）

1970 年，心理学家们对人格与健康的关系非常感兴趣。苏珊娜·可巴萨在芝加哥大学利用一些早期的概念，例如顽强（威廉·詹姆斯）、生产性人格倾向（埃里希·弗罗姆）、心理健全者（卡尔·荣格）、自我实现（亚伯拉罕·马斯洛）和胜任力（罗伯特·怀特）等来研究人格、精神压力、健康和疾病之间可能的关系。根据可巴萨的研究，她认为一种被她称作意志力的人格特质对于保持健康非常重要。1979 年，她发表了一篇文章《生活压力、人格与健康：对意志力的调查》，引发了大量关于人格在帮助人们调节压力中所起作用的研究。

美国联邦政府授权美国电话电报公司（AT&T）进行重组，要求伊利诺斯州贝尔电话公司从母公司中独立出来。这为探究人格与压力调节之间可能的关系创造了机会。可巴萨对伊利诺斯州贝尔电话公司的经理们如何处理此次重组，包括大规模的裁员进行了调查。她发现相同的压力事件会因为不同的人格而对人们产生极为不同的效应。许多经理们认为人格与疾病或其他负面影响之间并没有什么联系。可巴萨认为，某些态度或人格特质可能会减小压力对人产生的影响。她的后续研究发现，意志力与社会支持、体育运动一起，似乎能够抵御与压力相关的健康问题。

和詹姆斯、弗罗姆和马斯洛这些先驱者一样，可巴萨也认为，我们的人格在生活的各个领域都发挥着重要的作用。可巴萨认为意志力由三种态度组成：承诺、自控力和挑战。承诺意味着积极地与人交往，参与到生活事件中，而不是将自己隔离和孤立起来。自控力指的是努力去影响和塑造个体的生活，而不是消极地停滞不前。挑战则表明个体想要从生活经验中学习，即使是一些不积极的经验。可巴萨关于意志力概念的诠释，为我们了解人格如何影响健康做出了重要的贡献。（彭惠妮 译）■

1979 年

领导力的培养 – 任务模型

J. B. P. 辛哈（J. B. P. Sinha, 1936— ）

印度圣雄甘地的雕像，华盛顿，2008 年。

文化相对论（1928 年），菲律宾心理学（1975 年）

1980 年

西方心理学界对领导力的研究有着悠久的历史，他们似乎在建立一种优越的、有吸引力的、民主的领导风格。然而，当第二次世界大战后科学心理学席卷全球时，对领导力及其相关话题的异议开始出现。许多国家开始努力发展能反映本土文化和知识传统的心理学，例如菲律宾本土心理学（Sikolohiyang Pilipino）。

在印度，Jai B. P. 辛哈根据印度的家庭和社会关系，发展了一种组织领导力模型；1980 年，他第一次全面阐述了他的领导力培养 – 任务模型。辛哈在俄亥俄州立大学取得博士学位，在那里，他浸泡于美国最好的传统社会心理学中。他很快意识到，印度的文化传统能为建立一种细致精妙的心理学提供更好的基础。相比西方引进的心理学，这种心理学将更适合用于认识印度的工作环境。辛哈设想，在印度，个体对生活意义的感知与其人际关系情况有密不可分的联系，生活的目的在于与自然和社会和谐相处。这就是管理者（领导者）和雇员关系的基础。

从 1970 年开始，辛哈致力于研究领导力及其在印度商业中的作用。辛哈和他的研究团队表示，印度人对他们称之为"领导力培养 – 任务"的模型进行了最好的回应，这个模型将管理者或领导者对生产率的高期望值与培养他们的职工关系紧密地结合起来。如此，领导者就能促进下属的发展，使他们更多地趋向自我激励，且更少依赖领导者。辛哈认为管理风格体现了印度文化的附属模式，关系个性化的趋势和身份意识。他展示了如何运用这种管理风格来提高印度工人的生产率。（彭惠妮 译）■

《精神疾病诊断与统计手册（第三版）》

路易斯·达尔林普尔 1898 年创作的插图"当大学者们发生严重的意见分歧时"，描绘了"保守派的药物治疗"和"新学派的精神治疗"之间由来已久的争论。今天，它又反映为持有不同观念的精病学家和心理学家在治疗精神疾病方面的分歧。

 美国精神疾病分类系统（1918 年）

1980 年

在 1974 年《精神疾病诊断与统计手册（第二版）》（DSM－II）将同性恋移除出精神疾病并归类为性取向困扰后，美国精神病学会决定彻底修改精神疾病的诊断和分类标准。结果是《精神疾病诊断与统计手册》的第三版（1980 年）与之前的两个版本截然不同。这一改变最直接的原因是精神病学已经成为了一种研究性学科，新的领军人物们想要创作出能同时指导研究和诊断的手册。此后，精神疾病诊断与统计手册的每一个版本都非常重视疾病的研究基础。修订的另一个原因是，美国精神病学会面临着要与世界卫生组织制定的国际疾病与健康分类标准（ICD）更吻合的压力。

精神病学家罗伯特·斯皮策（Robert Spitzer）被任命来牵头第三版的修订工作。他对华盛顿大学（位于密苏里州圣路易斯）的精神病学家们的研究进行了总结，这些精神病学家们是新实验性精神病学的代表人物。好几年的时间里，至少从 1960 年开始，越来越多年轻的精神病学家们认为，如果精神病学要继续作为一种职业，那么它们就必须远离精神分析（弗洛伊德）对疾病的分析。因此，使用了超过一个世纪的模糊术语"神经症"，除了被用作一些心理障碍术语的附加词，基本已不再使用。

草拟的手册完善后，美国心理健康研究所做了一个现场试验来检验手册的信度。尽管他们发现大多数诊断的信度较低，但仍然继续对手册进行润色。1980 年出版的修订版手册中，包含 265 种诊断，这大大扩充了可诊断疾病的数量。但是，许多疾病仍然缺乏真实可靠的科学实验支持。正如后来斯皮策所提到的，许多并没有真正遭受精神疾病折磨的人被纳入到精神疾病的行列，这是一个令人可悲的结果。经过几次修订，从第三版的修订版（1987 年），到第四版（1994 年），再到第五版（2013 年），《精神疾病诊断与统计手册》得到了进一步的拓展，涉及日常生活的方方面面。（彭惠妮 译）■

创伤后应激障碍

1968 年 6 月，在越南顺化的军事行动中，D. R. 豪（D. R. Howe，明尼苏达州格伦科人）为第五陆团二营 H 连的一等兵 D. A. 克鲁姆（D. A. Crum，宾夕法尼亚州新布莱顿人）处理伤口。创伤后应激障碍用来描述越战给美国士兵带来的心理效应。

1980 年

歇斯底里症（1886 年），弹震症（1915 年），压力（1950 年）

"战争的灾难性压力在心灵上留下的痕迹，需要时间和勇敢地面对才能被抹去。"这句话是为越南战争退伍军人的回归而写，但同样也适用于越战前后的各种战争。在第一次世界大战中，成千上万的士兵患上了被称为"炮弹休克症"的严重心理障碍。随后，在第二次世界大战期间，数十万的美国年轻士兵患有战争神经症或战斗疲劳症。但是，这些越战老兵的问题似乎更为严重，在他们回家后，这些心理障碍会一直持续很多年。据报道，这场战争比早期的战争引发了更高的吸毒、夫妻暴力、离婚和自杀的几率。

不幸的是，当越南战争结束时，许多心理健康专家拒绝承认在战争结束后战争退伍军人所持续表现的后遗症。当时，在美国精神病学协会制订的《精神疾病诊断与统计手册》里，并没有专门的术语来描述人们经历战争或自然灾害后所遭受的创伤经验。但是显而易见的是，许多越南老兵给他们的家庭以及社会结构带来现实的伤害。例如，一位士兵从越南退伍后，脑海中突然重现战斗往事，这让他认为他所在的购物中心，正在遭受越南的袭击。为了对抗这些"攻击者"，他在开枪打伤了多名警察后，自杀身亡。

直到 20 世纪 70 年代末，退伍军人们、纳粹大屠杀和其他一些灾害和暴行的幸存者们联合起来，向心理健康专家证明确实存在这样一种新的诊断疾病，并需要专家们深入的研究和有效的干预。1980 年，"创伤后应激障碍"（post-traumatic stress disorder）这一术语首次出现在《精神疾病诊断与统计手册》第三版中。（彭惠妮 译）■

《信仰的阶段》

詹姆斯·W. 福勒（James W. Fowler，1940— ）

由普鲁士画家和建筑师卡尔·弗里德里希·申克尔（Karl Friedrich Schinkel）创作的《海边岩石上的哥特式教堂》，1815 年。

 发生认识论（1926 年），道德发展（1958 年），生命的季节（1978 年）

1981 年

　　摩西经历了在燃烧的灌木丛中与上帝相遇的遭遇后变成一位领导者。相似的戏剧性信仰转变同样发生在佛陀、圣保罗和穆罕默德的身上。大多数信仰都是戏剧性的，还是随着时间的发展，人在人生旅程中对信仰会在不同的角度下有着不同的理解和表达呢？在《信仰的阶段》（1981 年）这本书中，发展心理学家詹姆斯·福勒阐述了一个同时包含信仰发展戏剧性和日常性内容的理论。他借鉴让·皮亚杰（Jean Piaget）的认知发展理论和劳伦斯·科尔伯格（Lawrence Kohlberg）的道德发展理论（Moral Development theory）来建构他的信仰发展理论。他假设人类的信仰发展有六个潜在的阶段。

　　在第一阶段，幼儿对信仰的表达是由想象导向和以对上帝的神奇想法作为标记的。第二阶段的特点是相信宗教的神话和故事是真实的，通常发生在童年中期到成年。对许多人来说，第三阶段是最后的发展阶段。这个阶段是传统的，主要是考虑怎么做才能保护社会世界和提供一种认同感。在第四阶段，信仰变成独立思考和道德的一种表达。例如，一个来自美国南方的白人男性可能拒绝他所属文化中的种族主义，而认同社会活动家的种族平等。在第五阶段，信仰有着更大的认知复杂性，就是在接受矛盾的同时保留对信仰对象的信念。这个阶段通常是人过中年才会达到。

　　最后，少数人会发展出一个在普遍水平上超出任何宗教表达要求的对正义、同情和爱的信仰。这种信念在服务更高理想时会导致极端的个人奉献，甚至牺牲。达到第六阶段的例子是特蕾莎修女、拿撒勒的耶稣和其他圣洁的人物。

　　在信仰阶段的研究中发现青少年的信仰发展和个人认同有重要的关系。在研究中发现，如福勒的理论所暗示的，成人个体在更成熟的信仰阶段可以更好地应对威胁生命的疾病。一项克利福德·斯文森（Clifford Swensen）、史蒂芬·富勒（Steffen Fuller）和理查德·克莱门茨（Richard Clements）在 1993 年的研究发现，与低水平信仰发展的病人相比，高水平信仰发展的病人拥有更高的整体生活质量和更令人满意的婚姻亲密关系。（黎晓丹 译）■

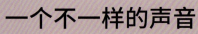

一个不一样的声音

卡罗尔·吉利根（Carol Gilligan，1936— ）

《欲望（幻想）》，由德国画家和建筑师海因里希·福格勒（Heinrich Vogeler）所作，绘制于1900年。卡罗尔·吉利根开展了一个围绕道德问题上阐述重要性别差异的发展项目。

 道德发展（1958年），性别认同（1963年）

1982 年

人们如何化解现实生活中的道德两难困境？当卡罗尔·吉利根于 20 世纪 60 年代末到哈佛大学担任心理学教师时，这个问题引起了她的兴趣。她的兴趣受到劳伦斯·科尔伯格（Lawrence Kohlberg）关于道德发展研究的鼓舞。科尔伯格的研究表明，女性一般不表现出最高的道德推理，也就是"公正推理"，通常是男性才表现出这种推理。但是吉利根想往不同的方向开展她的研究。科尔伯格在研究中让参与者面对假设的道德两难困境，而吉利根决定让参与者在面试时面对一个现实生活的两难困境，就是是否选择终止妊娠。

在吉利根开展研究的过程中，她以惊人的洞察力发现：女性参与者在柯尔伯格的量表中获得低分的原因是，柯尔伯格制定量表时只使用男性参与者数据并以这些数据来代表一般性的标准。因为柯尔伯格只使用男性参与者，他错失了其他的推理风格和方式。吉利根将她的女性参与者的推理风格描述为"道德关怀"。因为这些女性参与者不断地告诉她做出是否堕胎的决定是基于考量这段感情维持下去的价值和防止对其他人的伤害。

吉利根将自己的研究和结果记录在一本里程碑式的书中，书名为《一个不一样的声音：一个关于女性发展的心理学理论》并于 1982 年出版。在书中，她认为女性道德决策过程并没有在以男性为主的主流心理学框架中占有相应的位置。她提出道德关怀并建议尽管只是常见于女性，但我们应该努力让其成为人类发展中突出的一部分。她的研究继续影响了性别差异的讨论，但也许更重要的是揭露了大部分的心理学理论基础仅以男性为主的缺陷。（黎晓丹 译）■

多元智力

霍华德·E.加德纳（Howard E. Gardner, 1943— ）

法国艺术家埃德加·德加（Edgar Degas）的名画《芭蕾舞》，绘于1885年。芭蕾舞这一具有挑战性的表演艺术包含精确移动和站姿技巧，专业的芭蕾舞者需要多年的练习和高超的动觉智力。

 社会个体发育（1992年）

现代心理学中最古老的争论之一就是智力是一个被称为"g"或者"g因子"的单一能力呢？还是理解为由几种不同的认知功能而组成的呢？在美国20世纪大部分时间里，智力的一元说占统治地位。心理学家霍华德·加德纳在有着巨大影响的《智能的结构》（1983年）一书中提出多元智力理论，改变了关于智力本质的争论。

加德纳指出是他的艺术训练经历使他反思单一的智力概念。他加入了"零点项目"，这个项目是由哈佛大学教育研究生院组织的，旨在提高艺术教学和促进其成为学习和认识世界的方法。在接下来的关于脑损伤病人的脑功能研究帮助加德纳将认知发展、艺术以及脑的工作机制联系起来。在这种关联之下，他提出七种独特的智力：音乐智力、逻辑数学智力、语义智力、空间智力、身体动觉智力、理解智力和社会理解智力。在1999年，他又提出至少还有三种智力：道德智力、存在智力、自然智力。在一个人因为脑损伤而失去某种智力的情况下，其他智力可正常运作的事实证明了每种智力都有各自的大脑神经网络。

文化在我们的智力表现中也扮演着重要的角色。在某些社会中，如在撒哈拉以南非洲地区，社会理解能力被高度重视，有着高度社会理解能力的人被认为是非常聪明的。在西方社会，语言智能被高度重视，一个人如果显示出高级语言技能就会被认为是非常聪明的。

加德纳的理论对改变美国教育者如何看待儿童的教育需求产生了非常大的影响力。因为他成功挑战了传统的一元智力理论。其他智力模型的大门也被打开，例如丹尼尔·戈尔曼（Daniel Goleman）的情商。（黎晓丹 译）■

1983年

弗林效应

詹姆斯·R.弗林（James R. Flynn, 1934— ）

卫生和公共服务部部长凯瑟琳·西贝利厄斯（Kathleen Sebelius）为一组在斯特兰德酷泉小学朱迪·霍耶早期学习中心四岁启蒙计划的学生读绘本故事，2011年，马里兰州。尽管相关的启蒙计划已经开展，IQ分数提高的原因引起了激烈的争论。

心理测验（1890年），精神水平的西蒙测试（1905年），韦氏智力量表（1939年），行为遗传学（1942年），启蒙计划（1965年）

1984年

世界变得越来越聪明了吗？1984年，新西兰的政治科学教授詹姆斯·弗林宣称他的研究表明，世界各地的智力测试得分正在上升。许多科学家对弗林的这一论断表示相当怀疑，但进一步的研究和许多后续研究证实了弗林的论断。智商分数（IQ）的上升速度是每10年3分，在各个国家都有这一发现，从相对不发达的国家到富裕国家。

如果这是真的，也并不能被解释为基因上的变化。简单来说，进化不可能以这么快的速度进行。因此，如果基因可以影响智力，那么就不能解释所谓的弗林效应了。尽管对弗林效应产生的原因说法不一，一个可能的解释就是世界各地的人对学校课程和测试更加熟悉了。然而，似乎是环境的改变成为IQ分数提高的主要原因。例如，世界的大部分地区在营养和保健方面有重要的进步。这可以有助于解释为何这些地区IQ分数提高。但是发达和富裕国家的IQ分数为何也提高了呢？一个可能的原因就是孩子们在信息日益丰富的环境中成长，我们的文化比以往都要精致和复杂，我们也暴露于贯穿生活主题的多重视角中。

当然，弗林效应是有争议的。一些正在进行的研究发现了混淆的结果，英国的研究结果显示从20世纪90年代开始，青少年的IQ分数在下降，尽管十岁以下儿童IQ分数提高了。若要验证弗林效应，还需要研究很多关于智力与正在改变的文化和人口学标准之间的关系。

（黎晓丹 译）■

触摸治疗

蒂凡尼·菲尔德（Tiffany Field，1941—　）

心理学家蒂凡尼·菲尔德的研究表明，按摩对婴儿的有益影响包括体重增加、改善免疫功能、增加运动能力。

（代理）妈妈的爱（1958年），依恋理论（1969年），陌生情境（1969年）

自从有了人类以来，人类就一直互相触摸。正如人类学家阿什利·蒙塔古（Ashley Montagu）在他具有里程碑意义的书《触摸皮肤的人类学意义》（1971年）中所展示的，触摸是古代治疗实践的重要组成部分。在中世纪的欧洲，几个世纪以来人们认为君主的触摸、与皇家的联系可以治愈病人。但直到最近，科学研究开始向我们展示触摸对人类健康和生存的重要性。

心理学家蒂凡尼·菲尔德的第一个孩子早产时，她发现抚摸她的女儿对其成长和发展非常有利。由于好奇，她开始研究触摸的影响。首先是对早产儿，然后是患上各种各样疾病的人们。她第一个关于触摸对早产儿的影响的研究发表于1986年，她发现接受按摩的婴儿体重平均增加了47%。此外，与没有接受按摩的新生儿相比，接受按摩的婴儿清醒时更活跃和警觉，并表现出更大范围的活动。蒂凡尼·菲尔德继续着这项研究，并且她的发现已经彻底改变了我们对触摸的认识。

1982年，在西方社会医院常见的做法是将早产儿独自放在一个保温箱里，只进行基本的护理。当时认为接触会使婴儿恼怒或者过度兴奋。菲尔德对自己孩子成长的观察和随后的研究改变了这一切。在她的第一个研究中，菲尔德和她的同事们发现，当每天三次轻轻地按摩早产儿的背或四肢十五分钟，会比没有接受按摩的婴儿体重增速快近50%。这是事实，即使这些婴儿并没有进食更多的食物。这个最初的研究和之后的其他研究也显示出对神经系统发展的有益影响，而这些获得是可以维持的。研究导致医院实务的一个重要变化：现在鼓励父母对早产儿和正常足月婴儿进行按摩。

因为这项早期研究，对婴儿和成年人来说，治疗性的触摸可以改善注意力，缓解抑郁，减少疼痛，甚至提高免疫功能。很明显，触摸非常地重要，没有它，我们的生存方式可能受到质疑。（黎晓丹 译）■

1986年

动物辅助治疗

2011 年在沃尔特里德国家军事医疗中心，西沃恩·麦康奈尔（Siobhan McConnell）在一边等探视在陆军一等兵的儿子德里克·麦康奈尔（Derek McConnell）一边抚摸海军少将劳拉·李（laura lee）。劳拉·李是这家医院的三只治疗狗之中的一只，负责面向病人、家属和职工的工作和探视。

 压力（1950 年），身心医学（1993 年）

1990 年

　　利用动物来提高人类的心理与行为健康，大概可追溯到史前。驯养狗、猫和其他动物为人类带来了快乐、感情以及压力的减少。从房地产记录可知，在早期的收容所中，动物被用于来改善患者的心理健康。例如，英国的约克收容所（建于 1792 年）的创建者威廉·图克（William Tuke）使用农场动物来治疗部分患者。建于 1990 年的德尔塔学会（Delta Society，现改名为"宠物伴侣"，Pet Partners）为用作治疗的宠物提供专业化帮助。用作治疗的宠物品种让人印象深刻，有狗、猫、鸟、大象、兔子、马、海豚，等等。

　　在健康心理学的研究证明，拥有宠物的人比没有宠物的人总体上来说有更高水平的身体健康和幸福感体验之后，正式的宠物治疗专业化才开始。至今，使用宠物控制自闭症的症状、减少老年住院病人的焦虑、减少儿童发育障碍的行为问题已被证实有积极的效果。

　　在北美，治疗性宠物专业使用的正确术语是动物辅助治疗（animal-assisted therapy，AAT）。动物辅助治疗师是经认证的医疗保健专家，会结合明确的目标制定个性化的康复计划。治疗性的干预手段是多样化的，动物作为治疗师会与人类治疗师和服务对象一起出席。其他的治疗包括使用宠物来减轻病人面临一个痛苦的治疗程序时的恐惧和压力，例如即将进行外科手术的儿童。在这些干预手段中，儿童被允许抚摸动物和与动物玩耍直到他们的恐惧感减轻。治疗环境也是多样化的，从传统的相对封闭的治疗室到精神病医院、监狱、学校和养老院。

　　同样，动物也用于提高长期居住在护理机构里的人的生活质量。在这些过程中，志愿者带着他们的宠物来到护理机构，让居住在里面的人可以与动物交流。还有一个相关领域被称为宠物疗法，旨在帮助减少宠物的行为问题。（黎晓丹 译）■

福流

米哈里·契克森米哈赖（Mihaly Csikszentmihalyi, 1934—　）

在洛杉矶加利福尼亚州的保罗·盖蒂博物馆，集成了许多能够反映和促进福流原则的建筑特点。

 需要层次理论（1943 年），人本心理学（1961 年），积极心理学（2000 年）

1990 年

全神贯注地做园艺和专心致志地打篮球有什么共同之处呢？也许两者都会有一种个人的经验：一个人感觉自己处于最佳生活状态的时刻。发现这个现象的心理学家米哈里·契克森米哈赖认为，福流的特征就是意味着拥有一个美好的生活。如同亚伯拉罕·马斯洛（Abraham Maslow）的高峰体验，福流是一种全身心投入的瞬间体验。

关于福流的研究开始于 1960 年代，当时契克森米哈赖在研究视觉艺术的创造过程。他发现艺术家在创造的时候会陷入一种全神贯注的持久状态，这种状态似乎可对抗疲劳与饥饿。然而，当作品完成之后，艺术家却几乎不再关注它。似乎完全投入到作画这一行为本身就是一种获得。契克森米哈赖对这个假设进行了系统性的研究。他发现，这种体验可以发生在任何领域的行动中，例如艺术、运动与医学。

契克森米哈赖的研究指出，产生福流可能要两种条件。第一个是这种行动可以充分发挥当事人的技术水平，也就是说这种行动是当事人可掌控的挑战。第二，必须要有持续的反馈使当事人不断调整，以作为行动的收获。当具备了这些条件，个体进入一种行为和意识高度融合的主观状态。在这种忘我的状态下，时间过得很快。当体验了福流，当事人强烈地感觉到行动本身的价值，这种价值是与直接结果分离的。

有人尝试构造提高福流体验的环境。印第安纳波利斯的重点学校建立了福流活动中心，儿童在没有老师或其他成年人对他们的冠冕堂皇的要求情况下根据自己的兴趣开展活动。该中心的研究显示，儿童参与中心活动后提高了对学习的内在动机水平。现在有许多机构介绍了福流的原则，包括在洛杉矶的盖蒂博物馆（Getty Museum）、日产汽车组装厂，以及在意大利米兰的心理治疗。（黎晓丹 译）■

镜像神经元

贾科莫·里佐拉蒂（Giacomo Rizzolatti, 1937— ）

当人或动物在观察其他人或动物在做某一个动作时，镜像神经元就会被激活。这促进心理理论（theory of mind，ToM）的发展。

心理理论（1978 年）

猴子看见什么就学什么吗？人们发现猴子、人类、鸟和其他物种有一种对他者动作有精细敏感度的脑细胞。这种脑细胞被命名为镜像神经元，镜像神经元代表着 20 世纪心理学科学研究中令人兴奋的新领域。帕多瓦大学的神经科学家贾科莫·里佐拉蒂和同事首次发现镜像神经元。他们第一次发表这个成果时被拒绝了，因为该期刊认为他们的发现不会引起其他科学家的兴趣！（最终这篇文章在 1992 年发表。）

里佐拉蒂发现当人或动物在观察其他人或动物，甚至是其他物种的成员在做某一个动作的时候，这些神经元就会被激活。它们之所以被命名为镜像神经元，就是因为它们镜像了他者的活动并且得到激活，就像观察者自己在做这些动作一样。例如，当我们看到一个人在拿饼干，我们的大脑就会如同我们自己在拿饼干那样被激活。这表明了我们的知觉和动作之间有直接的脑连接。在婴儿一岁时，人类的镜像神经系统就开始发育，与婴儿的模仿和与照料者的互动产生关联。现在很多镜像神经元的细微差别被发现，其中一个就是镜像神经元的激活程度是和观察者的动作技巧水平有关的。所以，如果你是一个很好的网球手，当你在看罗杰·费德勒（Roger Federer）打网球时的镜像神经网络会比不怎么会打网球的人的激活程度要高。

科学家和哲学家因镜像神经元而感到十分激动。我们也许因为研究这些专门的脑细胞而可以更好地认识同情、孤独症、语言和他人的动机。（黎晓丹 译）■

社会个体发育

贝恩·内赛朗（A. Bame Nsamenang, 1951— ）

 坦桑尼亚四个普通的马赛族男孩，2013 年。马赛族是非洲东部的牧民民族，在实施一套社会组织的年龄设定系统，在那里年轻人获取相似的社会认同年龄。

发生认识论（1926 年），心理理论（1978 年），多元智力（1983 年）

1992 年

在 20 世纪末之前，非洲撒哈拉以南地区的心理学学科都没有很好地建立起来，南非就是一个著名的例子。大部分非洲的心理学家都是借鉴西方学者的个人主义视角。直到 1980 年代，贝恩·内赛朗教授和其他一些人起了带头作用。然而，内赛朗以大多数非洲社会的社会中心论世界观为背景建立个体的发展理论。在他的书《文化背景的人类发展：一个第三世界的视角》（1992 年）中，内赛朗认为非洲人的发展理论应该将个体社会发育放在首要的位置。也就是说，发展产生于个体参与社会文化活动的过程中。

一个非洲视角的发展结合了形而上学和经验的阶段。精神自我开始于孕育，结束于当一个人得到了他或她的名字。然后经验自我接管并将人带往生理上的死亡。最后就是祖先自我，自我将在记忆和生活的仪式得到延续。在某些文化表达中，祖先自我可被称为转世。

经验自我属于社会个体发育的领域，由七个阶段组成：出生、社会化启动、社会化学徒、社会化前期、社会化中期、成人期、死亡。每个阶段都有由社会文化期望构成的发展任务。发展是关联式的，需要和社会有一个链接。在这个模型中，人类需要社会责任来实现完整的人格，指引就是致力于帮助儿童获得社会责任感。

智力又是如何被认识的呢？儿童会被指派服务社区的任务。成人与其他儿童监督这些儿童的完成情况并决定他们是否准备好进行更困难和更复杂的任务。智力是根据一个人的社会关系和社会责任感的程度来描述的，并非是一个具体的分数或者测试。

在 21 世纪初，一个强大的心理学理论、研究和应用在非洲撒哈拉以南地区建立。就如内赛朗所做的，大部分内容集中在个体发展及其在快速发展的社会中的问题。（黎晓丹 译）■

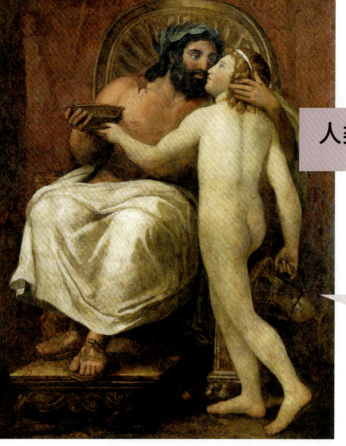

人类种类的循环影响

伊恩·哈金（Ian Hacking，1936— ）

《朱庇特亲吻侍童》，由德国画家安东·拉斐尔·门斯（Anton Raphael Mengs）或者他的朋友，一个声名狼藉、沉溺女色的意大利人贾科莫·卡萨诺瓦（Giacomo Casanova）所创作的壁画，绘制于1758年。这幅画描述了古希腊的鸡奸事实，当时成年男子和男童之间的关系是受社会认可的。

美国精神疾病分类系统（1918 年）

1995 年

　　人类的分类例如同性恋、多重人格和孤独症是怎样形成的？ 这样的分类是如何影响被分类的人的行为和自我建构的可能性以及对他们做出回应的人？加拿大的科学哲学家伊恩·哈金探索了这些问题，并使用几个人类科学历史的例子来证明他提出的"人类的循环影响"。

　　哈金认为人的很多类别是人类对其命名所共同建构出来的。例如，同性恋在 19 世纪晚期才出现并不是因为之前没有同性行为，而是因为没有对同性恋和异性恋进行分类的意义。这反过来制造了将人识别为某一种特定的人的可能性。和分类相关的人以及这些人反过来影响分类的过程被称为循环效应。在 1995 年，哈金将对这个过程的长期研究出版了《灵魂的重写：多重人格与科学的记忆》一书。在研究中，他重构了历史偶然事件如何改变精神病学上多重人格障碍的分离，以及这种新类别对我们认识和行为的影响。

　　人类种类的循环影响对心理学有着重要的启示。人们有能力去对他们的分类做出反应，去改变这些分类并且形成新的生存方式。这也说明了心理学家所研究的东西在不断改变。当心理学家创造出新的分类，他们自己往往就牵涉其中。（黎晓丹 译）

成见威胁

克劳德·梅森·斯蒂尔（Claude Mason Steele，1946—　）

非裔美国学生在测试中的焦虑也许是由威胁成见引起的。

 军人智力测验与种族主义（1921 年），玩具娃娃实验（1943 年），接触假设（1954 年）

1995 年

为什么在数学测试时许多女生的表现不如男生，即使过去的记录显示他们有同等能力呢？为什么有才华和聪明的非裔美国学生大学辍学率比欧洲学生要高那么多？在 1995 年，美国社会心理学家克劳德·梅森·斯蒂尔提出成见威胁作为一个可能的解释。

社会心理学家将成见威胁定义为当一个人认为当时所属的特定群体会对自己有成见时所产生的恐惧。这种威胁意味着失败或者欠佳的表现是因为所处的环境而不是个人。因此，男生数学比女生好的刻板印象会压抑女生在数学能力测试中的表现。当刻板印象发生在测试之前时，成见威胁最有可能出现。心理学家们已经证明了成见威胁对田径、创业、国际象棋和其他领域有负面影响。

斯蒂尔重点关注成见威胁对高成就的非裔美国学生的影响。在美国，有一种关于非裔美国人智力的负面成见。在一系列面向聪明的白人和黑人学生的困难英语测试中，当测试作为语言能力测试（成见威胁）时，非裔美国学生和白人学生的表现相比会差很多。当同样的测试作为解决困难问题的测试（非成见威胁）而不是智能研究时，黑人学生和白人学生的表现就没有出现差异。斯蒂尔得出一种降低对非裔美国人成见威胁的方法，就是提供明确的信息来说明测试或挑战是种族公平的，通过减少疑惑来增强黑人学生的自信心。（黎晓丹 译）■

自主－关系型自我

齐丹·库查巴莎（Cigdem Kagitcibaai, 1940— ）

"移民家庭"（Immigrant Family），美国雕塑家汤姆·奥登斯（Tom Otterness, 1958— ）的青铜雕塑作品，位于加拿大安大略省多伦多市的央街 18 号。

文化依存症候群（1904 年），文化相对主义（1928 年），日常生活中的自我表现（1959 年）

1996 年

　　西方研究者倾向于按自己的文化观念，将人的取向划分为个人主义（西方）和集体主义（东方）。因此，他们认为在美国长大的孩子将变得独立自主，而在印度长大的孩子很可能对家庭关系更有认同感。当然，这种一分为二的方法太过于简单。

　　土耳其发展心理学家齐丹·库查巴莎提出了第三种更复杂的观点：自主－关系型自我（autonomous-relational self）。她指出，大多数发展心理学模型假定发展的目标是成人的自主（或独立）。库查巴莎说，这种基于自我的看法，是一个非常西方式的理念。她认为，发展的目标不是这一模型，研究人员应该在一个更广阔的文化背景下研究发展中的变化。过去 100 年中，在现代化的推动下，出现了一种个人主义和集体主义融合的趋向。全球化已使得许多主体世界（Majority World）国家的家庭趋向于西式家庭，但他们的文化传统有助于他们保持与其他家庭成员的密切联系。与既往研究相比，自主性（autonomy）和关系性（relatedness）通常是作为对立面来比较的。当前研究表明，自主性和关系性是人类经验中和谐的两个方面。在各种社会中，它们和能力共同构成了三种人类基本需求。

　　世界各地的研究都强调社交圈对促进身心健康的重要性。对移民和难民进行的研究充分证明了，我们人类是能够进行自我管理的，尽管完全是有赖于紧密的人际关系。对于那些从家乡移民到新的文化环境的家庭而言，自给自足和亲密关系可以帮助一个人克服困难，适应新的社会，尤其是当新旧两种文化存在巨大的差异时。

　　自 1996 年库查巴莎正式提出关于"自主－关系型自我"成熟的理论后，其他研究也在日本与荷兰等文化中验证了该理论的基本观点。（姜醒 译）■

脑中有情

约瑟夫·李窦（Joseph LeDoux，1949— ）

李窦的划时代著作中，重点介绍了杏仁核（图中高亮的部位）在形成情绪记忆中所起的作用。

精神外科（1935 年），情绪表达（1971 年）

1996 年

你女儿出生的日子，你差点踩到一条响尾蛇的那一天，在巴黎新桥上向未婚妻求婚的场景。这些事件似乎深深地印在记忆中，很容易回忆起来，并且常常在脑海中浮现。这是为什么呢？神经学家们深信，在大脑的杏仁核中有一个结构，是我们情绪记忆（emotional memories）的中枢，它对维持我们的情绪记忆发挥关键作用。1996 年，神经学家约瑟夫·李窦发表了具有里程碑意义的著作《脑中有情》（*The Emotional Brain*），书中总结了当时人们对杏仁核在情感生活中作用的认识。李窦运用了近一个世纪的关于情绪和杏仁核研究，其中包括心理学家卡莱尔·雅克布森（Carlyle Jacobsen）的一项著名研究，该研究以两只黑猩猩——贝基（Becky）和露西（Lucy）为对象；他们对贝基进行了世界上第一例脑叶白质切除术（lobotomy），以减少她的攻击性行为。后来，这项技术很快就被用在成千上万的人们身上。

杏仁核似乎可以识别到某一状态下的情绪，包括对消极和积极情绪的加工。许多实验研究表明，杏仁核在恐惧的情况下被激活。它有丰富的神经与脑干相连，因此当识别到刺激时，能激活回避行为。杏仁核也将刺激投射到负责情绪加工认知处理的额叶皮质。最近，研究人员发现，杏仁核对获得美食或性行为等积极情绪的识别与加工也十分重要。

也许最重要的是，杏仁核与大脑的海马体有着密切联系，海马体的主要功能是负责记忆。正因如此，杏仁核在记忆形成的过程中发挥了非常重要的作用。现在我们知道，情绪的激活——由杏仁核介导——会导致更强烈的长期记忆。（姜醒 译）■

结盟与友好

谢利 .E · 泰勒（Shelley E. Taylor，1946— ）

两个小女孩一起坐在海边，摄于 2003 年。

 压力（1950 年），恢复力（1973 年）

2000 年

生理学家沃尔特·坎农（Walter Cannon）提出，人们受到威胁和紧张时，正常反应可以用"战斗或逃跑"（fight or flight）来形容；而内分泌学家汉斯·塞利（Hans Selye）则告诫说，反复暴露于危险中会导致压力，最终导致身体无法适应而出现衰竭甚至死亡。这两个概念对促进人类健康和发展有效的干预措施十分有用。但这两者并没有直接指出人们受到威胁和压力状态时的心理体验。

发表在 2000 年《心理学评论》（Psychological Review）的一篇文章中，社会心理学家谢利·泰勒基于多年对女性健康的心理因素研究，提出了"结盟与友好"这一心理学概念。这一理论模型有助于理解人和动物在压力或威胁情境中产生的行为。"结盟与友好"理论指出，在这种环境下基本的心理反应应该是与他人联盟，互相帮助。例如，当飓风摧毁房屋并威胁到性命时，人们通常会提供财政援助、避难所，并安慰受灾的群众。

"结盟与友好"理论一个显著的特点是，较之男性，这样的反应在女性身上表现更为突出。例如，当雌性大鼠受到恐吓时，它们会聚集在一起寻求保护；而雄性大鼠则不是如此。泰勒认为，这是由于照顾和保护后代的压力进化所致，女性在受到威胁时是最容易受伤的。在许多物种中，母亲或其他女性最关注后代的需要。

这种反应的生物学基础是在压力环境下体内会释放催产素。催产素的有益作用由雌激素放大。催产素的一个公认的作用是刺激亲和行为，尤其是在母亲中，这一效果已得到证实。研究表明，在面对压力时，女性比男性更有可能向他人寻求帮助，并且也更容易得到支持。

（姜醒 译）■

积极心理学

马丁·塞里格曼（Martin E. P. Seligman，1942—　）
米哈里·契克森米哈赖（Mihaly Csikszentmihalyi，1934—　）

人本主义心理学（1961 年），黑人
心理学（1970 年），福流（1990 年）

坐落在加利福尼亚州拉霍亚的索尔克生物研究所（Salk Institute for Biological Studies），是世界排名第一的神经科学和行为学生物医学研究机构。建筑师路易斯·康（Louis Kahn）运用独特的、对称的设计，让柔和的自然光线进入到两侧建筑中间的庭院中，体现了积极心理学的乐观主义，反映了最大限度地发挥人类优点的努力。

在我们的生活中，人们更倾向于试图弥补缺陷或预防伤害吗？用优点或缺点来描述我们的生活，是不是最为恰当？这些都是心理学探讨的重要问题。在大多数情况下，美国心理学更加重视治疗而不是预防；心理疾病的清单越来越长，而在理解与提升人类优点方面做的工作则相当有限。21 世纪初，随着积极心理学出现，美国心理学也开始有了转变。

积极心理学发展过程中，最前沿的两位心理学家分别是马丁·塞里格曼和米哈里·契克森米哈赖。塞里格曼的研究始于实验精神病学，他利用动物模型来了解人类的精神障碍。他描述了动物如何发展为习得性无助的过程。20 世纪 90 年代初，他开始撰写如何学会乐观的方法。在匈牙利出生的心理学家契克森米哈赖花费了许多年的时间，研究创造力和最优经验与福流（Flow）。他们两人的相遇也十分有名，当时是在夏威夷的海滩上，塞里格曼救下了正在水中挣扎的契克森米哈赖。之后，两位心理学家合作撰写了一系列他们称之为积极心理学（positive psychology）的以科学为基础的文章，发表在 2000 年 1 月《美国心理学家》（American Psychologist）的特刊上。

自从他们开始合作以来，他们不仅创造了一门学科，也引发了一项运动，使美国心理学重新将注意力集中在人类的优点之上。积极心理学吸引了来自世界各地的追随者和其他科学家。它主要研究人类的力量与美德，包括智慧、勇气、善良以及至少 21 项其他的相关内容。积极心理学已经研究了创造力和杰出的天赋，并清楚地介绍了是什么使我们快乐，还研究了乐观的力量、开展好工作的品质。它还强调了公民道德和健康社区的必要性。

从历史的角度来看，积极心理学在很大程度上借鉴了早期的心理学研究和实践。展望未来，积极心理学可以帮助我们适应日益减少的资源和竞争日益激烈的世界。（姜醒 译）■

2000 年

成人初显期

杰弗里·J.阿内特（Jeffrey J. Arnett，1955— ）

心理学家杰弗里·阿内特提出了"成人初显期"这一词汇，用于描述青春期结束后的人生阶段，在此阶段经济发达国家的人们大多已经高中毕业，但在全身心投入工作或找到人生伴侣前，他们仍处于寻求认同的时期。

青春期（1904 年），同一性危机（1950 年）

2004 年

1904 年，心理学家 G. 斯坦利·霍尔（G. Stanley Hall）认为人在青少年时期的生理和心理特性是独有的，因此这段时期被认为是特有的人生阶段：青春期。半个世纪之后，心理学家埃里克·埃里克森（Erik Erikson）指出，青春期最大的特点是面对形成自我同一性（personal identity）的社会心理的挑战，即要准备接受成人所面临的亲密关系的挑战和职业选择。

20 世纪末，发达和经济富裕国家中的一些社会科学家开始注意到，年轻人的成长并不是按照霍尔和埃里克森的观点发展；他们似乎处于一个过渡的阶段，仍保留有形成同一性等青春期特性，同时也有开始性生活等成人的一些特点，但是，在此阶段，他们一般都还没有结婚。

杰弗里·阿内特是克拉克大学（巧合的是，霍尔是该校的第一任校长）的一位心理学家，在 20 世纪 90 年代就开始研究成年早期。他认为用"年轻的成年人"（young adult）的表述是不准确的。这一概念是指，尽管尚未面临成年期才需要思考的决定和人生抉择，但就已经开始了成年期。他提出了"成年初显期"（emerging adulthood）这一词汇，用于描述他所称的新的生活阶段，并且在他 2004 年出版的《成年初显期》一书中对这一概念进行了全面的描述。

成人初显期被视为形成自我同一性和选择职业的最佳时期，处于这一时期的人们通常会继续接受高等教育。不同于 50 年前同年龄段的人们，他们不太可能在成人初显期时结婚或生孩子。在美国，超过 80% 处于成人初显期的人们性生活活跃，超过一半的人存在亲密的同居关系。（姜醒 译）■

性向流动性

丽萨·戴尔蒙德（Lisa Diamond，1971— ）

《萨福的就寝时间》（*Sappho's Bedtime*），由瑞士艺术家查尔斯·格莱尔（Charles Gleyre）绘于 1867 年，画中展示了希腊著名抒情诗人的裸体。萨福以她的诗歌和双性恋被大家熟知，女同性恋（lesbian）这个词就是出自于她的出生地莱斯博斯岛（Lesbos），用来形容被其他女性所吸引的女人。

 金赛报告（1948—1953），人类的性反应（1966 年）

如果安（Ann）是一名 18 岁的女同性恋，这能说明她余生的性取向都是固定的吗？ 她将永远只会被其他女人所吸引吗？ 多年来，同性恋群体一直主张性吸引（sexual attraction）的固定认同模型（a fixed-identity model），他们认为这种模型有一定的生物学基础，并且是不可变的。该模型假设安的性取向将是永远固定的。

2008 年，心理学家丽萨·戴尔蒙德提出了新的观点。她发表了一系列文章，后来又出版了《性向流动性》（*Sexual Fluidity*）一书。她实施了一项对 79 名女同性恋、双性恋和性取向不明女性的纵向研究。研究发现，性身份认同并非是固定不变的，在长期的研究过程中，约 2/3 的被试改变了她们的性身份认同。戴尔蒙德认为，女性的性吸引最显著的特点是会随时间发生改变。因此与男性相比，女性的性身份认同是生物、环境、时间与背景的交叉产物。在她的研究中，许多女性认为关系是性吸引中重要的因素。

戴尔蒙德认为性身份认同是一个不断发展的过程，事实与她的假设相符。当一个人第一次意识到同性的吸引力时，这通常是一个非常关键的时刻。但随着时间的推移，他／她不再关心性身份认同，而是将重点转向关系的建立。

这种性取向的可变性，被戴尔蒙德称为"性向流动性"（sexual fluidity）。她认为，女性的性取向并不是指南针上固定的罗经读数；事实上，可能根本没有指南针。戴尔蒙德现在认为，有一个更好的词来形容那些性吸引随时间变化的人，那就是"非绝对固定吸引力"（nonexclusive attraction）。她的出版物引发了人们通过"流动性"这一新视角来审视女性性活动。（姜醒 译）■

2008 年

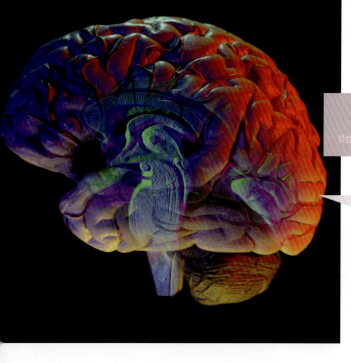

脑计划

贝拉克·奥巴马（Barack Obama，1961— ）

美国总统贝拉克·奥巴马提出的脑计划指出，一旦计划完成，它将为我们提供一个三维的脑活动图谱，可直接将人类行为和学习的复杂神经回路连接起来。

脑机能定位说（1861 年），脑成像技术（1924 年）

2013 年

2013 年 4 月 2 日，美国总统奥巴马正式宣布"脑计划"（BRAIN Initiative）。其中 BRAIN 是"推进创新神经技术脑研究计划"（Brain Research through Advancing Innovative Neurotechnologies）的缩写，该计划旨在大力拓展对大脑的科学认识。奥巴马总统和策划该方案的科学家们希望，研究结果不仅能提供深刻的关于大脑功能的科学基础知识，而且可以提出新的和更好的方法来治疗、治愈以及预防脑部疾病，包括老年痴呆症和创伤性脑损伤。该计划将获得由三个联邦机构提供的联邦基金（1 亿美元）资助，分别是美国国立卫生研究院（NIH），国防高级研究项目局（DARPA）和国家科学基金会（NSF）。私人基金会也将支助该计划，其中包括艾伦脑科学研究所（Allen Institute for Brain Science）、霍华德·休斯医学研究所（Howard Hughes Medical Institute）、索尔克生物研究所（Salk Institute for Biological Studies），以及科维理基金会（Kavli Foundation）。

"脑计划"将试图绘制大脑发生的活动；事实上，在策划阶段该项目被称为脑活动图谱（Brain Activity Map）。2013 年项目公布之初，科学家们就能同时记录几百个神经元的信息。但该项目的目标是绘制并记录成千上万个脑细胞的连接活动。人们希望这一项目将能够以思想的速度，捕捉到复杂的神经回路的实时画面。如果与设想的一样，也许可以开发出应用程序直接将大脑功能和特定的人类行为与学习连接起来，那么我们就可以对一些亟待解决的脑部疾病制定干预措施。

该项目需要研发新技术、新方法，参与其中的一线科学家们预测，通过数学家、计算机科学家、遗传学家、分子生物学家，以及许多其他领域的科学家的跨学科合作，新技术将在他们的努力之下被启用。（姜醒 译）■

注释与延伸阅读

一般阅读

Baker，D. B. (Ed.), *Oxford Handbook of the History of Psychology: Global Perspectives*. New York: Oxford, 2012.

Fancher, R.E.&Rutherford, A. *Pioneers of Psychology*, *4th Edition*. New York: Norton，2012.

Ferngren, G.B., *The History of Science and Religion in the Western Tradition*. New York: Garland, 2000.

Freedheim, D. K.(Ed.), *Handbook of Psychology. Volume 1: History of Psychology* (2nd ed). New York: Wiley, 2013.

Grob, G. N., *The Mad Among US: A History of the Care of America's Mentally Ill*. New York: Free Press, 1994.

Mazlish, B., *The Uncertain Sciences*. New York: Transaction, 2007.

Mitchell, S. A., & Black, M. J., *Freud and Beyond: A History of Modern Psychoanalytic Thought*. New York: Basic Books, 1996.

Porter, R., *The Greatest Benefit to Mankind*. New York: Norton, 1997.

Rao, K. R., Paranjpe, A. C., Dalal, A. K.(Eds.), *Handbook of Indian Psychology*. New Delhi: Foundation, 2008.

Shorter, E., *A History of Psychiatry*. New York: Wiley, 1997.

Smith, R., *Norton History of the Human Sciences*. New York: Norton，1997.

Smith, R., *Between Mind and Nature: A History of Psychology*. London: Reaktion Books, 2013.

约公元前 1 万年，萨满教

Kakar, S., *Shamans, Mystics and Doctors: A Psychological Inquiry into India and its Healing Traditions*. Chicago: University of Chicago Press, 1991.

Ellenberger, H.F., *The Discovery of the Unconscious*. New York: Basic Books, 1970.

约公元前 6500 年，环锯术

Gross, C. G., *A Hole in the Head: More Tales in the History of Neuroscience*. Cambridge, MA: MIT Press, 2009.

约公元前 5000 年，手相术

Albanese, C., *A Republic of Mind and Spirit: A Cultural History of American Metaphysical Religion*. New Haven, CT: Yale University Press, 2007.

约公元前 700 年，星座心理学

North, J., *Cosmos: An Illustrated History of Astronomy and Cosmology*. Chicago: University of Chicago Press, 2008.

公元前 528 年，佛陀的四圣谛

Mishra, P., *An End to Suffering: The Buddha in the World*. New York: Picador, 2005.

约公元前 500 年，儒家心理学

Bond, M. H., *Oxford Handbook of Chinese Psychology*. New York: Oxford University Press, 2010.

约公元前 350 年，亚里士多德的《论灵魂》

Robinson, D., *An Intellectual History of*

Psychology. Madison, WI: University of Wisconsin Press, 1995.

约公元前 350 年，阿斯克勒庇俄斯与治疗的艺术

Porter, T., *The Greatest Benefit to Mankind: A Medical History of Humanity*. New York: Norton, 1999.

约公元前 200 年，薄伽梵歌

Doniger, W., *The Hindus: An Alternative History*. New York: Penguin, 2010.

约 160 年，体液说

Porter, T., *The Greatest Benefit to Mankind: A Medical History of Humanity*. New York: Norton, 1999.

约 900 年，身体与灵魂的家园

Fakhry, M., *Islamic Philosophy: A Beginner's Guide*. London: Oneworld Publications, 2009.

1025 年，医典

Nasr, S. H., & Leaman, O.(Eds.), *History of Islamic Philosophy*. New York: Routledge, 2001.

1357 年，疯人院

Porter, R., *A Social History of Madness: The World through the Eyes of the Insane*. New York: Plume, 1989.

1489 年，达·芬奇的神经科学

Capra, F., *The Science of Leonardo: Inside the Mind of the Great Genius of the Renaissance*. New York: Anchor, 2008.

1506 年，术语"心理学"

Vidal, F., *The Sciences of the Soul: The Early Modern Origins of Psychology*. Chicago: University of Chicago Press, 2011.

1517 年，新教徒的自我

Taylor, C., *Sources of the Self: The Making of the Modern Identity*. Cambridge, MA: Harvard University Press, 1992.

1538 年，论灵魂与死

Norena, C.G., *Jean Louis Vives*. The Hague: Martinus Nijhoff, 1970.

1580 年，蒙田随笔

Bakewell, S., *How to Live: Or A Life of Montaigne in One Question and Twenty Attempts at an Answer*. New York: Other Press, 2010.

1621 年，忧郁的解剖

Radden, J.(Ed.), *The Nature of Melancholy: From Aristotle to Kristeva*. New York: Oxford University Press, 2000.

1637 年，身心二元论

Smith, R., *The Norton History of the Human Sciences*. New York: Norton，1997.

1651 年，利维坦

Bagby, L. M.，*Hobbes's Leviathan: Reader's Guide*. New York: Continuum, 2007.

1664 年，脑解剖学

Richards, G., *Mental Machinery: Origins and Consequences of Psychological Ideas from 1600-1850*. Amherst, NY: Prometheus Books, 1992.

1690 年，白板说

Smith, R., *The Norton History of the Human Sciences*. New York: Norton, 1997.

1719 年，家信与小说

Watt, I., *The Rise of the Novel: Studies in Defoe, Richardson and Fielding*. Berkeley:University of California Press, 1957.

1747 年，人是机器

Wellman, K., *La Mettrie: Medicine,Philosophy, and Enlightenment*. Durham,NC: Duke University Press, 1992.

1759 年，道德情操论

McLean, I., *Adam Smith, Radical and Egalitarian: An Interpretation for the 21st Century*. Edinburgh, UK: Edinburgh University Press, 2004.

1762 年，卢梭的自然儿童

Porter, R., *The Enlightenment*. New York: Palgrave Macmillan, 2001.

1766 年，催眠术

Lamont, P., *Extraordinary Beliefs: A Historical Approach to a Psychological Problem*. New York: Cambridge University Press, 2013.

253

1775 年，面相学

Collins, A. F., "The Enduring Appeal of Physiognomy: Physical Appearance as a Sign of Temperament, Character, and Intelligence." *History of Psychology*, 2, 251-276, 1999.

1781 年，康德：心理学是科学吗？

Goodwin, C. J., *A History of Modern Psychology* (4th ed.). New York: Wiley, 2011.

1788 年，道德疗法

Scull, A., *Most Solitary of Afflictions: Madness and Society in Britain*, 1700-1900. New Haven，CT: Yale, 2005.

1801 年，阿韦龙野人维克多

Benzaquen, A. S., *Encounters with Wild Children: Temptation and Disappointment in the Study of Human Nature*. Montreal: McGill-Queen's University Press, 2006.

1811 年，贝尔 – 马戎弟定律

Young, R. M., *Mind, Brain, and Adaptation in the Nineteenth Century: Cerebral Localization and Its Biological Context from Gall to Ferrier*. New York:Oxford, 1990.

1832 年，美国的颅相学

Stern, M., *Heads & Headlines: The Phrenological Fowlers*. Norman, OK: University of Oklahoma Press, 1971.

1834 年，最小可觉差

Heidelberger, M., *Nature from Within: Gustav Theodor Fechner and his Psychophysical Worldview*. Pittsburgh, PA: University of Pittsburgh Press, 2004.

1835 年，悖德狂（精神变态）

Shorter, E., *A History of Psychiatry: From the Era of the Asylum to the Age of Prozac*. New York: Wiley, 1998.

1838 年，孟乔森综合征

Carson, R. C., Butcher, J., & Mineka, S., *Abnormal Psychology and Modern Life* (11th ed.). Needham Heights, MA: Allyn & Bacon, 2000.

1840 年，幼儿园

Brosterman, N., *Inventing Kindergarten*. New York: Harry N. Abrams, 1997.

1843 年，机器能思考吗？

Woolley, B., The Bride of Science: *Romance, Reason, and Byron's Daughter*. New York: McGraw-Hill, 1999.

1848 年，奇特的盖奇案例

Macmillan, M., *An Odd Kind of Fame: Stories of Phineas Gage*. Cambridge, MA: Bradford Books, 2002.

1851 年，循环性精神病

Jamison, K. R., *Touched with Fire:Manic-Depressive Illness and the Artistic Temperament*. New York: Free Press, 1993.

1859 年，心灵治疗

Taylor, E., *Shadow Culture: Psychology and Spirituality in America*. Washington,DC: Counterpoint, 1999.

1859 年，物种起源

Browne, J., *Darwin's Origin of Species: A Biography*. London: Atlantic Books, 2006.

1861 年，脑机能定位说

Young, R. M., *Mind, Brain, and Adaptation in the Nineteenth Century:Cerebral Localization and Its Biological Context from Gall to Ferrier*. New York:Oxford, 1990.

1866 年，唐氏综合征

Wright, D., *Downs: The History of a Disability*. New York: Oxford University Press, 2011.

1867 年，人面失认症

Sacks, O., *The Man Who Mistook His Wife For A Hat: And Other Clinical Tales*. New York: Touchstone, 1985.

1867 年，感觉生理学

Cahan, D., *Hermann von Helmholtz and the Foundations of Nineteenth-Century Science*. Berkeley, CA: University of California Press，1993.

1871 年，联觉

Cytowic, R. E., *The Man Who Tasted Shapes*. Cambridge, MA: MIT Press, 2003.

2009.

1913 年，测试仪

Bunn, G., *The Truth Machine: A Social History of the Lie Detector*. Baltimore, MD: Johns Hopkins, 2012.

1913 年，行为主义

O' Donnell, J. M., *The Origins of Behaviorism: American Psychology, 1870-1920*. New York: New York University Press, 1985.

1914 年，变异性假设

Haraway, D., *Primate Visions: Gender, Race, and Nature in the World of Modern Science*. New York: Routledge, 1989.

Shields, S. A., "The variability hypothesis: The history of a biological model of sex differences in intelligence," *Signs*, 7, 769-797, 1982.

1915 年，弹震症

Shepard, B., *War of Nerves*. Cambridge, MA: Harvard University Press, 2000.

1915 年，印度的当代心理学

Sinha, D., *Psychology in a Third World Country: The Indian Experience*. Delhi: Sage, 1986.

1918 年，美国精神疾病分类系统（DSM）

Grob, G. N., *The Mad Among US*. New York: Free Press, 1994.

1921 年，军人智力测验与种族主义

Sokal, M. M.(Ed.), *Psychological Testing and American Society, 1890-1930*. New Brunswick, NJ: Rutgers University Press, 1987.

1921 年，投射测验（罗夏墨迹测验）

Butcher, J. N., "Personality assessment from the nineteenth to the early twenty-frst century: past achievements and contemporary challenges." *The Annual Review of Clinical Psychology*, Vol 6, 1-20, 2010.

1921 年，神经递质

Carter, R., *Mapping the Mind*. Berkeley, CA: University of California Press, 2010.

1922 年，女性心理学

Horney, K., *Feminine Psychology*. New York: Norton, 1993.

1923 年，替身综合症

Ramachandran, V. S. & Blakeslee, S., *Phantoms in the Brain: Probing the Mysteries of the Human Mind*. New York: William Morrow, 1998.

1924 年，儿女一箩筐

Lancaster, J., *Making Time: Lillian Moller Gilbreth—A Life Beyond "Cheaper by the Dozen."* Boston: Northeastern University Press, 2004.

1924 年，脑成像技术

Dumit, J., *Picturing Personhood: Brain Scans and Biomedical Identity*. Princeton, NJ: Princeton University Press, 2004.

Schoonover, C., *Portraits of the Mind: Visualizing the Brain from Antiquity to the 21st Century*. New York: Abrams, 2010.

1925 年，体质类型

Sheldon, W., *Atlas of Men: A Guide for Somatotyping the Adult Image of All Ages*. New York: Macmillan, 1970.

1926 年，发生认识论

Mooney, C. G., *Theories of Childhood: An Introduction to Dewey, Montessori, Erikson, Piaget & Vygotsky*. St. Paul, MN: Redleaf, 2000.

1927 年，成长研究

Parke, R. D., Funder, D. C., & Block, J., *Studying Lives Through Time*. Washington, DC: American Psychological Association, 1993.

1927 年，桑商效应

Gillespie, R., *Manufacturing Knowledge: A History of the Hawthorne Experiments*. Cambridge, MA: Cambridge University Press, 1991.

1927 年，蔡加尼克效应

Ash, M. G., *Gestalt Psychology in German Culture, 1890-1967: Holism and the Quest for Objectivity*. New York: Cambridge University Press, 1995.

1928 年，文化相对主义

Lutkehaus, N., *Margaret Mead: The Making of an American Icon*. Princeton, NJ: Princeton University Press, 2008.

1929 年，小白鼠的心理学（新行为主义）

Mills, J. A., *Control: A History of Behavioral Psychology*. New York: NYU Press, 1998.

Smith, L. D., *Behaviorism and Logical Positivism: A Reassessment of the Alliance*. Stanford, CA: Stanford University Press, 1986.

1930 年，操作条件反射装置（斯金纳箱）

Rutherford, A., *Beyond the Box: B. F. Skinner's Technology of Behavior from Laboratory to Life，1950s-1970s*. Toronto: University of Toronto Press，2009.

1931 年，味敏者

Stuckey, B., *Taste: Surprising Stories and Science about Why Food Tastes Good*. New York: Atria Books, 2013.

1932 年，记忆与遗忘

Bartlett, F. C., Remembering: *A Study in Experimental and Social Psychology*. Cambridge, UK: Cambridge University Press, 1932.

1933 年，玛瑞萨镇研究

Rutherford, A., Unger, R., & Cherry, F., "Reclaiming SPSSI's sociological past: Marie Jahoda and the immersion tradition in social psychology." *Journal of Social Issues*, 67(1), 42-58, 2011.

1934 年，原型

Shamdasani, S., *Jung and the Making of Modern Psychology: The Dream of a Science*. New York: Cambridge University Press, 2003.

1934 年，最近发展区

Mooney, C. G., *Theories of Childhood: An Introduction to Dewey, Montessori, Erikson, Piaget & Vygotsky*. St. Paul, MN: Redleaf, 2000.

1935 年，主题统觉测验

Robinson, F., *Love's Story Told: A Biography of Henry Murray*. Cambridge, MA: Harvard University Press, 1992.

1935 年，精神外科

Pressman, J. D., *Last Resort: Psychosurgery and the Limits of Medicine*. New York: Cambridge University Press, 1998.

1935 年，心理生活空间

Lamiell, J. T., *William Stern (1871-1938): A Brief Introduction to His Life and Works*. Lengerich/Berlin: Pabst Science Publishers, 2010.

1936 年，防御机制

Freud, A., *The Ego and the Mechanisms of Defense*. New York: International Universities Press, 1936/1979.

1936 年，[B = f(P, E)] = 生活空间

Marrow, A. J., *The Practical Theorist: The Life and Work of Kurt Lewin*. New York: BDR Learning, 1984.

1937 年，感觉剥夺

Zubek, J.(Ed.), *Sensory Deprivation: Fifteen Years of Research*. New York: Appleton Century Crofts, 1969.

1937 年，图灵机

Leavitt, D., *The Man Who Knew Too Much: Alan Turing and the Invention of the Computer*. New York: Norton, 2006.

1938 年，艾姆斯屋

Gregory, R. L., *Eye and Brain: The Psychology of Seeing*. Princeton, NJ: Princeton University Press, 1997.

1938 年，电休克疗法

Valenstein, E., *Great and Desperate Cures: The Rise and Decline of Psychosurgery and Other Radical Treatments for Mental Illness*. New York: Basic Books, 1986.

1939 年，心身医学

Shorter, E., *From Paralysis to Fatigue: A History of Psychosomatic Illness in the Modern Era*. New York: Free Press, 1991.

1939 年，《有机论》（精神和肉体）

Harrington, A., *Re-enchanted Science: Holism in German Culture from Wilhelm II to Hitler*. Princeton, NJ: Princeton University Press, 1999.

1939 年，韦氏智力量表

Fancher, R., *The Intelligence Men: Makers of the I.Q. Controversy*. New York: Norton, 1987.

1939 年，挫折和攻击

Drake, S. C., & Cayton, H. R., *Black Metropolis: A Study of Negro Life in a Northern City*. Chicago: University of Chicago Press, 1945/1993.

Joseph, P. E., Waiting *'Til the Midnight Hour: A Narrative History of Black Power in America*. New York: Henry Holt and Company, 2006.

1940 年，明尼苏达多项人格测验，简称 MMPI

Buchanan, R. D., "The Development of the Minnesota Multiphasic Personality Inventory." *Journal of the History of the Behavioral Sciences, 30*, 148-161, 1994.

1941 年，心理排放（皮层刺激）

Penfeld, W., *The Mystery of the Mind: A Critical Study of Consciousness and the Human Brain*. Princeton, NJ: Princeton University Press, 1975.

1942 年，行为遗传学

Dewsbury, D. A., "John Paul Scott: The Study of Genetics, Development and Social Behavior." In W. E. Pickren, D. A. Dewsbury, & M. Wertheimer (Eds.), *Portraits of Pioneers in Developmental Psychology* (pp. 229–248). New York: Psychology Press, 2012.

1943 年，控制论

Gardner, H., *The Mind's New Science: A History of the Cognitive Revolution*. New York: Basic Books，1987.

1943 年，玩具娃娃实验

Markowitz, G., & Rosner, D., *Children, Race, and Power: Kenneth and Mamie Clark's Northside Center*. New York: Routledge, 2000.

1943 年，需要层次理论

Maslow, A. H., *Motivation and Personality* (2nd ed.). New York: Harper & Row, 1954/1970.

1943 年，迈尔斯 - 布里格斯类型指标（MBTI）

Kiersey, D., *Please Understand Me II: Temperament, Character, Intelligence*. New York: Prometheus, 1998.

1943 年，孤独症

Grandin, T., *The Way I See It, Revised and Expanded 2nd Edition: A Personal Look at Autism and Asperger's*. Arlington, TX: Future Horizons, 2011.

1944 年，人格与行为障碍

Nicholson, I. A. M., *Inventing Personality: Gordon Allport and the Science of Selfhood*. Washington, DC: American Psychological Association.

1944 年，性别角色

Broverman, I. K., Vogel, S. R., Broverman, D. M., Clarkson, F. E., & Rosenkrantz, P. S., "Sex role stereotypes: A current appraisal," *The Journal of Social Issues*, 28, 59-78, 1972.

Unger, R. K., *Resisting Gender: Twenty-five Years of Feminist Psychology*. London: Sage, 1998.

1945 年，发育迟缓

Spitz, R. A., "Hospitalism: A follow-up report on investigation described in volume I, 1945." *The Psychoanalytic Study of the Child*, 2, 113-117, 1946.

1946 年，存在分析治疗

Frankl, V., *Man's Search for Meaning*. New York: Washington Square, 1962.

1947 年，来访者中心疗法

Rogers, C., *On Becoming a Person: A Therapist's View of Psychotherapy*. London: Constable, 1961.

1948 年，自我实现预言

Sugrue, T. J., *The Origins of the Urban Crisis: Race and Inequality in Postwar Detroit*. Princeton，NJ: Princeton University Press, 1996.

1948 年，神经可塑性

Ramachandran, V. S., *The Tell-Tale Brain: A Neuroscientist's Quest for What Makes Us Human*. New York: Norton, 2012.

1948—1953 年，金赛报告

Hegarty, P., *Gentlemen's Disagreement: Alfred Kinsey, Lewis Terman, and the Sexual Politics of Smart Men*. Chicago: University of Chicago Press, 2013.

1949 年，大五人格因素

Harris, J.R., *No Two Alike: Human Nature and Human Individuality*. New York: Norton, 2007.

1949 年，千面英雄

Campbell, J., & Moyers, B., *The Power of Myth*. New York: Anchor, 1991.

1950 年，压力

Becker, D., *One Nation Under Stress: The Trouble with Stress as an Idea*. New York: Oxford University Press, 2013.

Cooper, C. L., & Dewe, P. J., *Stress: A Brief History*. New York: Wiley-Blackwell, 2004.

1950 年，抗焦虑药物

Tone, A., *The Age of Anxiety: A History of America's Turbulent Affair with Tranquilizers*. New York: Basic Books, 2008.

1950 年，同一性危机

Erikson, E., *Childhood and Society*. New York: Norton, 1950/1993.

1950 年，权威人格

Jay, M., *The Dialectical Imagination: A History of the Frankfurt School and the Institute of Social Research 1923-1950*. London: Heinemann, 1973.

1950 年，家庭治疗

Weinstein, D., *The Pathological Family: Postwar America and the Rise of Family Therapy*. Ithaca, NY: Cornell University Press, 2013.

1950 年，洗脑术

Taylor, K. E., *Brainwashing: The Science of Thought Control*. New York: Oxford University Press, 2004.

1951 年，格式塔疗法

Stevens, B., *Don't Push the River: It Flows by Itself*. Gouldsboro, ME: Gestalt Journal Press, 1970/2005.

1951 年，从众行为和非从众行为

Greenwood, J. D., *The Disappearance of the Social in American Social Psychology*. New York: Cambridge University Press, 2004.

1952 年，所罗门王的指环

Vicedo, M., *The Nature and Nurture of Love: From Imprinting to Attachment in Cold War America*. Chicago: University of Chicago Press, 2013.

1952 年，抗精神病药

Healy, D., *The Creation of Psychopharmacology*. Cambridge, MA: Harvard University Press, 2004.

1952 年，前进中的生命

White, R. W., *Lives in Progress: A Study of the Natural Growth in Personality*. New York: Holt, Rinehart, & Winston, 1952, 1966, 1975.

1953 年，H.M. 案例

Hilts, P. J., *Memory's Ghost: The Nature of Memory and the Strange Tale of Mr. M*. New York: Simon & Schuster, 1996.

1953 年，鸡尾酒会效应

Boden, M., *Mind as Machine: A History of Cognitive Science*. New York: Oxford University Press, 2008.

1953 年，快速眼动睡眠

Hobson, A., *Dreaming: A Very Short Introduction*. New York: Oxford University Press, 2011.

1954 年，快乐中枢和痛苦中枢

Olds, J., "Pleasure center in the brain." *Scientific American*, 195: 105-16, 1956.

1954 年，接触假设

Allport, G., *The Nature of Prejudice*. New York: Basic Books, 1954/1979.

1954 年，罗伯斯山洞实验（团体冲突）

Deutsch, M., *The Resolution of Conflict: Constructive and Destructive Processes*. New Haven, CT: Yale University Press, 1977.

1954 年，教学机器

Benjamin, L. T., "A history of teaching

machines." *American Psychologist*, 43, 703-712, 1988.

1955 年，认知疗法

Beck, A. T., Rush, A. J., Shaw, B. F., Emery, G., *Cognitive Therapy of Depression*. New York: Guilford Press, 1979.

Ellis, A., *A Guide to Rational Living*. Englewood Cliffs, NJ: Prentice-Hall, 1961.

1955 年，安慰剂效应

Harrington, A., *The Cure Within: A History of Mind-Body Medicine*. New York: Norton, 2008.

1956 年，短期记忆

Crowther-Heyck, H., "George A. Miller, language, and the computer metaphor of mind." *History of Psychology*, 2, 37-64, 1999.

1956 年，双重约束理论

Bateson, G., Jackson, D. D., Haley, J.& Weakland, J., "Towards a theory of schizophrenia." *Behavioral Science*, 1, 251-264, 1956.

1956 年，逻辑理论

Crowther-Heyck, H., *Herbert A. Simon: The Bounds of Reason in Modern America*. Baltimore: Johns Hopkins University Press, 2005.

1957 年，抗抑郁药物

Healy, D., *The Anti-Depressant Era*. Cambridge, MA: Harvard University Press, 1999.

1957 年，认知失调

Tavris, C., & Aronson, E., *Mistakes Were Made (But Not by Me): Why We Justify Foolish Beliefs, Bad Decisions, and Hurtful Acts*. New York: Mariner Books, 2008.

1957 年，心理学的时代

Havemann, E., *The Age of Psychology*. New York: Simon and Schuster, 1957.

May, E. T., *Homeward Bound: American Families in the Cold War Era*. New York: Basic Books, 1988.

1957 年，阈下知觉

Gregory, R. L., *Eye and Brain: The Psychology of Seeing*. Princeton, NJ: Princeton University Press, 1997.

1957 年，同性恋不是一种疾病

Minton, H. L., *Departing from Deviance: A History of Homosexual Rights and Emancipatory Science in America*. Chicago: University of Chicago Press, 2001.

1958 年，基本归因错误

Heider, F., *The Psychology of Interpersonal Relations*. New York: Wiley, 1958.

1958 年，（代理）母亲的爱

Vicedo, M., *The Nature and Nurture of Love: From Imprinting to Attachment in Cold War America*. Chicago: University of Chicago Press, 2013.

1958 年，道德发展

Snarey, J., "Lawrence Kohlberg: Moral Biography, Moral Psychology, and Moral Pedagogy." In W. E. Pickren, D.A. Dewsbury, & M. Wertheimer (Eds.), *Portraits of Pioneers in Developmental Psychology*. New York: Psychology Press, 2012.

1958 年，航天员心理选拔

Santy, P., *Choosing the Right Stuff: The Psychological Selection of Astronauts and Cosmonauts*. New York: Praeger, 1994.

1958 年，系统脱敏疗法

Liebgold, H., *Freedom from Fear: Overcoming Anxiety, Phobias, and Panic*. New York: Citadel, 2004.

1959 年，A 型人格

Friedman, M., *Treating Type A Behavior—And Your Heart*. New York: Fawcett, 1985.

1959 年，日常生活中的自我表现

Friedman, M., *Treating Type A Behavior—And Your Heart*. New York: Fawcett, 1985.

1960 年，职业倦怠

Maslach, C., *Burnout: The Cost of Caring*. Cambridge, MA: Malor Books, 2003.

1960 年，视觉悬崖

Gibson, E. J., & Walk, R. D., "The Visual Cliff." *Scientific American*, 202, 64-71 (April 1960).

1960 年，认知研究中心

Gardner, H., *The Mind's New Science: A History of the Cognitive Revolution*. New York: Basic Books, 1987.

1961 年，丰富环境

Doige, N., *The Brain That Changes Itself: Stories of Personal Triumph from the Frontiers of Brain Science*. New York: Penguin, 2007.

1961 年，代币经济

Rutherford, A., *Beyond the Box: B.F. Skinner's Technology of Behavior from Laboratory to Life, 1950s-1970s*. Toronto: University of Toronto Press, 2009.

1961 年，生物反馈

Robbins, J., *A Symphony in the Brain: The Evolution of the New Brain Wave Biofeedback*. New York: Grove Press, 2008.

1961 年，波波玩偶（观察学习）

Bandura, A., *Self-Efficacy: The Exercise of Control*. New York: W. H. Freeman, 1997.

1961 年，人本主义心理学

Grogan, J., *Encountering America: Humanistic Psychology, Sixties Culture, and the Shaping of the Modern Self*. New York: Harper, 2012.

1962 年，裂脑研究

Rose, N., & Abi-Rached, J. M., *Neuro: The New Brain Sciences and the Management of the Mind*. Princeton, NJ: Princeton University Press, 2013.

1963 年，女性的奥秘

Friedan, B., *The Feminine Mystique*. New York: Norton, 1963.

Coontz, S., *A Strange Stirring: "The Feminine Mystique" and American Women at the Dawn of the 1960s*. New York: Basic Books, 2011.

1963 年，性别认同

Butler, J., *Gender Trouble: Feminism and the Subversion of Identity*. New York: Routledge, 1990.

Fausto-Sterling, A., *Sexing the Body: Gender Politics and the Construction of Sexuality*. New York: Basic Books, 2000.

Stolorow, R., *Sex and Gender: On the Development of Masculinity and Femininity*. New York: Science House, 1968.

1963 年，顺从

Blass, T., *The Man Who Shocked the World: The Life and Legacy of Stanley Milgram*. New York: Basic Books, 2004.

1964 年，旁观者效应

Manning, R., Levine, M. & Collins, A., "The Kitty Genovese murder and the social psychology of helping: The parable of the 38 witnesses." *American Psychologist*, 62, 555-562, 2007.

1965 年，开端计划

Zigler, E., & Muenchow, S., *Head Start: The Inside Story of America's Most Successful Educational Experiment*. New York: Basic Books, 1994.

1965 年，语言习得机制

Chomsky, N., *Aspects of the Theory of Syntax*. Cambridge, MA: MIT Press, 1965.

1966 年，人类的性反应

Masters, William H. & Johnson, Virginia E., *Human Sexual Response*. Boston: Little Brown, 1966.

1967 年，心理学和社会公平

King Jr., M. L.(1968). "The role of the behavioral scientist in the Civil Rights Movement." *American Psychologist*, 23, 180-186.

1968 年，超个人心理学

Maslow, A. H., *The Farther Reaches of Human Nature*. New York: Viking, 1971.

1969 年，依附理论

Bowlby, J., *Attachment and Loss*, New York: Basic Books, 1969.

Vicedo, M., *The Nature and Nurture of Love: From Imprinting to Attachment in Cold War America*. Chicago: University of Chicago Press, 2013.

1969 年，陌生情境

Ainsworth, M. D. S.(1970). "Attachment,

exploration, and separation: Illustrated by the behavior of one-year-olds in a strange situation." *Child Development*, 41, 49-67.

1969 年，悲伤的五个阶段

Kübler-Ross, E., *On Death and Dying*. New York: Routledge, 1969.

1969 年，成功恐惧

Horner, M. S., "Toward an understanding of achievement-related conflicts in women." *Journal of Social Issues*, 28(2), 157-175, 1972.

1970 年，黑人心理学

Guthrie, R. V., *Even the Rat Was White* (2nd ed.). Boston: Allyn & Bacon, 1998.

1970 年，黑人文化同性智力测验（BITCH Test）

Williams, R. L., *History of the Association of Black Psychologists*. Bloomington, IN: Author-House, 2008.

1970 年，发现无意识

Ellenberger, H., *The Discovery of the Unconscious: The History and Evolution of Dynamic Psychiatry*. New York: Basic Books, 1970.

1971 年，斯坦福监狱实验

Zimbardo, P., *The Lucifer Effect: Understanding How Good People Turn Evil*. New York: Random House, 2008.

1971 年，情绪表达

Ekman, P., *Emotions Revealed (2nd ed.): Recognizing Faces and Feelings to Improve Communication and Emotional Life*. New York: Holt, 2007.

1971 年，超越自由与尊严

Bjork, D. W., *B. F. Skinner: A Life*. Washington, DC: American Psychological Association, 1997.

Skinner, B. F., *Beyond Freedom and Dignity*. New York: Alfred A. Knopf, 1971.

1972 年，记忆加工层次模型

Danziger, K., *Marking the Mind: A History of Memory*. New York: Cambridge University Press, 2008.

1972 年，女性与疯狂

Chesler, Phyllis, *Women and Madness*. New York: Doubleday, 1972.

1972 年，当正常人在不正常的地方

Rosenhan, D. L., "On being sane in insane places." *Science*, vol. 179, 379-399, 1972.

1973 年，恢复力

Werner, E. E. & Smith, R. S., *Overcoming the Odds: High Risk Children from Birth to Adulthood*. Ithaca, NY: Cornell University Press, 1992.

1974 年，不确定状况下的判断

Kahneman, D., *Thinking Fast and Slow*. New York: Farrar, Straus, & Giroux, 2013.

1974 年，双性化的测量

Bem, S., "The measurement of psychological androgyny." *Journal of Consulting and Clinical Psychology*, 42, 155-162, 1974.

Bem, S. L., *An Unconventional Family*. New Haven, CT: Yale, 2001.

1975 年，心理神经免疫学

Sternberg, E. S., *The Balance Within: The Science Connecting Health and Emotions*. New York: Freeman, 2001.

1975 年，习得性无助

Seligman, M. E. P., *Helplessness: On Depression, Development, and Death*. New York: Freeman, 1992.

1975 年，菲律宾心理学

Enriquez, V., "Developing a Filipino Psychology." In U. Kim & J. W. Berry(Eds.), *Indigenous Psychologies* (pp. 152-169). Newbury Park, CA: Sage, 1993.

1977 年，健康的生理 - 心理 - 社会交互模式

Engel, G. L., "The need for a new medical model: A challenge for biomedicine." *Science*, 196:129-136, 1977.

1977 年，成人认知阶段

Vaillant, G. E., *Aging Well: Surprising Guideposts to a Happier Life from the Landmark Harvard Study of Adult Development*. Boston: Little, Brown, 2003.

1978 年，生命的季节

Levinson, D. J., *Seasons of a Man's Life*. New York: Ballantine Books, 1986.

1978 年，金色牢笼

Bruch, H., *The Golden Cage: The Enigma of Anorexia Nervosa*. Cambridge, MA: Harvard University Press, 1978/2001.

1978 年，心智理论

Tomasello, M., *The Cultural Origins of Human Cognition*. Cambridge, Harvard University Press, 1999.

1979 年，生态系统理论

Rogoff, B., *The Cultural Nature of Human Development*. New York: Oxford University Press, 2003.

1979 年，社会认同理论

Tajfel, Henri, *Differentiation between Social Groups: Studies in the Social Psychology of Intergroup Relations*. London and New York: Academic Press, 1978.

1979 年，意志力

Maddi, S. R., *Hardiness: Turning Stressful Circumstances into Resilient Growth*. New York: Springer, 2013.

1980 年，领导力培养－任务模型

Budhwar, P. S., & Varma, A., *Doing Business in India*. New York: Routledge, 2010.

1980 年，DSM-III

Frances, A., *Saving Normal: An Insider's Revolt against Out-of-Control Psychiatric Diagnoses，DSM-5, Big Pharma, and the Medicalization of Ordinary Life*. New York: William Morrow, 2013.

1980 年，创伤后应激障碍

Young, A., *The Harmony of Illusions: Inventing Post-Traumatic Stress Disorder*. Princeton, NJ: Princeton University Press, 1997.

1981 年，信仰的阶段

Fowler, J. F., *Stages of Faith: The Psychology of Human Development and the Quest for Meaning*. New York: HarperCollins, 1981.

1982 年，一个不一样的声音

Gilligan, C., *In a Different Voice: A Psychological Theory of Women's Development*. Cambridge, MA: Harvard University Press, 1982.

Robb, C., *This Changes Everything: The Relational Revolution in Psychology*. New York: Picador, 2006.

1983 年，多元智力

Gardner, H., *Multiple Intelligences: New Horizons in Theory and Practice*. New York: Basic Books, 2006.

1984 年，弗林效应

Flynn, J. R., *What Is Intelligence?: Beyond the Flynn Effect*. New York: Cambridge University Press, 2009.

1986 年，触摸治疗

Field, T., *Touch*. Cambridge, MA: MIT Press, 2001.

1986 年，爱情三元论

Sternberg, Robert J., *The Triangle of Love: Intimacy, Passion, Commitment*. New York: Basic Books, 1988.

1989 年，解放心理学

Martín-Baró, I., *Writings for a Liberation Psychology*. Cambridge, MA: Harvard University Press, 1996.

1990 年，动物辅助治疗

Becker, M., *The Healing Power of Pets: Harnessing the Amazing Ability of Pets to Make and Keep People Happy and Healthy*. New York: Hyperion, 2002.

1990 年，福流

Csikszentmihalyi, M., *Flow*. New York: Harper and Row, 1990.

1992 年，镜像神经元

Iacoboni, M., *Mirroring People: The New Science of How We Connect with Others*. New York: Farrar, Straus, & Giroux, 2008.

1992 年，社会个体发育

Nsamenang, A.B., *Human Development in Cultural Context: A Third World Perspective*. Newbury Park, CA: Sage, 1992.

1993 年，身心医学

Moyers, B., *Healing and the Mind*. New York: Doubleday, 1995.

1994 年，误导信息效应

Loftus, E. & Ketcham, K. *The Myth of Repressed Memory*. New York: St.Martin's Press, 1994.

1995 年，人类种类的循环影响

Hacking, I., "The Looping Effects of Human Kinds." In D. Sperber, D. Premack, and A. Premack (Eds.), *Causal Cognition: An Interdisciplinary Approach* (pp. 351-383). Oxford: Oxford University Press, 1995.

Hacking, I., *Historical Ontology*. Cambridge, MA: Harvard University Press, 2002.

1995 年，成见威胁

Steele, C. M., & Aronson, J., "Stereotype threat and the intellectual test performance of African Americans." *Journal of Personality and Social Psychology*, 69, 797-811, 1995.

1996 年，自主 - 关系型自我

Kağitçibasi, Ç., "The autonomousrelational self: A new synthesis." *European Psychologist*, 1, 180-186, 1996.

1996 年，脑中有情

Ledoux, J. E. *The Emotional Brain: The Mysterious Underpinnings of Emotional Life*. New York: Simon & Schuster, 1996.

2000 年，结盟与友好

Taylor, S. E. *The Tending Instinct: How Nurturing Is Essential to Who We Are and How We Live*. New York: Times Books, 2002.

2000 年，积极心理学

Snyder, C. R. & Lopez, S. J. (Eds.) *Handbook of Positive Psychology*. New York: Oxford University Press, 2002.

2004 年，成人初显期

Arnett, Jeffrey J. *Emerging Adulthood: The Winding Road from the Late Teens Through the Twenties*. Oxford: Oxford University Press, 2004.

2008 年，性向流动性

Diamond, L., *Sexual Fluidity: Understanding Women's Love and Desire*. Cambridge, MA: Harvard University Press, 2008.

2013 年，脑计划

See *http://www.nih.gov/science/brain/*. Rose, N., & Abi-Rached, J. M., *Neuro: The New Brain Sciences and the Management of the Mind*. Princeton, NJ: Princeton University Press, 2013.

（邱实、闫谨、谢超 整理）

译后记

叶浩生

几个月前，重庆大学出版社的王思楠编辑找到我，想请我翻译这本《心理学之书》。此前，我也翻译过几部心理学史著作，深知翻译之艰难，加之近来事务性工作颇多，难以静心翻译，遂萌生推辞之意。但当我打开这本书的英文原版时，我一下子被它迷住了：该书由著名心理学家菲利普·津巴多教授作序，全书体例在学界非常少见，250个条目均配以图画，内容广博、思想深邃而不失通俗易懂。作为长期关注心理学理论与历史的研究者，我觉得中国正需要这样的心理学科普读物，也自觉有责任将这本难得一见的著作推荐给国内读者。我认真翻阅了英文原版，认为这本书至少有以下几个特点：

第一，全书故事性极强，高潮迭起，可读性好。我们很少看到有这种类型的书。它以年代为序，以条目的形式，将历史中重要事件串联起来，完整体现了心理学的大致面貌。而且，每一条目结构体系相似、字数均差不多；语言风趣、可读性强；内容严谨、不失科学性。而且，每一条目配有至少一幅图画，图文并茂，真实的历史事件跃然纸上。读者阅后，既可以深刻体会到那段激情燃烧的心理学岁月，也能较深刻地记住这些真实的历史。因此，这本书堪称一部难得一见的心理学科普著作。各个条目虽有逻辑线索，但也相对独立，随意翻开任何一页，均独立成章，一个条目就是一个故事、一种理论或一个人物，读者可随时、随意翻阅，而不必担心前面已经阅读到了哪里。

第二，全书主题涉及面宽、知识面广。全书的250个条目，时间跨度大，从约公元前1万年的萨满教，到2013年的脑计划，横跨1万多年。内容涉及面广，从地域来看，既有欧美各国的心理学思想，也有中国、俄罗斯、印度、伊朗、南非、澳大利亚、菲律宾等来自不同国家的心理学思想；从领域来看，有孔子、亚里士多德、康德等哲学思想，有佛陀、薄伽梵歌等宗教思想，有脑机能定位、脑成像技术、镜像神经元等生理学思想，有脑解剖学、抗精神病药、心身医学等医学思想，还有教学机器、最近发展区等教育学相关内容。在心理学内部，内容则更为普遍，涉及发展心理学、教育心理学、管理心理学、社会心理学、变态心理学、司法心理学等几乎所有的心理学分支领域。

第三，作者选取材料时眼光独到、匠心独具。在选取本书的历史事件、人物与思想时，作者有着自己的原则与标准。第一是年代顺序标准，从这一点看，本书更像是一部编年体史学著作。各个不同的年代有着不同的社会背景与时代精神，创造出不同的心理学思想观点。这本书指出了这些理论提出、书籍出版或事件发生的具体日期，通过年代的顺序，读者们可以清晰地了解心理学知识的发展脉络。第二是内在逻辑标准，作者没有囿于心理学的简单定义，在选择材料时主要基于以下两条原则。第一条原则是材料的关联性程度，从绪论部分可以看出，作者选择历史材料的标准广泛而不失精到。只要是"关于人类精神、心理与行为的著作"或"理解自我与他人"的知识，都有可能列入书中，而不必拘泥于其是宗教的、哲学的或其他学科的。第二条原则是材料的重要性程度，历史长河，浩如烟海，不能将所有细碎事件尽皆纳入，故书中只列入了"许多有趣的、重要的，有时甚至还是幽默的一些里程碑人物与事件"，作者希望尽可能全面地选择出那些读者渴望且需要了解的心理学知识。

我接下了翻译这本书的任务，但事务较多，加上出版社急于将本书推介给国人，留给我们翻译的时间不多。我只翻译了序言与绪论部分，就将其他部分交予我已经毕业了的几位博士及在读硕士（含2位本科生），让他们一起来翻译这部著作（全书共250条目，杨文登译60条，苏得权、殷融各译30条，其余肖珊珊、李忠励、刘翠莎、姜醒、黎晓丹、邱实、陈翠苗、彭惠妮、罗伟升每人各译15条）。全书翻译完后，由我统一校稿、定稿。

这本书翻译仅历时3个月，时间紧迫。而且，全书内容广泛，涉及古今中外、天文地理等知识，有些名词的确难以翻译，加上译者水平有限，本书的翻译定有诸多不当之处，敬请各位读者不吝批评指正。此外，我们还要衷心感谢重庆大学出版社的各位编辑。正是他（她）们的辛勤劳动，才有摆在读者面前的这部精美的书籍。

最后，我们衷心希望，通过阅读本书，读者们能对心理学的概貌有一个大致的了解。这正是我们翻译本书的主旨所在。

2014 年 10 月 26 日

Copyright © 2014 by Wade E. Pickren and Philip G. Zimbardo

This edition has been published by arrangement with Sterling Publishing Co., Inc., 387 Park Ave. South, New York, NY 10016.

版贸核渝字（2014）第 199 号

图书在版编目（CIP）数据

心理学之书 / （美）皮克伦（Pickren, W. E.）著；
杨文登，殷融，苏得权译；叶浩生审订 . —重庆：
重庆大学出版社，2016.2（2023.4 重印）
（里程碑书系）
书名原文：The Psychology Book
ISBN 978-7-5624-9466-9

Ⅰ . ①心… Ⅱ . ①皮… ②杨… ③殷… ④苏… ⑤叶…
Ⅲ . ①心理学—通俗读物 Ⅳ . ① B84-49

中国版本图书馆 CIP 数据核字（2015）第 226958 号

心理学之书

xinlixue zhi shu

［美］韦德·E.皮克伦 著

杨文登 殷 融 苏得权 译

叶浩生 审订

责任编辑 王思楠
责任校对 邹 忌
装帧设计 鲁明静
责任印制 张 策

重庆大学出版社出版发行
出版人：饶帮华
社址：（401331）重庆市沙坪坝区大学城西路 21 号
网址：http://www.cqup.com.cn
印刷：重庆俊蒲印务有限公司

开本：787mm×1092mm 1/16 印张：18.25 字数：384 千
2016 年 2 月第 1 版 2023 年 4 月第 8 次印刷
ISBN 978-7-5624-9466-9 定价：88.00 元